周 期 表

10	11	12	13	14	15	16	17	18
								$_2$He ヘリウム 4.003
			$_5$B ホウ素 10.81	$_6$C 炭素 12.01	$_7$N 窒素 14.01	$_8$O 酸素 16.00	$_9$F フッ素 19.00	$_{10}$Ne ネオン 20.18
			$_{13}$Al アルミニウム 26.98	$_{14}$Si ケイ素 28.09	$_{15}$P リン 30.97	$_{16}$S 硫黄 32.07	$_{17}$Cl 塩素 35.45	$_{18}$Ar アルゴン 39.95
$_{28}$Ni ニッケル 58.69	$_{29}$Cu 銅 63.55	$_{30}$Zn 亜鉛 65.38	$_{31}$Ga ガリウム 69.72	$_{32}$Ge ゲルマニウム 72.63	$_{33}$As ヒ素 74.92	$_{34}$Se セレン 78.97	$_{35}$Br 臭素 79.90	$_{36}$Kr クリプトン 83.80
$_{46}$Pd パラジウム 106.4	$_{47}$Ag 銀 107.9	$_{48}$Cd カドミウム 112.4	$_{49}$In インジウム 114.8	$_{50}$Sn スズ 118.7	$_{51}$Sb アンチモン 121.8	$_{52}$Te テルル 127.6	$_{53}$I ヨウ素 126.9	$_{54}$Xe キセノン 131.3
$_{78}$Pt 白金 195.1	$_{79}$Au 金 197.0	$_{80}$Hg 水銀 200.6	$_{81}$Tl タリウム 204.4	$_{82}$Pb 鉛 207.2	$_{83}$Bi ビスマス 209.0	$_{84}$Po ポロニウム (210)	$_{85}$At アスタチン (210)	$_{86}$Rn ラドン (222)
$_{110}$Ds ダームスタチウム (281)	$_{111}$Rg レントゲニウム (280)	$_{112}$Cn コペルニシウム (285)	$_{113}$Nh ニホニウム (278)	$_{114}$Fl フレロビウム (289)	$_{115}$Mc モスコビウム (289)	$_{116}$Lv リバモリウム (293)	$_{117}$Ts テネシン (293)	$_{118}$Og オガネソン (294)
		+2	+3		−3	−2	−1	
			ホウ素族	炭素族	窒素族	酸素族	ハロゲン	貴ガス元素

典型元素

$_{64}$Gd ガドリニウム 157.3	$_{65}$Tb テルビウム 158.9	$_{66}$Dy ジスプロシウム 162.5	$_{67}$Ho ホルミウム 164.9	$_{68}$Er エルビウム 167.3	$_{69}$Tm ツリウム 168.9	$_{70}$Yb イッテルビウム 173.0	$_{71}$Lu ルテチウム 175.0
$_{96}$Cm キュリウム (247)	$_{97}$Bk バークリウム (247)	$_{98}$Cf カリホルニウム (252)	$_{99}$Es アインスタイニウム (252)	$_{100}$Fm フェルミウム (257)	$_{101}$Md メンデレビウム (258)	$_{102}$No ノーベリウム (259)	$_{103}$Lr ローレンシウム (262)

JN094053

メディカル化学

改訂版

医歯薬系のための基礎化学

齋藤勝裕・太田好次・山倉文幸

八代耕児・馬場 猛 共著

Medical Chemistry

裳 華 房

Medical Chemistry
revised edition

by

Katsuhiro SAITO

Yoshiji OHTA

Fumiyuki YAMAKURA

Koji YASHIRO

Takeshi BABA

SHOKABO

TOKYO

JCOPY 〈出版者著作権管理機構 委託出版物〉

ま え が き

　本書『メディカル化学 (改訂版)』は、『メディカル化学』を改訂したものである。お かげさまで『メディカル化学』は多くの方々に喜んでいただき版を重ねたが、2012 年 の発刊以来 10 年を過ぎ、その間に化学界にも新しい知見が増えてきた。本書はそのよ うな新知見、新理論を加味した物である。加えて医学界の進展にもこたえるように補 遺として A「活性酸素・活性窒素と生体反応」、B「生体補完材料」を加えた。きっと 皆さまにご満足いただけるものと思っている。

　本書は主に医学部、歯学部、薬学部などにおける基礎化学の教科書、参考書として 編纂されたものである。医歯薬系は言うまでもなく人体を扱う研究領域である。そし て人体は有機物をはじめとした極めて多種類の化学物質の集合体である。このような 人体を扱う場合に必須になるのが化学の知識である。広範にして正確な化学知識なく して人体という化学物質集合体を的確に扱うことは不可能である。

　しかし残念ながら、現在の医歯薬系の学生諸君に化学的な基礎知識があるかといえ ば、肯定的な返事はできかねる。これは高校の教育制度と、医歯薬系の入学試験との 関係という問題もあるのであり、決して学生諸君の責任ではない。それにしても高校 で化学を学ばずに、あるいは入学試験で化学を選択せずに入学した学生諸君が少なか らずおられることも確かである。

　本書はこのような、化学的基礎知識が不充分な学生諸君にとっても、なんの問題も なく読み進むことができるように作ってある。本書を読むのに高校の化学の知識は必 要ない。本書を読むために必要な化学的基礎知識は、全てその都度本書に解説してあ る。本書を読み終えたときには医歯薬系の専門課程に進むために充分な化学的知識を 身につけておられることだろう。

　執筆陣は医歯薬系の教授として培ったノーハウを存分に生かして本書を作ってい る。きっと読者諸君の満足をいただくことができるものと確信する。

　最後に、本書執筆に当たって参考にさせていただいた書籍の執筆者、出版社の関係 者、並びに本書出版に並々ならぬ努力を注いでくださった裳華房の小島敏照氏に感謝 申し上げる。

　2021 年 10 月

著 者 一 同

目　　次

第4章　配位結合と有機金属化合物

第5章　溶液の化学

第6章　酸・塩基と酸化・還元

第7章　反応速度と自由エネルギー

第8章　有機化合物の構造と種類

第9章　有機化合物の異性体

第10章　有機化学反応

第11章　脂　質 ─生体をつくる分子①─

第12章　糖　質 ─生体をつくる分子②─

第13章　アミノ酸とタンパク質 ─生体をつくる分子③─

第14章　核　酸 ─生体をつくる分子④─

第15章　環境と化学

補　遺

目　次

Column

執筆分担 (担当章順)

齋藤 勝裕　　第1章，第3章，第4章，第6章，第7章

山倉 文幸　　第2章，第9章，第13章，補遺A

太田 好次　　第5章，第10章，第12章，補遺B

八代 耕児　　第8章，第11章

馬場 猛　　　第14章，第15章

作図 (図2・11, 2・13／図3・24, 3・25, 第3章コラム／図5・1, 5・2／図9・2, 9・4, 9・5, 9・6,
9・7, 9・8, 9・10／図11・8, 11・17／図13・5, 13・6, 13・7, 13・8)
城座 映明 (元 日本大学松戸歯学部教授)

第1章 原子の構造と性質

宇宙は物質でできており、岩石から人体まで全ての物質は原子からできている。原子は微小な物質であるが構造を有し、互いに化学結合して分子を作る。本章ではこのような、物質、生体の基本をなす原子の構造と性質を明らかにする。

原子は中心にある微小にして高密度の原子核と、それを取り巻く電子雲とからなる。化学結合をはじめ、原子、分子が行う化学反応は全てこの電子雲の働きによるものである。一方、原子核は原子核反応によって放射線を放出し、放射線医療、トレーサー実験などを介して現代医学に貢献する。一方で、原子炉事故に象徴されるように、生体に害を及ぼすこともある。本章ではこのようなことを見ていこう。

1・1 原子構造

物質とは有限の体積と質量を持った物である。化学で扱う最小の物質は原子であり、全ての物質は原子の集合であると考えられるが、実は原子はさらに小さな粒子からなる構造体である[*1]。

1・1・1 原子の形と大きさ

原子は球状の雲のようなものと考えられている（**図1・1**）。雲のように見えるのは**電子雲**であり、水素原子以外は複数個の**電子**（記号 e、あるいは e^-）からできている。電子雲の中心には1個の**原子核**が存在する。原子の大きさはいろいろあるが、直径はおおよそ 10^{-10} m（＝ 0.1 nm　＝ 1 Å ）であり、原子核の直径は $10^{-15} \sim 10^{-14}$ m 程度である。これは、原子を直径 100 m の球とすると、原子核はせいぜい直径 1 cm の球に過ぎないことを意味する[*2]。

1・1・2 電子雲の様子

電子雲は電子からできている。電子は1個、2個と数えることのでき

*1 物質の最小単位は素粒子と考えられており、原子も素粒子からできている。原子を物質の最小単位と考えるのはあくまでも"化学"という学問領域での話である。

*2 東京ドームを2個貼り合わせた巨大どら焼きを原子とすると、原子核はピッチャーマウンドに転がるビー玉のようなものである。

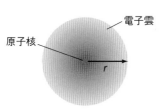

図1・1　原子の構造

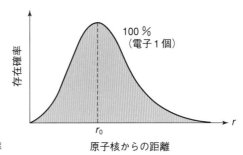

図1・2　電子の存在確率

ハイゼンベルク
Heisenberg, W. K.

る粒子であり、有限の質量を持っている。また電子は電荷を持っており、これを −1 と表す。このような電子が電子雲を作るというのは考えにくいが、これは量子力学の根本原理である**ハイゼンベルクの不確定性原理**によるものである。その詳細を述べるのは本書の範囲を超えるが、簡単には、電子雲は電子の存在確率を数式的に表したものである（**図1・2**）。その概略は次の例で説明できよう。

すなわち、電子は原子核の周りを動き回っている。その様子を連続写真に撮ると**図1・3**のようになる。つまり電子は常に動き回り、刻々と位置を変えるのである。そこで数万枚の写真を撮り、それらを重ね焼きすると最後の図になる。つまり、電子はあたかも雲のようになり、その存在した確率の大きい所ほど"厚い雲"となるのである*3。

*3　本当の「雲」は「無数個」の水滴からできているが、水素原子の電子雲には「1個」の電子しか存在しない。それが雲として表現されるのは、電子雲が「存在確率」の表現だからである。

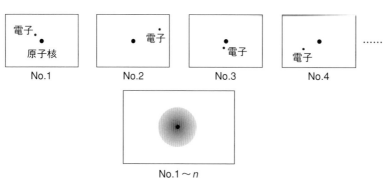

図1・3　電子雲の概念

1・1・3　化学と電子

表1・1からわかるように、原子の質量のほとんど全ては原子核にある。すなわち電子雲は、体積においては原子のほとんど全てを占めるが、質量においてはほとんど無視できる程度なのである。

しかし化学反応を支配するのはもっぱら電子雲の働きであり、通常の化学反応において原子核が果たす役割は無に等しい*4。その意味で化学という学問は電子雲の働きを明らかにするもの、すなわち「電子の科学」といっても過言ではなかろう。

*4　原子核も変化するが、それは「原子核反応」として「化学反応」とは区別される。原子核反応が起こると原子核は別の原子核に変化する。これは「元素」がほかの元素に変化したことを意味する。昔は詐欺の代名詞のように使われた「錬金術」も、現代科学では可能なのである。

表1・1　原子を構成する粒子とその質量

名　称		記号	電荷	質量（kg）
原子	電　子	e	$-e$	9.1094×10^{-31} kg
	原子核 陽　子	p	$+e$	1.6726×10^{-27} kg
	中性子	n	0	1.6749×10^{-27} kg

1・2 原子核構造

原子核は原子の中心にある粒子であり、体積は原子の 10^{12} 分の 1 程度と非常に小さいが、原子の質量の 99.9 % 以上を占めている[*5]。

1・2・1 原子番号と質量数

原子を構成する粒子を**表 1・1**と**図 1・4**に示した。原子核は**陽子**（記号 p）と**中性子**（記号 n）という二種類の粒子からできている。陽子と中性子の質量はほぼ等しく、これを質量数 1 と表す。陽子は正の電荷を持っておりこれを +1 と表す。中性子は電荷を持っていない。

原子核を構成する陽子の個数を**原子番号**といい、記号 Z で表す。したがって、原子番号 Z の原子の原子核は $+Z$ に荷電していることになる。一方、陽子と中性子の個数の和を**質量数**といい、記号 A で表す。原子番号、質量数はそれぞれ元素記号の左下、左上に添え字として記入する。

原子は原子番号と同じ個数の電子を持っている。1 個の電子の電荷は −1 である。したがって、原子では電子（雲）の電荷 $-Z$ と原子核の電荷 $+Z$ が相殺するので、原子は電気的に中性ということになる。

1・2・2 同位体

原子番号、すなわち陽子数が同じ原子でも、中性子数が異なることがある。このような原子を互いに**同位体**という。例えば水素では中性子を持たない水素（^{1}H、軽水素ということもある）、中性子を 1 個持った重水素（^{2}H、D で表すこともある）、中性子を 2 個持った三重水素（^{3}H、T で表すこともある）が存在する（**図 1・5**）[*6]。しかし、その存在割合（同位体存在比）は大きく異なり、水素のほとんど全ては ^{1}H である。

原子の反応性、化学的性質は電子によって決定される。原子番号の等しい原子は同じ個数の電子を持つことになり、同じ化学的性質を持つ。したがって同位体は互いに化学的性質が等しいため、同位体を化学的な

[*5] 原子核をつくる陽子と中性子を総称して核子と呼ぶことがある。核子はさらに素粒子に分解できるが、電子はそれ自体が素粒子である。光子も素粒子の一種である。

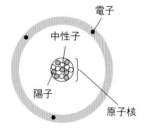

図 1・4 原子を構成する粒子

$^{12}_{6}\text{C}$

質量数 A（陽子数＋中性子数）
元素記号（carbon の頭文字）
原子番号 Z（陽子数）

炭素の例

[*6] 水素の同位体は ^{1}H〜^{7}H までの 7 種類が存在することが知られているが、^{4}H 以上は非常に不安定であり、天然には存在しない。

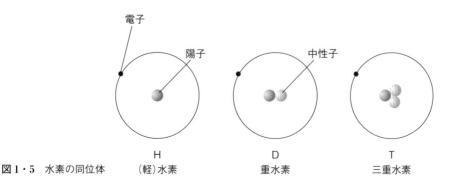

図 1・5 水素の同位体　　H（軽）水素　　D 重水素　　T 三重水素

手法で分離することはできない。

原子番号が同じ原子の集合を**元素**という。

1・2・3　原子量とモル

原子の質量を表す数値に**原子量**がある（**表1・2**）。これは次のようにして決定する。すなわち、炭素の同位体^{12}Cの相対質量を12と定義し、各原子（同位体）の相対質量を決定する。各元素における同位体の相対質量とその存在比から求めた相対質量の加重平均をその元素の原子量とするのである[7]。したがって、同位体存在比が変化したら原子量も変化することになる。

[7]　Hの同位体の相対質量は^{1}H(1.008)、^{2}H(2.014)である。したがって表1・2の存在比を用いて計算すると、Hの原子量
$= (1.008 \times 99.985 + 2.014 \times 0.015)/(99.985 + 0.015)$
$= 1.008$
となる。

アボガドロ　Avogadro, A.

[8]　モルの定義が2019年5月から変更になり、正確に定義されたアボガドロ数6.022 14076×10^{23}を用い、この数の要素粒子を含む物質量となった。新しい定義では1モルの炭素12の質量は11.999999958 g（約）となる。

表1・2　さまざまな同位体

記　号	H			C			Cl		Br	
	$^1_1$H	$^2_1$H(D)	$^3_1$H(T)	$^{12}_6$C	$^{13}_6$C	$^{14}_6$C	$^{35}_{17}$Cl	$^{37}_{17}$Cl	$^{79}_{35}$Br	$^{81}_{35}$Br
質量数	1	2	3	12	13	14	35	37	79	81
同位体存在比(%)	99.985	0.015	～0	98.90	1.10	～0	75.77	24.23	50.69	49.31
原子量	1.008			12.01			35.45		79.90	

原子が適当な個数集まったら、その集団の質量は原子量（にグラム gをつけたもの）に等しくなる。このときの個数を**アボガドロ定数**といい、その集団を**1モル**という。アボガドロ定数は$6.02 \times 10^{23}\,\mathrm{mol}^{-1}$である[8]。

1・3　放射能

原子核のなかには、ほかの原子核に変化するものがある[9]。このようなときに放出されるものを**放射線**という。原子核が放射線を放出する能力を**放射能**という。

1・3・1　核融合と核分裂

原子核は反応を起こして別の原子核に変化するが、原子核の反応を原子核反応という。原子核反応にはいろいろな種類がある。

A　核融合反応

水素のような小さな原子核が2個融合してヘリウムのような大きな原子核になる反応である。この際に放出されるエネルギーを**核融合エネルギー**という。恒星のエネルギーや水素爆弾のエネルギーとしてよく知られている。

[9]　下図は原子核の安定性を定性的に表したものである。最も安定（低エネルギー）な原子核は質量数60程度、すなわち鉄やニッケル、コバルトであり、それより大きくても、また小さくても不安定（高エネルギー）となる。

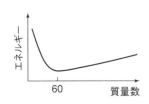

B 核分裂反応

ウランのような大きな原子核が分裂して小さな核分裂生成物になる反応である。このエネルギーを**核分裂エネルギー**といい、原子炉や原子爆弾のエネルギーとなる[*10]。

核融合 $^2_1\text{H} + ^3_1\text{H} \longrightarrow ^4_2\text{He} + ^1_0\text{n} +$ 核融合エネルギー

核分裂 $^{235}\text{U} + ^1_0\text{n} \longrightarrow$ 核分裂生成物 ＋ 核分裂エネルギー

*10 原子爆弾はウランやプルトニウムの「核分裂」、水素爆弾は水素の「核融合」を利用した爆弾である。威力は水素爆弾の方が 100 倍以上大きい。「核爆弾」は両方を表す言葉である。

1・3・2 原子核崩壊

原子核が放射線と呼ばれるものを放出して別の原子核に変化する反応である。この際、放射線を放出する物質（原子核、同位体）を**放射性物質**（**放射性同位体**）、放射線を放射することのできる能力を放射能という。したがって全ての放射性物質は放射能を持つことになる[*11]。

生体に衝突して害を与えるのは、放射性物質でも、まして放射能でもなく、放射線である。野球にたとえれば、放射性物質はピッチャー、放射線はボール、放射能はピッチャーとしての素質である。デッドボールにおいてバッターにぶつかって怪我をさせるのはボールである。

*11 放射能を持たない同位体を安定同位体という。安定同位体を持たない元素を放射性元素という。

1・3・3 放射線

放射線にはいろいろの種類があるが、よく知られているのは α 線、β 線、γ 線であり、それぞれを放出する崩壊は α 崩壊、β 崩壊、γ 崩壊と呼ばれる。各放射線の実体と遮蔽は**表 1・3**に示した通りである。

表 1・3 放射線の種類[*12]

放射線	実体	遮蔽	線質係数
α 線	^4_2He 原子核	紙 1 枚で OK	20
β 線	e^-	厚さ数 mm の Al 板で OK	1
γ 線	電磁波	厚さ数 cm の Pb 板で OK	1

*12 放射線にはこのほかに、中性子の高速流である中性子線、陽子の高速流である陽子線などがある。また炭素などの原子核の高速流は重粒子線と呼ばれ、医療に用いられる。

A 原子核反応式

次ページに示した反応式は原子核反応式である。反応において、右辺と左辺における原子番号と質量数それぞれの合計は不変である。すなわち、α 崩壊によって生じた生成核は出発核より $Z = 2$、$A = 4$ だけ小さくなる[*13]。β 崩壊の本質は中性子が電子と陽子に分裂する反応である。したがって生成核では陽子が 1 個増えるので原子番号が 1 だけ増加する[*14]。

*13 $Z = 2$、$A = 4$ の He 原子核を α 線として放出する。

*14 β 崩壊の本質
$^1_0\text{n} \longrightarrow {}_{-1}^{0}\text{e} + ^1_1\text{p}$

$$\alpha\,崩壊\quad {}^{A}_{Z}X \longrightarrow {}^{4}_{2}He\,原子核\,+\,{}^{A-4}_{Z-2}Y$$
$$\underset{\alpha\,線}{}$$

$$\beta\,崩壊\quad {}^{A}_{Z}X \longrightarrow {}^{0}_{-1}e\,+\,{}^{A}_{Z+1}Z$$
$$\underset{\beta\,線}{}$$

$$\gamma\,崩壊\quad {}^{A}_{Z}X \longrightarrow \gamma\,線\,+\,{}^{A}_{Z}X^{*}$$
$$\underset{不安定核}{}$$

B　放射線の強度

放射線の強度は三種類の尺度を使って表される（**図1・6**）。

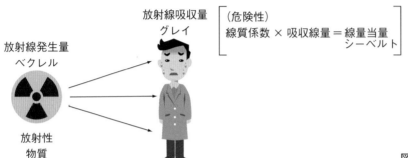

図1・6　放射線の単位と概念

　　a）ベクレル（Bq）：単位時間に放出される放射線の個数を表す。1秒間に1個の放射線を放出する強度を1ベクレルという。

　　b）グレイ（Gy）：生体に吸収された放射線のエネルギーを表す。1 J kg^{-1} を1グレイという。

　　c）シーベルト（Sv）：同じエネルギーの放射線でも、種類によって生体に与える影響は異なる。これを線質係数という。吸収線量（グレイ）に線質係数を加味した単位をシーベルトという。

1・4　電子殻と軌道

　原子の物性や反応性は電子によって決定される。原子において電子（雲）がどのような状態にあるかは重要なことである。

1・4・1　量子化と量子数

　原子や分子のような微小な物質にあっては、エネルギーなどの量は量子化されている。量子化とは、量が連続量ではなく単位量になっているということである。これは水にたとえれば、水道水（連続量）とボトル詰めのミネラルウォーター（単位量）の違いである。前者は任意の量をとることができるが、後者では瓶1本分の単位でとらざるを得ない。量子化において重要な働きをする数値に量子数がある[*15]。

*15　量子数には主量子数（記号 n）のほかに方位量子数（l）、磁気量子数（m）、スピン量子数（s）などがある。スピン量子数は電子のスピン（自転）に関係する量子数であり、1/2 と −1/2 があるが、化学ではそれぞれの量子数を持つ電子を上下方向の矢印で表すことが多い（下図：1・5節参照）。

電子　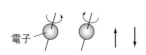

1・4・2　電子殻

原子に属する電子は**電子殻**に入る。

A　電子殻の定員

電子殻は原子核の周りに球殻状に存在し[*16]、原子核に近いものから順にK殻、L殻、M殻などと、Kから始まるアルファベットの順に名前がついている。各電子殻に入ることのできる電子の個数（定員）は決まっており、それはK殻（2個）、L殻（8個）、M殻（18個）などである（**図1・7**）。これは定員が量子化されていることを意味する。また、この定員はnを整数とすると$2n^2$であり、nはK殻（1）、L殻（2）、M殻（3）で、この数値を**量子数**（**主量子数**）という。

B　電子殻のエネルギー

電子は原子核との間の静電引力をはじめとした各種のエネルギーを持つ。特定の電子殻に入った電子の持つエネルギーをその電子殻のエネルギーと呼ぶ。このエネルギーは**図1・8**に示したように量子化されている。なお、軌道エネルギーは、半径無限大の軌道エネルギー（原子を離れた自由電子のエネルギー）を0とし、マイナスの側に測る約束になっている。したがって図（エネルギースケール）の下部にあるものほどエネルギーの絶対値が大きいことになる。化学ではこのスケールの下部にあるものほど低エネルギーで安定と考える。この感覚は重力に基づく位置エネルギーと同じである。

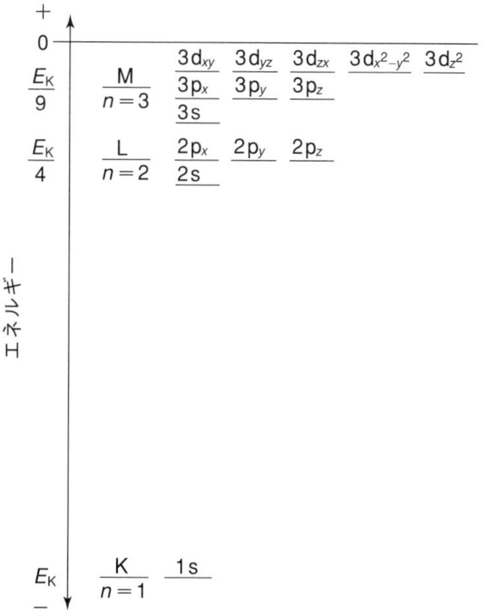

[*16]　電子の存在確率を原子核からの距離で表すと、特定の距離のところで高くなる。それぞれの距離に応じた電子雲を電子殻として表す。

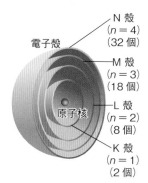

電子殻

N殻
($n=4$)
（32個）

M殻
($n=3$)
（18個）

原子核

L殻
($n=2$)
（8個）

K殻
($n=1$)
（2個）

図1・7　電子殻の構造

$\dfrac{E_K}{9}$	M $n=3$	$3d_{xy}$ $3p_x$ $3s$	$3d_{yz}$ $3p_y$	$3d_{zx}$ $3p_z$	$3d_{x^2-y^2}$	$3d_{z^2}$
$\dfrac{E_K}{4}$	L $n=2$	$2p_x$ $2s$	$2p_y$	$2p_z$		

エネルギー

E_K　　K $n=1$　　1s

図1・8　軌道とエネルギー準位
E_KはK殻のエネルギーを表す。

1・4・3　軌　道

電子殻を詳細に検討すると、電子殻は**軌道**の集合体であることがわかる。軌道にはs軌道、p軌道、d軌道などがある。

各電子殻がどのような軌道からできているかは図1・8に示した通りである。例えばs軌道は全ての電子殻に存在するが、それぞれを区別するために所属する電子殻の量子数を付けて1s軌道（K殻）、2s軌道（L殻）などと呼ぶ。同じ電子殻に属する軌道のエネルギーはs＜p＜d…の順に高くなる。p軌道は3個あるがそのエネルギーは全て等しい。このように、エネルギーの等しい軌道を**縮重**（**縮退**ともいう）軌道と呼ぶ。3個の軌道エネルギーが等しいp軌道は三重縮重であり、同様にd軌道は五重縮重である[*17]。

各軌道の電子の定員は一律に2個ずつであり[*18]、各軌道の形（その軌道に入った電子のとる電子雲の形）は**図1・9**の通りである。

*17　d軌道は、電子雲が直交三軸（x, y, z軸）上にあるもの（$d_{x^2-y^2}, d_{z^2}$）と、電子雲が二軸の間にあるもの（d_{xy}, d_{yz}, d_{zx}）に分けて考えることもできる。

*18　各電子殻を構成する軌道の個数を考えると、7ページの電子殻の定員が算出される。

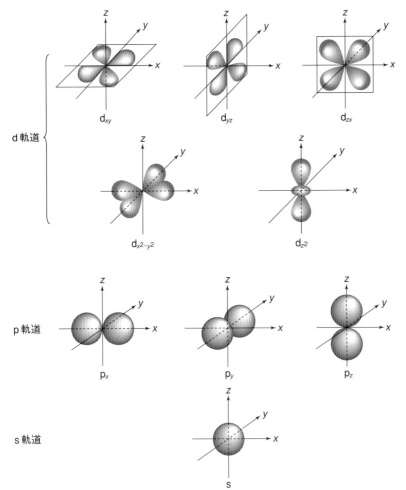

図1・9　軌道の形

1・5　電子配置

電子は自転（スピン）をしており、その回転方向には右回転と左回転の二種があって、化学ではそれぞれ上下方向の矢印で区別する[19]。原子に属する電子は軌道に入るが、どの軌道にどのような状態で入っているかを表したものを**電子配置**という。

1・5・1　電子配置の約束

軌道には定員があり、電子は各軌道に2個までしか入ることはできないが、一方、定員さえ守れば好きな軌道に入ることができるというものでもない。電子が軌道に入るためには守らなければならない規則がある。それはフントの規則とパウリの原理といわれるものであるが、両者を総合すると、次のように要約することができる（**図1・10**）。

① 電子はエネルギーの低い軌道から順に入る。

② 1個の軌道には最大2個の電子が入ることができる。

③ 1個の軌道に2個の電子が入るときには、電子は互いにスピン方向を反対（反平行という）にしなければならない。

④ 全電子の持つエネルギーのうち、軌道エネルギーに基づく分が等しいときは、スピンを同一方向（平行）にした方が安定である[20]。

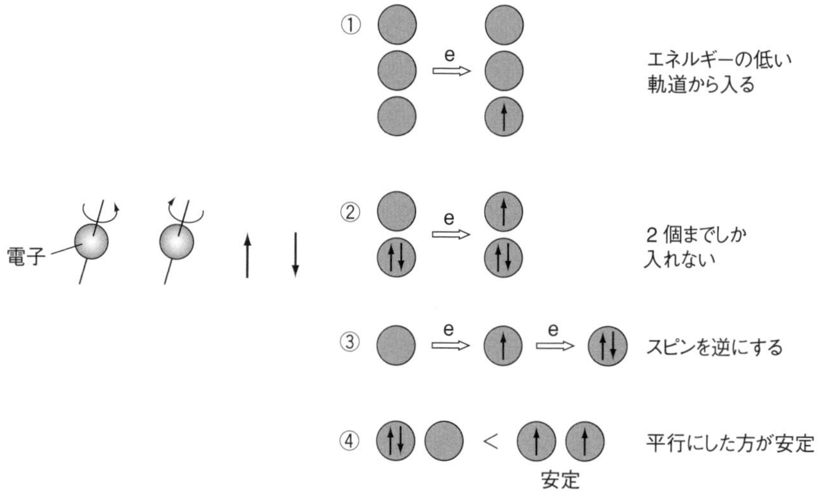

図1・10　軌道への電子の入り方

1・5・2　電子配置の実際

図1・11は、原子番号の順に並べた原子に、上の約束に従って電子を入れたものである。順に見てみよう。

フント　Hund, F.
パウリ　Pauli, W.

[19]　電子が自転しているかどうかは誰も知らない。事実は、電子には二つの異なる「状態」があるのであり、それをわかりやすい言葉でたとえたのが「自転」である。

[20]　原子を構成する電子のスピン量子数 s を用いて表した下式の数値を多重度 M と呼ぶ。

$M = 2\Sigma s + 1$

図1・11のC-1、C-2、C-3の多重度を計算すると次のようになる。

C-1
$$M = 2\left\{\underset{1s}{\left(\frac{1}{2}-\frac{1}{2}\right)} + \underset{2s}{\left(\frac{1}{2}-\frac{1}{2}\right)} + \underset{2p}{\left(\frac{1}{2}-\frac{1}{2}\right)}\right\} + 1$$
$$= 1 \text{（一重項）}$$

C-2
$$M = \text{（上と同様）} = 1$$

C-3
$$M = 2\left\{\left(\frac{1}{2}-\frac{1}{2}\right) + \left(\frac{1}{2}-\frac{1}{2}\right) + \left(\frac{1}{2}+\frac{1}{2}\right)\right\} + 1$$
$$= 3 \text{（三重項）}$$

したがって約束④は、「多重度が大きいものが安定である」と言い直すことができる。

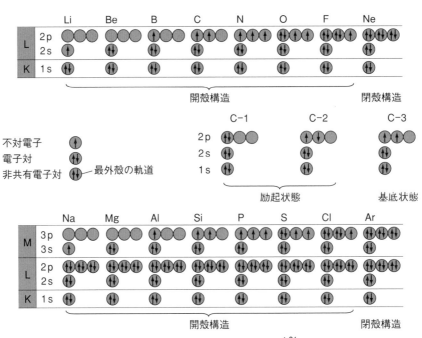

図1・11　K殻〜M殻の電子配置[21]

＊21　後に見るように、共有結合に関係する電子は最外殻に入っている「価電子」だけである（2・4節参照）。そこで、最外殻の軌道にある電子対だけを非共有電子対という。

H：電子は1個であり、約束①に従って最低軌道エネルギーの1s軌道に入る。

He：2番目の電子は約束①、②に従って1s軌道に入るが、約束③に従ってスピン方向を反対にする。

Li：1s軌道（K殻）が満杯になったので、3番目の電子は①に従って2s軌道に入る。

Be〜B：上と同様の考え方に従って図のように入る。

C：炭素の電子配置には図のC-1〜C-3までの三種の入り方が考えられる。すなわち、C-1では2個の電子が同一p軌道にスピンを逆にして入る。C-2では異なるp軌道に入るがスピンを反平行にしている。C-3では異なるp軌道に入り、スピンを平行にしている。

これら三種の電子配置のうち、実際に実現するのはどれかを決定するのが約束の④である。すなわち、これら三種の電子配置にある軌道エネルギーはどれも（1s×2）＋（2s×2）＋（2p×2）であって、全て等しい。

したがって、2p軌道の電子のスピンが平行のC-3が安定ということになる。C-3のように、エネルギーの低い状態を一般に基底状態といい、C-1、C-2のようにエネルギーの高い状態を励起状態という[22]。

N：炭素の場合と同様に、3個のp軌道電子は互いに異なる軌道に入りスピンを平行にする。

O〜Ne：これまでに見た通りの方法で電子を増やしていけばよい。

＊22　基底状態にあるものに充分なエネルギーを与えれば励起状態になる。

1・5・3　電子配置の状態

電子配置に関係していろいろの状態、およびその術語がある。

A　開殻構造・閉殻構造

HeやNeのように電子殻に定員一杯の電子が入った状態を**閉殻構造**という。閉殻構造は特別の安定性を持つため、原子は電子を増減させて閉殻構造になろうとする傾向がある。閉殻構造以外の電子配置を**開殻構造**という。

B　最外殻電子・価電子

電子の入っている電子殻のうち、最も外側にあるものを最外殻といい、そこに入っている電子を**最外殻電子**という。最外殻電子は原子の性質や反応性を決定するものであり、**価電子**とも呼ばれる[23]。

＊23　最外殻電子が価電子となるのは典型元素（1・6・2項参照）の場合である。

C　不対電子と非共有電子対

1個の軌道に2個入った電子を電子対と呼び、1個の軌道に1個しか入っていない電子を**不対電子**と呼ぶ。最外殻に入っている電子対を特に**非共有電子対**と呼ぶ（孤立電子対ということもある）。

1・6　周 期 表

元素を原子番号の順に並べて整理した表を**周期表**（表紙見返しページ参照）という[24]。周期表には族と周期がある。

＊24　周期表には多くの種類がある。本書で採用したのは一般に「長周期型周期表」といわれるものである。半世紀ほど前には日本の教科書では「短周期型」が用いられていた。ほかにも「渦巻き型」、組み立てて使う「立体型」などがある。

1・6・1　族と周期

周期表の左端には1〜7の数字が振ってある。これを周期番号といい、原子の最外殻の量子数（主量子数）に一致する。

周期表の上部には1〜18の数字が振ってある。これを族番号といい、例えば数字1の下に並ぶ元素は1族元素、18の下の元素は18族元素といわれる。族番号は原子の最外殻に存在する電子の個数を反映する[25]。

一般に同じ族に属する元素は互いに似た性質を示すといわれる[26]。そのため族には固有の名前が付けられており、その主なものは周期表に示した通りである。

＊25　遷移元素（1・6・2項参照）では内殻電子の個数も関係する。

＊26　ただし遷移元素では、同じ族でも似た性質を示すとは限らない。

*27　12族を遷移元素とする考えもある。

*28　12族では内殻のd軌道に入る。

*29　ランタノイド、アクチノイド系列では、新たに加わった電子はf軌道に入る。電子がd軌道に入る元素をdブロック遷移元素、f軌道に入る元素をfブロック遷移元素と呼ぶこともある。

*30　有用であるが産出量が少ない、あるいは特定の国・地域に偏って存在する、あるいは単離精製が困難な金属（一部非金属も含まれる）を、レアメタル、希少金属という。現在47種類の元素がレアメタルとされているが、そのうち17種類はレアアースである。

*31　原子番号43のテクネチウムTcは、放射性で不安定なため、自然界には存在しない。

*32　非金属元素のうち、金属的な性質を帯びるものを特に半金属元素（2・3節参照）ということもある。

1・6・2　典型元素と遷移元素

　1、2族、および12[*27]～18族を**典型元素**、それ以外を**遷移元素**と呼ぶ。典型元素は、原子番号が増えることによって新たに加わった電子がs軌道、あるいはp軌道に入る元素群である[*28]。典型元素においては族ごとの性質の違いが顕著であり、同じ族に属する元素は同じような性質と反応性を持つ。その顕著な例がイオンの電荷であり、それは周期表に示した通りである。

　遷移元素は新たに加わった電子がd軌道に入る元素群である。遷移元素では族ごとの性質の違いは顕著ではなく、周期表において両端にある典型元素の間を徐々に性質を変化させていく元素群、という意味から遷移元素という名前が付いたという。

　遷移元素では横に並んだ数個の元素の性質が似ていることがある。そのため、鉄Fe、コバルトCo、ニッケルNiの3元素は鉄族、ルテニウムRu、ロジウムRh、パラジウムPd、オスミウムOs、イリジウムIr、白金Ptの6元素は白金族などと呼ばれることもある。

　3族のランタノイド、アクチノイド[*29]は、新たに加わった電子がf軌道に入る元素群である。そのため、それぞれに15種の元素が存在するが、周期表に組み込むと表の横幅が長くなりすぎるため、一般に欄外に別枠として示すことが多い。

1・6・3　希土類と超ウラン元素

　3族元素のうち、上部の三種、すなわちスカンジウムSc、イットリウムY、ランタノイド15種、合計17種類の元素を**希土類**（レアアースrare earth）と呼ぶことがある。レアアースは発光、発色、磁性などに特殊な性質を持つため、電子素子、強力磁石、レーザーなど、現代科学に欠かせない金属である[*30]。

　自然界に安定に存在する元素は原子番号92のウランまでであり[*31]、それ以上の元素は原子炉等によって人工的に作られる。このような元素を**超ウラン元素**と呼ぶ。

1・6・4　生体を構成する元素

　元素は、金属的な性質を持つ**金属元素**と、それ以外の**非金属元素**に分けられることがある。非金属元素は水素以外は周期表の右上部にあり、その個数はたかだか22個である[*32]。それ以外の全ての元素は金属元素であり、その種類の多さがわかる。

　生体を構成する主な物質（分子）は**有機物**である。有機物は「炭素を含む化合物のうち、一酸化炭素COや二酸化炭素CO_2のように簡単なもの

を除いたもの」と定義される。

そのため、生体を構成する元素は炭素 C が主体となり、そのほかに水素 H、酸素 O が主なものとなる。しかしタンパク質には窒素 N、硫黄 S などが含まれ、また DNA や ATP などではリン P が重要な働きをしている。動物において骨格を作る主元素はカルシウム Ca であり、酸素供給に欠かせないヘムは鉄 Fe を含む。また、植物の光合成を司るクロロフィルはマグネシウム Mg を含むなど、金属元素も重要な働きをする。さらに微量元素として酵素などに含まれる金属元素もあり、それらを含めると、ほとんど全ての元素が生体に何らかの寄与をしていると考えることもできよう[33]。

その一方、元素の中には生体に害をなすものもあり、水銀 Hg、鉛 Pb、カドミウム Cd などの重金属の害はよく知られるところである。最近になって、人類が長い歴史の間で使いこなしてきた金属以外の金属、すなわちレアメタル、レアアースなどが生活圏に入ってきた（前ページ側注 30 参照）。このような金属の有毒性について、人類は詳細な知識を持っていない。注意をするに越したことはなかろう。

[33] 人体に多量に存在する元素を多量元素、少量しか存在しない元素を微量元素という。微量元素の総量は成人で 10 g 程度といわれる。微量元素は排出と吸収を繰り返し、その濃度は常に一定となっている。これを生体恒常性（ホメオスタシス）という。

1・7　元素の周期性

元素の性質の中には、周期表の順に従って変化するものがある。このような性質を**周期性**という。

1・7・1　原子半径

原子には大きなものも小さなものもある。原子の半径を**原子半径**[34]という。原子半径の定義にはいろいろなものがある（**図1・12**）。

A　原子半径の決め方

a）共有結合半径：2 個の同じ原子が共有結合することによって生成した等核二原子分子の原子間距離の半分を原子半径としたもの。

b）ファンデルワールス半径：結晶において原子間の最小距離の半分を半径としたもの。

c）理論半径：量子化学計算によって求めた最外殻軌道の半径を原子半径としたもの。

B　原子半径の周期性

図1・13は理論原子半径を周期表の順に並べたものである。周期表の下方に行くほど大きく、右方に行くほど小さくなっている。下方で大きくなるのは、最外殻が大きくなるのだから、いわば当然である。同じ周期で右方へ行くと小さくなるのはなぜだろう？　右方へ行くということ

[34] イオン結晶中のイオン間の距離をイオン半径といい、陽イオン半径と陰イオン半径がある。

ファン・デル・ワールス
　van der Waals, J. D.

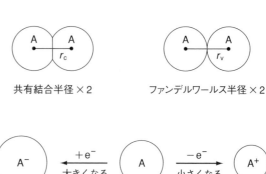

共有結合半径 × 2　　　　　ファンデルワールス半径 × 2

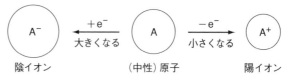

陰イオン　　　　　　（中性）原子　　　　　　陽イオン

図 1・12　様々な原子半径[*35]

*35　原子、イオンの半径の大きさは、一般に
陽イオン半径 < 共有結合半径 < ファンデルワールス半径 < 陰イオン半径
となっている。

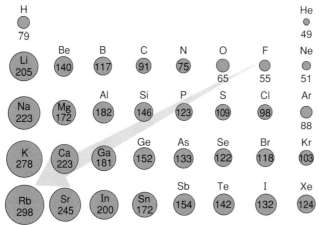

単位 pm（10^{-12} m）　　**図 1・13　理論原子半径**

*36　ランタノイド系列、アクチノイド系列の原子やイオンは原子番号の増加とともに小さくなっていく。この現象をそれぞれランタノイド収縮、アクチノイド収縮という。

は、原子番号が増え、電子数が増えることを意味する。

　これは原子核の正電荷が増えたことによるものである。この結果、原子核と電子の間の静電引力が増加し、電子雲が原子核に吸引されて収縮するのである[*36]。

1・7・2　イオン化エネルギー

　原子から電子を取り去ると原子は正に荷電した陽イオンとなる。このときに要するエネルギーを**イオン化エネルギー**（I_p）と呼ぶ。

A　イオン化エネルギーと軌道エネルギー

　図 1・14 は先に見た軌道エネルギー準位と電子である（図 1・8 参照）。最高エネルギー軌道に入った電子に外部から適当なエネルギーを与えると、電子はより高エネルギーの軌道に移動（遷移）する。もし、軌道エネルギー ΔE に相当するエネルギーを与えると電子は $E = 0$ の自由電子

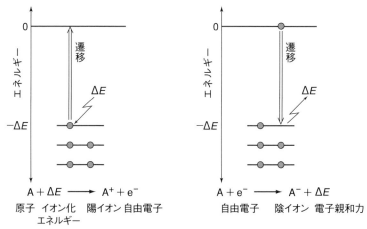

＊37　中性の原子から電子1個を取り去るときに要するエネルギーを第一イオン化エネルギー、そこからさらに2個目、3個目を取り去るときのエネルギーを第二、第三イオン化エネルギーと呼ぶ。

図1・14　イオン化エネルギー＊37と軌道エネルギー

となる。これは、電子が原子核の束縛を離れて自由電子となり、原子が陽イオンになったことを意味する。このΔEがイオン化エネルギーということになる。

　一方、自由電子が最高エネルギー軌道に入ったとすると原子は電子を獲得したので陰イオンとなり、その際余分のエネルギーΔEを放出する。これを**電子親和力**（A）という。

B　イオン化エネルギーの周期性

　図1・15は原子のイオン化エネルギーを原子番号の順に並べたものである。ノコギリの刃状の周期性があることがわかる。1族元素は最外殻の1個の電子を放出すると安定な閉殻構造になる。そのため、陽イオンになりやすい。反対に17族は、1個の電子を受け入れて陰イオンとなっ

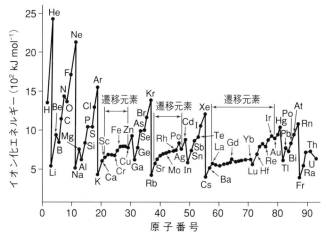

図1・15　イオン化エネルギーの周期性

て閉殻構造をとろうとする。このような性質のため、イオン化エネルギーは1族元素で小さく、族番号の増加とともに増大して17、18族で最高となり、また1族に戻って小さくなるという周期性が出るのである。

1・7・3　電気陰性度

イオン化エネルギーが大きいものは陽イオンになりにくい。ということは、陰イオンになりやすいと考えることもできる。反対に電子親和力が大きいものは陰イオンになりやすい。

ということから、I_p と A は原子が電子を引き付ける大きさを表すものと見ることができる。そこで、I_p と A の絶対値の平均値を基にした**電気陰性度**と呼ばれる数値が定義された。電気陰性度の大きい原子ほど電子を引き付ける度合いが大きいと考えるのである[38]。ただし、電気陰性度の数値は測定値ではなく、人為的に決めた数値なので、この数値を定量的解析に用いることはできない[39]。

図1・16は電気陰性度を周期表に従って表したものである。周期表の右上に行くほど大きくなっていることがわかる。電気陰性度は特に有機化合物の物性、反応性に大きく影響する。それに関しては次章で詳しく見ることにしよう。

[38]　電気陰性度は簡単な概念であるが、化学反応、特に有機化学反応の反応機構を考えるときには非常に有効である。原子の電気陰性度の値を覚える必要はないが、H＜C＜N＝Cl＜O＜Fの順序は覚えておくと何かと便利である。

[30]　電気陰性度には、マリケン（Mulliken, R. S.）による定義、ポーリング（Pauling, L. C.）による定義、オールレッド（Allred, A.）-ロコウ（Rochow, E.）による定義などが存在する。ここで紹介したのはマリケンによるものである。各電気陰性度には互換性があり、換算式も用意されている。

$$電気陰性度 \approx \frac{|I_p|+|A|}{2}$$

H 2.1							He
Li 1.0	Be 1.5	B 2.0	C 2.5	N 3.0	O 3.5	F 4.0	Ne
Na 0.9	Mg 1.2	Al 1.5	Si 1.8	P 2.1	S 2.5	Cl 3.0	Ar
K 0.8	Ca 1.0	Ga 1.3	Ge 1.8	As 2.0	Se 2.4	Br 2.8	Kr

図1・16　電気陰性度

Column 濃度と個数

濃度を表すには、ppc（パーセント、10^{-2}）、ppm（10^{-6}）、ppb（10^{-9}）などがある。ppb は 10 億分の 1 の濃度であり、非常に薄い濃度と思われる。ところで、1 モルの分子個数は約 6×10^{23} 個である（アボガドロ定数 $N_A = 6.02 \times 10^{23}\,\text{mol}^{-1}$）。したがってコップ一杯の水（180 mL、180 g）には 6×10^{24} 個の水分子が入っていることになる。

例えば、この水分子の 1 ppb が"ヘンな分子"だっ

たとしよう。すると、コップ一杯の水に含まれる"ヘンな分子"の個数は $6 \times 10^{24} \times 10^{-9} = 6 \times 10^{15}$（個）、すなわち 6 千兆個！ となる。

濃度で表すと無視できる（と思われる）ほどに薄いものでも、分子の個数で考えると膨大な数になるのである。このような関係が、有害物の排出規制における濃度規制と総量規制の違いである。

ふつうの水分子

へんな水分子
（1ppb）

180 mL

演 習 問 題

1. 次の元素の原子番号、質量数、電子数、陽子数、中性子数はそれぞれいくつか答えよ。

   $^{4}_{2}\text{X}$

2. 上の原子が A：α 崩壊、B：β 崩壊、C：γ 崩壊した場合の生成核の原子番号、質量数はそれぞれいくつか示せ。

3. 原子と元素の違いについて述べよ。

4. 次の元素の電子配置を示せ。C、N、O、Na、P、S、Cl

5. 2 族の元素は ＋2 価、16 族の元素は －2 価のイオンになりやすいのはなぜか。理由を示せ。

6. 中性の原子に比べて陽イオンは小さく、陰イオンは大きいのはなぜか。理由を示せ。

7. 次の元素を電気陰性度の順に不等号もしくは等号をつけて並べよ。

   H、C、N、O、F、S、P、Cl

8. イオン化エネルギーを表す折れ線グラフにおいて、N〜O、P〜S、As〜Se の間に段差があるのはなぜか。理由を示せ。

9. 貴ガス元素（He、Ne、Ar、Kr）に電気陰性度がないのはなぜか。理由を示せ。

10. H^+ の直径は H のおよそ何分の 1 か？

第2章 化学結合と混成軌道

第2章 化学結合と混成軌道

原子同士は反応して分子を形成する。これを化学結合と呼ぶ。化学結合では、原子間で電子が完全に移りイオンを生じ、その静電的な引力で生じるイオン結合と、互いの原子軌道に他方の電子を共有することで生じる共有結合が重要である。さらに、陽イオンになりやすい原子が集まったときには金属結合が生じる。

ここでは、イオン結合の生じる仕組み、金属結合の生成の仕方とそれに基づく性質、および共有結合を説明する理論的な背景としての分子軌道法と原子価結合法について学ぶ。さらに、炭素原子などの共有結合の仕方をうまく説明するために考え出された軌道の混成の考え方が、いかに炭素化合物などの形の理解に役立つか学ぶ。

2・1 化学結合

二つの原子が単独で存在するか、結合して分子を形成するかは、それらの原子が単独で存在するときと結合したときではエネルギー的にどちらがより低い状態であるかによって決まる。原子や分子のエネルギーは主に電子の状態によって決まるので、原子の結合によって再配置された電子の配列が、それぞれが原子単独のときよりエネルギー的に安定であれば、**化学結合**が形成される。

化学結合に伴う原子間の電子の再配置はどのようなものだろうか。重要な方法は二つある。一つは、一方の原子から他方の原子へと電子が完全に移動してそれぞれ陽イオンと陰イオンとなり、互いに静電的な引力（クーロン力）で結合する、**イオン結合**といわれる方法である。もう一つは、二つの原子が互いの電子の軌道を重ね合わせることで電子2個が一つの対となり、二つの原子の間で共有されることで二つの原子を結び合わせる、**共有結合**といわれる方法である。そのほかに**金属結合**と**配位結合**と呼ばれる、異なる電子の再配置の方法がある。配位結合は第4章で扱うので、ここではイオン結合、金属結合、および共有結合について述べる。

2・2 イオン結合

電気陰性度の小さい（イオン化エネルギーが低い）金属元素の原子Aと、大きい（電子親和力が高い）非金属元素の原子Bが出会うと、電気陰性度の小さい原子Aから電子が離れて陽イオン（A^+）を生じ、電気陰性度の大きい原子Bがその電子を取り込んで陰イオン（B^-）が生じる。

その各イオンが静電的な引力で引き合って成立する結合が**イオン結合**である。この結合が成立するには、陽イオンを生じるときに必要とされるイオン化エネルギー（I_p）と、陰イオンを生じるときに放出されるエネルギーである電子親和力（A）の差（$I_p - A$；通常は正の値となる）より、生じたイオン同士が引き合うことで安定化するエネルギーの方が大きくなければならない。

　例えば、Na 原子と Cl 原子から結晶の塩化ナトリウムが生じるときのエネルギー収支は次のようである。

Na　$\longrightarrow$　$Na^+ + e^-$　$-496\ kJ\ mol^{-1}$　（エネルギーが必要である）

Cl　$\longrightarrow$　$Cl^- - e^-$　$+356\ kJ\ mol^{-1}$　（エネルギーが放出される）

$Na^+ + Cl^-$　$\longrightarrow$　NaCl（結晶）　$+771\ kJ\ mol^{-1}$

したがって、

Na ＋ Cl　$\longrightarrow$　NaCl（結晶）（$-496 + 356 + 771 = +631$）$kJ\ mol^{-1}$

であり、発熱反応であるので反応は自然に進行する。

　原子は合計 8 個（第 1 周期のみは 2 個）の価電子が存在するときに安定となる。これはヘリウム $_2$He、ネオン $_{10}$Ne、アルゴン $_{18}$Ar などの**貴ガス**[*1]の電子配置であり、それぞれ s 軌道に 2 個、あるいは s 軌道に 2 個および p 軌道に 6 個（s^2p^6）の電子配置となっている。このように、貴ガスの安定な電子配置（閉殻構造）を獲得しようとして反応する傾向を**オクテット則**と呼ぶ。原子番号が大きな原子については例外も多いが、小さな原子（原子番号 1〜22）同士の間の反応で作られる化合物についてはよく当てはまる[*2]。例えば、ナトリウムは 1 個の電子を失うことで貴ガスのネオン（Ne）と同じ電子配置であるナトリウムイオン Na^+ となりやすい。一方、塩素は逆に電子を 1 個得ることで、やはり貴ガスのアルゴン（Ar）と同じ電子配置の塩化物イオン Cl^- となりやすい。両原子が出会うと、Na から Cl へと自然と電子が渡され、それぞれ安定な電子配置の陽イオンと陰イオンになり、互いに電荷で引きつけ合い結合する。イオン間の静電引力には方向性がないので、陽イオン、陰イオンともできるだけ多くの反対電荷に囲まれるように配列するようになる。そこで、NaCl という分子の集合ではなく、Na^+ と Cl^- が交互に連なって固体を形成することになる（**図 2・1**）。このとき、結晶格子と呼ばれる規則正しい三次元構造を作った集まりを**イオン結晶**と呼ぶ。一般に、イオン結合は、1〜3 個の価電子を持つ金属元素と、8 個に 1 個または 2 個価電子が足りない（16、17 族の）非金属元素の間で生じる。遷移金属（1・6・2 項参照）はしばしば二種類以上の陽イオンを形成するので（例えば、Cu^+ と Cu^{2+}、Fe^{2+} と Fe^{3+} など）、形成されるイオンの電荷を予想するのは困難である。

*1　周期表の 18 族元素の呼び名である。はじめ不活性ガスといわれていたが、キセノン Xe がフッ素と化合物を作ることがわかり、量的に少ないということで希ガスと呼ばれるようになった。しかし、アルゴンは空気中に 0.93 ％も含まれており、二酸化炭素よりはるかに多い。そこで希ガスの代わりに貴ガスという言い方が用いられるようになった。

*2　原子番号が小さい原子でも、ベリリウム水素化物（BeH$_2$）は Be 原子に関し 4 個しか電子を持たないが、気相で安定な分子として存在する。また、一酸化窒素（NO）や二酸化窒素（NO$_2$）などもオクテット則に従わない。

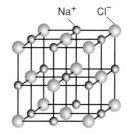

図 2・1　塩化ナトリウム結晶中のイオンの並び方

2・3　金属結合

　イオン結合において陽イオンとなりやすい金属元素が集まると、個々の原子の最外殻などの電子の一部は特定の原子核の近傍にとどまることをせず、結晶全体に非局在化する。このような電子を**自由電子**と呼ぶ。金属元素の原子は陽イオンとなり、規則正しく配列した陽イオンの間で自由電子が全体を自由に動き回るようになる。この陽イオンの正電荷と、自由に動き回る電子の負電荷の間に働く静電的な引力で起こる結合が**金属結合**である。

　この非局在化した自由電子は、金属の持つ一般的な特徴を作り出している。金属は熱や電気の伝導性が高い。これは、自由電子が束縛されることなく自由に動き回れることによる。熱エネルギーは自由電子の動きを活発にし、その活発となった電子の動きが金属中に自由に伝わることになる。また、電気的なポテンシャルを加えたときも、自由電子はそのポテンシャル差に比例して動く。これが、金属が熱や電気を伝えやすい理由である。電気伝導性は温度が上がると低下する。これは、陽イオンが熱により動きを強め、自由電子の動きを妨害するからである。したがって、金属の電気抵抗は低温になるほど小さくなり、逆に電気伝導性は大きくなる。また、金属は光沢がある。この光沢も、自由電子と光子との相互作用で励起された電子が各金属に特有なエネルギー（波長）の光を放射するので、光が反射されることになるからである。さらに、金属を構成している陽イオンは、周りを自由電子に囲まれているので、その位置が多少変化してもエネルギー状態に大きな変化はない。このことが、金属が引き延ばしたり（延性）圧縮したり（展性）しても構造が壊れることがあまりない、つまり展延性を示す理由である。

　このような性質を示すのが金属元素であるが、金属元素と非金属元素の中間に位置する元素が**半金属元素**であり、ホウ素（B）、ケイ素（Si）、ゲルマニウム（Ge）、ヒ素（As）、アンチモン（Sb）、テルル（Te）などがそれに当たる（表紙見返しの周期表参照）。これらの元素の結晶は、金属の結晶のような電気伝導性はないが、周りの電場、温度、光、そして不純物などの存在によって金属のような電気伝導性が現れるので半導体ともいわれ、この性質が電子工学で利用され IC のような半導体素子の材料となっている[*3]。

*3　これらの 6 元素以外に、セレン、ポロニウム、アスタチンの 3 元素が加えられることがある。これらの元素は、半導体としての性質以外にも「脆い」、「両性酸化物となる」、「金属光沢を示す」などが共通した性質として知られている。ただ、定義や分類基準が明確でなく、しばしば異なる分類が適用される。

2・4　共有結合

　電子に対する引力が同程度の元素同士はイオン結合を形成できない。

イオンを形成するのに必要なエネルギーが大きすぎて、イオン同士の結合による安定化のエネルギーを越えるからである。オクテット則を満たし、安定な電子配置（閉殻構造）となるためには、お互いに電子を共有することでどちらも 8 個（水素同士の場合は 2 個）の価電子を持つようになればよい。例えば、アンモニアの分子の形成は次のように考えることができる。

$$\cdot \overset{\cdot}{\underset{\cdot}{N}} \cdot \; + \; 3H^{\circ} \; \longrightarrow \; \overset{\overset{H}{\cdot}}{\underset{H}{H \; N \; H}}$$

$$\underset{H}{H - N - H}$$

ここでは、窒素原子の価電子を点 • で表し、水素原子の価電子を ○ で表している。窒素原子の最外殻の 5 個の電子のうち 3 個が、3 個の水素原子の電子とそれぞれ共有されると、水素原子の s 軌道には 2 個の電子が、また窒素原子の軌道には s^2p^6 で 8 個の電子が存在することになり、それぞれオクテット則を満たす安定な閉殻構造となる。このように最外殻電子を点 • で表した**構造式**をルイスの構造式[*4]という。また、共有結合での電子対を線（**価標**と呼ぶ）で表すことで一般の構造式となる。

電子を共有して互いに結合することで、**分子**と呼ばれる中性の原子の集団が形成される。アンモニア分子には、共有結合に関与しない電子対が一対存在する。このような電子対のことを非共有電子対（孤立電子対）といい、水素結合や配位結合では重要な役割を持つ。非金属元素は通常共有結合を形成する。いくつかの非金属元素は単原子では天然に存在せず、その元素の二つの原子が共有結合で結合した二原子分子として存在している。例えば、塩素 Cl は価電子を 7 個持つので、互いに 1 個ずつ共有することでオクテット則を満たし、安定した二原子分子として存在する。

$$\cdot \overset{\cdot \cdot}{\underset{\cdot \cdot}{Cl}} \cdot \; + \; \cdot \overset{\cdot \cdot}{\underset{\cdot \cdot}{Cl}} \cdot \; \longrightarrow \; \overset{\cdot \cdot}{\underset{\cdot \cdot}{Cl}} \cdot \cdot \overset{\cdot \cdot}{\underset{\cdot \cdot}{Cl}}$$

しかし、結合に働く電子は、実際にはルイスの構造式で示されたように原子間に静止しているわけではない。また、H_2O 分子は H と O の結合角が 104.5° で折れ曲がっていることがわかっており（2・7 節参照）、このような共有結合でできた分子の形はルイスの構造式では説明できない。それらの説明は、以下に述べる量子論に基づいた二つの方法で説明される。

ルイス　Lewis, G. N.

[*4]　ルイスの構造式の点の書き方には規則があり、(1) 上から始めて時計回りに一つずつ書いていく、(2) 元素記号の四方に一つずつ書かれた場合、その次の点は元の点の横に並べて書く、となっている。

２・５　分子軌道法

分子軌道法とは、二つの原子が共有結合する際には、両方の原子の軌道が互いに重なり合って、両方の原子にまたがる新しい軌道ができると

考える方法である。この新しい軌道を**分子軌道**（molecular orbital）という。第1章で電子殻の電子の軌道、s、p、d軌道の形を示したが、この形は電子の存在する確率が高い部分を示したものである。どのようにして求めたかを理解するには、電子や原子のような非常に小さい物質はわれわれが日常の生活で出会う物質と異なり、粒子としての性質と同時に波としての性質が顕著に現れ、その姿は波動関数 ϕ（ファイ）で表すことができることを知らなくてはならない。また、そのような微細な物質は、そのエネルギーと存在位置を同時には確定できない（これを**不確定性原理**という）。したがって、エネルギーが定まっているs、p、d軌道の電子の存在場所は確定できず、その代わり存在する確率が高い部分として示すことになる。この存在確率は、波動関数の絶対値の二乗 $|\phi|^2$ で表され、これは電子が軌道で占める空間の電子密度に対応している。そのようにして求められた電子密度の高い空間の形をs、p、d軌道について示したのが第1章の図1・9なのである。

　これらの原子軌道が重なって新たな分子軌道ができるのであるが、その重なり方には二種類ある。波には位相（＋、－ で表す）があり、重なり方も同じ位相同士が重なるときと、異なる位相同士が重なるときがある。水素分子 H_2 の分子軌道を例にとって説明しよう。二つの水素原子のs軌道が重なるときに、同じ位相のs軌道同士の場合は、はじめの個々の水素のs軌道のエネルギーと比べ、より低いエネルギーの新しい分子軌道ができる（**図2・2 (a)**、**図2・3**）。この軌道では、軌道の重なり合った領域が互いに強め合うことになり、二つの原子核の間に電子が存在する

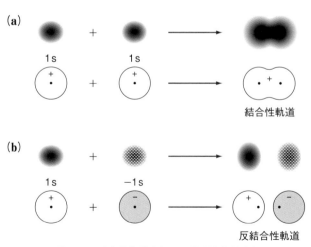

図2・2　結合性軌道（a）と反結合性軌道（b）
上側：電子の存在する領域を電子雲として示したもの。
下側：分子軌道法に基づき示した電子の存在確率が高い領域。
点は原子核を表す。

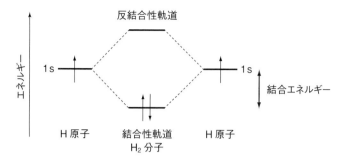

図2・3 水素二原子から生じる水素分子の分子軌道

確率が大きい分子軌道を作る。この分子軌道を**結合性軌道**という。それぞれの水素原子に属していた電子2個は、この新しい分子軌道にスピンの向きを逆にして入る。この電子は、正電荷を持つ核同士の反発力をさえぎり、両方の核の正電荷とクーロン力で引き合うので、核同士を引き寄せて結合させる原動力となる。したがって、生じた水素分子は2個の電子を結合性軌道に持つ安定した二原子分子となる。

　一方、位相が逆のs軌道同士が重なるとどうなるであろうか? そのときは軌道が重なった領域では互いに打ち消し合うことになり、二つの原子核の間に電子を見いだす確率が低い領域が生じ、むしろ互いの核の反対側に電子の存在確率が高い領域を生じる(**図2・2(b)**)。このときには、核の反対側にある電子は、互いの核の正電荷による反発をさえぎる働きをせず、かえって互いに核を引き離そうとするので、この分子軌道ははじめの個々のs軌道のエネルギーより高いエネルギーとなる(**図2・3**)。このような分子軌道を**反結合性軌道**[*5]という。このように、結合の前も後も、軌道の総数は変わらないようになっている。

　水素の場合は結合に使われる2個の電子が結合性軌道に入ったが、電

*5 その他、結合において互いに相互作用しない、非結合性軌道も存在する。

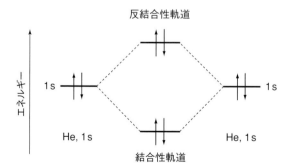

図2・4 ヘリウム二原子が仮想的に分子を形成すると仮定したときの分子軌道
反結合性軌道へ電子対が入るので結合エネルギーが失われ共有結合は生じない。

子を二つ持つ He の場合を考えてみよう。He 2 原子の計 4 個の電子は、まずエネルギーの低い結合性軌道に 2 個入り、次に残りの 2 個は反結合性軌道に入ることになる。すると、反結合性軌道の電子が結合性軌道の電子の結合力を打ち消すので、原子同士の結合力は失われることになる。これが、He 原子同士が結合して分子を形成せず、単原子として存在する理由である（**図 2・4**）。同じことは、p 軌道同士や s 軌道と p 軌道の重なりのときにも現れる。p 軌道は、原子核を挟んでその両側に原子軌道（電子軌道）が広がる形をしているが（図 1・9 参照）、その両側で実は波の位相が互いに逆となっている。s 軌道のときと同じように、位相が同じ重なり方と逆の重なり方が起こり、互いに結合性軌道と反結合性軌道を生成する。

2・6　原子価結合法

ハイトラー　Heitler, W. H.
ロンドン　London, F.

　分子軌道法は、構成原子の原子軌道が結合して新しく分子全体に広がった分子軌道が生じるという考えに基づいていた。一方、ハイトラーとロンドンにより提案された**原子価結合法**は、分子を構成する各原子の軌道最外殻の不対電子が、分子の共有結合を作るときにそれぞれの原子に共有されると考え、各原子の波動関数を扱う方法である。この方法は、ルイスの構造式での考え方を量子論に基づく波動関数に当てはめたものともいえる。水素分子の形成を例にとると、水素原子 A に属している電子を e1 とし、水素原子 B に属している電子を e2 として、それぞれが結合したときの水素分子の波動関数を次のように求める。結合した状態で二つの水素原子の 1s 軌道が重なり合うと、水素 A の原子軌道 ϕ_A に e1 が属し、水素 B の原子軌道 ϕ_B に e2 が属している状態と、ϕ_A に e2 が属し、ϕ_B に e1 が属している状態が混合した状態が考えられる（**図 2・5**）。電子には区別がないからである。この二つの状態で電子が交換され、二つの状態が混じり合うようにして波動関数を導くのが原子価結合法である。このとき、スピンが互いに逆平行である場合にエネルギーが低下して安定な結合が生成する。

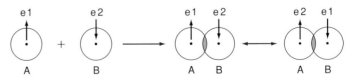

図 2・5　原子価結合法の考え方
水素原子 A と B のそれぞれの電子（e1, e2）は、水素分子では二つの状態が混在する。

どちらの方法も修正を加えることで同じ結果（核間距離や結合エネルギー）を導き出すことができるので、この意味では同等のものとされるが、分子軌道法はどちらかというと定量的な議論に向いており、原子価結合法は分子の構造や性質を定性的に述べるのに向いている。以下では、共有結合を、スピンが互いに逆平行である電子を一つずつ持つ二つの原子軌道が重なることで分子軌道ができ、そこに電子 2 個が逆平行で収まるとする、原子価結合法の考え方に従って解説する*6。

水素分子は s 軌道同士が重なってできている。その結果生じる軌道は結合軸に沿って見たときに形が円形であり、電子密度は結合軸の周りに対称である（**図 2・6 (a)**）。また、s 軌道と p 軌道が重なって生じる結合や（**図 2・6 (b)**）、p 軌道同士がその軌道が伸びている方向で重なった結合も（**図 2・6 (c)**）、同様に結合軸に沿って見た形は円形であり、電子密度は結合軸の周りに対称である。このような結合を σ 結合と呼ぶ。σ結合は結合軸の周りに回転しても軌道の重なりに影響がないので、自由回転ができる結合である。一方、p 軌道同士の結合の仕方にはもう一種類ある。それは、軌道が伸びている方向と直角方向の結合軸で重なる方法である（**図 2・6 (d)**）*7。このような結合は π 結合と呼ばれる。π結合は一方の原子を固定したまま、他方の原子を結合軸の周りに回転すると軌道の重なりが減少するので結合が切れることになり、そのため結合軸の周りの回転が拘束された結合である。軌道の重なりの程度で見ると、π結合は軌道の側面のみの重なりであるが、σ結合は軌道が伸びている方向、あるいは、球形同士の重なりなので重なりが大きい。軌道の重なりが大きいほど安定化は大きいので、σ結合の方がπ結合より安定であ

*6 原子価結合法の考え方は、直観的に、また定性的に共有結合を理解するのに向いているのでここで用いているが、厳密にエネルギーの計算によって定量的に結合を理解するためには、分子軌道法が有効である。したがって、現在の量子化学では分子軌道法を用いて解釈することが主流となっている。

*7 分子軌道法の考え方に立つと、p 軌道同士が側面で重なる場合も反結合性 π 軌道が形成される。しかし、エネルギーが結合性 π 軌道より高いため、電子は配置されず、空いたままの軌道として存在する。

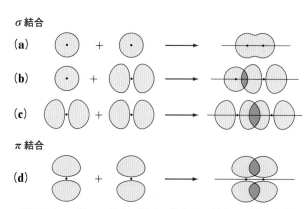

σ 結合

(a)

(b)

(c)

π 結合

(d)

図 2・6 三種の σ 結合の形成の仕方と π 結合の形成の仕方
(a) は s 軌道同士の重なり、(b) は s 軌道と p 軌道の重なり、(c) は p 軌道同士の重なりで σ 結合が生じている。ここで、p 軌道の代わりに、sp^3, sp^2, sp 混成軌道であっても生じる結合は σ 結合である。(d) は p 軌道同士が側面で重なる π 結合を示す。

る。また、重なり合う領域の場所を σ 結合と比べた場合、π 結合は結合軸から離れており、そこに存在する電子は原子核間に存在する確率が低く、核からの距離も遠いので核との引力も小さく、二つの核を結びつける力も弱い。結合エネルギーが小さく、反応性が高くなる。

2・7　分子の形と混成軌道

　　共有結合はイオン結合と異なり、方向性を持つ。酸素原子一つと水素原子二つが共有結合して水分子（H_2O）を形成する場合を考えてみよう。第 1 章で述べたように、酸素原子は二つの $2p$ 軌道に不対電子が 1 個ずつ入った状態で、原子価は二価である。$90°$ の角度で配向している二つの p 軌道がそれぞれ水素の $1s$ 軌道と重なり合って結合を作ると H_2O 分子ができ、その H—O—H の結合角は $90°$ であると予想される（**図 2・7**）。しかし実測値は $104.5°$ であり、この理論では説明がつかない。また、炭素原子と水素原子の結合について考えてみる。炭素原子はその $2p$ 軌道に二つの不対電子を持つので二価であり、その結合角は $90°$ と予想される。ところが、最も単純な有機化合物であるメタン（CH_4）を見てみると、炭素の原子価は四価であり、炭素原子と水素原子の結合角は正四面体の各頂点へ向かう角度の $109.5°$ に近い。しかも各結合の性質に差はなく、結合距離も等しい。これらの矛盾を解決するために、1931 年、ポーリングにより次のような混成軌道の考え方が導入された[*8]。

*8　混成軌道とは、原子価結合法の考え方に基づいて化学結合を説明するために、結合に関与する軌道関数を数学的に混合する操作を表しているのであり、現実に混成という現象が起こっていると考えてはいけない。分子軌道法の計算によっても同様の化学結合を導き出すことができる。

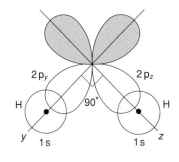

　　　　　　　2s　　2p$_x$　2p$_y$　2p$_z$

酸素原子：　↑↓　　↑↓　　↑　　↑

図 2・7　酸素原子の $2p_y$ 軌道と $2p_z$ 軌道の電子が水素原子の電子と共有結合を形成すると仮定したときの結合角
白は位相が ＋、グレーは － を示す。

2・7・1　sp³ 混成軌道

　　まず、炭素原子の $2s$ 軌道にある電子の一つがエネルギーを得て励起され、空の $2p$ 軌道に移る。このことを昇位という。この励起に必要なエ

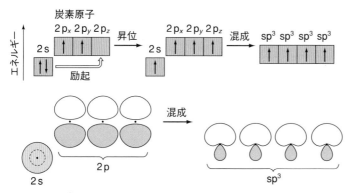

図2・8　sp³混成軌道のできかた　白は位相が＋、グレーは－を示す。

ネルギーは、最終的に水素原子と結合するときに得られる大きな結合エネルギー（エネルギーの放出がある）でまかなうことができる。この一つの2s軌道と三つの2p軌道が混じり合うことにより、新たに、空間における方向のほかは全て同等な四つの軌道が得られる。この新たに得られた軌道を、その元になった軌道の種類と数から**sp³混成軌道**と呼ぶ（**図2・8**）。このsp³混成軌道のエネルギーは、2s軌道と2p軌道の中間となり、みな等しい。このsp³混成軌道に1個ずつの不対電子が入る。そのとき、四つのsp³混成軌道は、存在する電子の反発力で互いに最も遠く離れた空間配置を取ることになる。その配置は、正四面体の各頂点へ向かう方向（109.5°）である（**図2・9**）。そして、四つの水素原子の1s軌道との間で軌道が重なることで共有結合を形成する。形成される結合はσ結合である。このように考えると、メタンの結合角が109.5°であり、炭素原子が四価であり、各結合は同等であるという観測事実をよく説明することができるので、この理論は広く受け入れられている。

　一方、H₂Oに関しても同様に酸素原子がsp³混成軌道を形成すると考えると、結合角の測定値（104.5°）をよく説明できる。酸素原子の場合、新たに生じた四つのsp³混成軌道のうち、二つには電子が対となって入っている（非共有電子対）。残りの二つの軌道には不対電子が入り、二つの水素の1s軌道との間で軌道の重なりを生じ、そこで共有電子対を形成する。H₂Oの場合、実際の結合角は104.5°と正四面体角より若干小さい値となっている。その理由は、非共有電子対の電子は核に拘束されていないので、共有電子対と比較して遠くまで分布しており、電子対同士の反発力も強いからである。その分、共有電子対の角度が狭くなる[*9]。

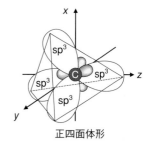

正四面体形

図2・9　sp³混成軌道の配向

[*9]　アンモニア分子（NH₃）のH–N–Hの角度は106.7°である。この場合もNがsp³混成軌道を作り、その一つに非共有電子対が入ると考えられる。ここでは、非共有電子対は一つであり、反発力はH₂Oのときより小さい。そこで、結合角はより109.5°に近い値となる。

2・7・2　sp² 混 成 軌 道

　メタンの共有結合は sp³ 混成軌道の形成でよく説明がつくが、エチレン（$CH_2=CH_2$）になると説明できない。エチレンは炭素原子間に二重結合を持ち、そのうちの一つは反応性が高い結合であり、ほかの一つは比較的安定である。また、エチレンは平面構造をしていて、炭素-炭素間、炭素-水素間の結合角はいずれも 120° である。これらの実験事実を説明するには、sp³ 混成軌道とは異なる新たな混成軌道の形成を考える必要がある。この混成軌道で、炭素原子の 2s 軌道から 2p 軌道に電子一つを励起させる点は sp³ 混成軌道のときと同じである。しかし、今度は $(2s)$ $(2p_x)$ $(2p_y)$ の三つの軌道を混成して、エネルギー的に等しい三つの軌道、**sp² 混成軌道**をつくる（**図 2・10**）。この三つの sp² 混成軌道は、そこに存在する電子の電荷の反発により互いに最も離れた方向性を持つようになり、結局、平面上で互いに 120° 離れた方向へ伸びた軌道となる（**図 2・11**）。そのうちの二つは水素の 1s 軌道と重なり σ 結合を形成し、残りの一つはほかの炭素の sp² 軌道との間で σ 結合を形成する。ところで、図 2・10、図 2・11（a）にあるように、まだ z 軸方向に伸びた $2p_z$ 軌道が残っている。この p 軌道は側面同士の重なりにより、π 結合を形成する。この結果、エチレンの炭素-炭素間には、σ 結合と π 結合が生じることになる。これが、炭素-炭素二重結合の形である。π 結合は回転ができないので、二重結合は単結合と違い、回転ができない。したがって、エチレンの全ての原子は平面上に存在し、その結合の角度はほぼ 120° となるはずである。これは、実験事実とよく一致する（図 2・11（b））。

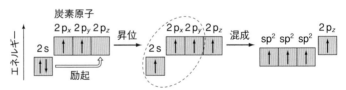

図 2・10　sp² 混成軌道のできかた

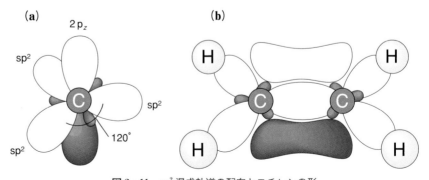

図 2・11　sp² 混成軌道の配向とエチレンの形

2・7・3 sp 混成軌道

炭素–炭素結合にはもう一つ別の形式が存在する。三重結合である。アセチレン（CH≡CH）分子は、全ての原子が一直線上に存在する。この形状は新たな混成軌道を用いると説明できる。炭素原子の 2s 軌道の電子の昇位までは同じだが、今度は 2s 軌道と $2p_x$ 軌道が混成して、エネルギーの等しい二つの sp 混成軌道が生じる（**図 2・12**）。二つの sp 混成軌道はやはりできるだけ離れた方向性をとろうとして、結局 180° 逆向きの配向となる。そのうち、一つの軌道は水素原子との間で σ 結合を形成し、ほかの一つはもう一つの炭素の sp 軌道との間で σ 結合を形成する。一方、両炭素原子にはまだ $2p_y$ 軌道と $2p_z$ 軌道が残っており、これらが互いに側面での重なりを起こし、π 結合を形成する（**図 2・13**）。これが炭素–炭素間の三重結合である[*10]。形は直線形となり、その結合のうち一つは安定な σ 結合二つが反応性の高い（不安定な）π 結合となる。また、π 結合を形成する p 軌道は軌道の広がりが大きいため、二つの π 結合（$2p_y$-$2p_y$、$2p_z$-$2p_z$）同士が、それぞれ 90° の方向でも重なる（図 2・13 (a)）。その結果、最終的に π 電子は σ 結合の周り全体に分布し、ちくわのような形の電子密度図となる（図 2・13 (b)）。

*10 エタンの C–C、エチレンの C＝C、アセチレンの C≡C の結合距離は、それぞれ 1.54 Å、1.34 Å、1.20 Å であり、次第に短くなる。これは、各結合を形成する sp^3、sp^2、sp 混成軌道を比べると、次第に s 軌道の占める割合が大きくなり軌道の形が球形に近づくので、結合軸方向の長さが短くなることが原因の一つである。さらに、π 結合を形成するには p 軌道同士が側面で充分重ならなくてはならず、そのためには p 軌道同士の距離が充分近くなければならないことも原因である。

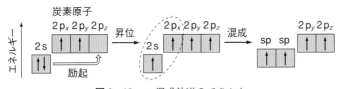

図 2・12　sp 混成軌道のできかた

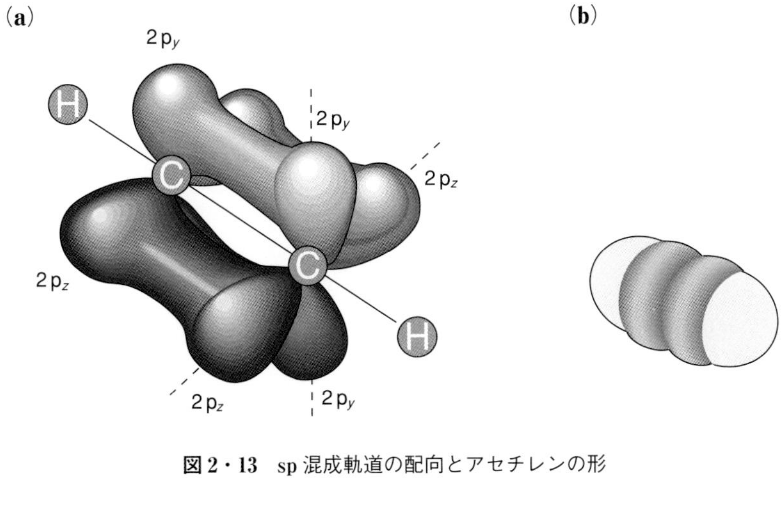

(**a**)　(**b**)

図 2・13　sp 混成軌道の配向とアセチレンの形

Column　ダイヤモンドの模造品

　炭素の同素体にはダイヤモンド、黒鉛（グラファイト）、および無定型炭素と呼ばれる結晶構造を持たない炭素の三種が古くから知られているが、20世紀後半にフラーレンと呼ばれる C_{60} のクラスター構造の同素体の合成法が確立して以来、カーボンナノチューブなど多くの同素体が作られるようになった。ダイヤモンドと黒鉛の違いは、結合に使われている炭素の原子軌道が sp^3 混成軌道か sp^2 混成軌道かにあり、sp^3 混成軌道であるダイヤモンドはゆがみのない立方晶を形成するので、非常に硬度が高い。現在のところ、硬度で天然のダイヤモンドを上回るのは、ハイパーダイヤモンドといわれるフラーレンを原料として製造された物質、および六方晶系の結晶構造を持つロンズデーライトという炭素の同素体と、火山から得られる材料でつくられたウルツ鉱型 $(BN)_n$ の三種類だけである。

　世の中には、炭素からできていない模造ダイヤモンドが宝飾品として出回っている。そこで、この模造ダイヤを見分けることが重要になる。鑑定士が

ルーペを使って見分けるポイントは、カットされた角と表面だそうである。偽物は本物ほど硬度がないので、角がすり減り表面に傷がついている。本物のダイヤモンドの密度は 3.52（$g\,cm^{-3}$）であり、模造ダイヤモンドのほとんどはこれよりずっと密度が大きいか、または若干軽いので、密度を正確に求めても判定できる。一方、簡単な見分け方として、ダイヤモンドの持つ熱伝導性のよさと親油性を利用する方法がある。冷蔵庫に本物と偽物のダイヤを入れておき同時に外に出すと、熱伝導性のよい本物はすぐに曇りが消える。また、炭素化合物であるダイヤモンドは親油性を持つので、表面に油性ペンで文字を書くとはじかずに書けるが、偽物に多く含まれる二酸化ジルコニウムは親油性ではないので、文字が書きにくい。しかし、これら簡便判定法は確実性に欠けるので筆者は責任を負いかねる。もっとも、ダイヤモンドに無縁である筆者には無用な知識ではあるが…。

演 習 問 題

1. イオン結合と共有結合の違いを箇条書きにせよ。

2. 金属結合を説明し、それに基づいて金属の特徴を述べよ。

3. σ 結合と π 結合の違いとそれぞれの特徴を述べよ。

4. sp^3 混成軌道のでき方を説明し、それに基づいてメタンの構造を説明せよ。

5. sp 混成軌道のでき方を説明し、それに基づいてアセチレンの構造を説明せよ。

6. アンモニアの H−N−H の結合角は $106.7°$ である。この角度になる理由を、混成軌道を考慮して説明せよ。

7. CO_2 の形を混成軌道で説明せよ。

第3章 結合のイオン性と分子間力

　分子は複数個の原子からなる構造体であり、多くの物質や生体を作る最小単位である。しかし、分子はただ1個で機能するとは限らず、多くの場合、特に生体内では、複数種類、多数個の分子が協同して機能することが多い。このような場合に分子間に働く力を分子間力という。

　分子間力は分子が互いに引き付け合う力であり、水素結合、ファンデルワールス力、疎水性相互作用など、いくつかの種類があるが、いずれも結合のイオン性に基づく静電引力が原因になっていることが多い。分子の中にはこのような分子間力によって規則性を持った構造体を作るものがあり、そのようなものを特に超分子と呼ぶ。

3・1　分 子 間 力

　原子が集合、化学結合して分子という構造体を作るように、分子も集合してより高次の構造体を作る。このときに分子間に働く力を分子間力という[*1]。分子間力は主に分子間に働く静電引力に基づくものである[*2]。

3・1・1　水 の 集 合 体

　机の上に豆を撒けば、豆はほぼ1層になって散らばる（**図3・1左**）。たまたま積み重なった部分ができても、やがて崩れて1層になる。ところが机の上に水を垂らすと、水滴ができる。水滴の高さは、水の量にもよるが1mm（10^{-3}m）程度の水滴はザラである。この1mmの水滴内では

*1　分子間力にしろ、化学結合にしろ、これらの引力が働く距離は非常に小さい。茶碗の粒子が結合しているのはこれらの結合力のおかげであるが、割れた茶碗をいかに組み立てても元に戻らないのは、割れた隙間が結合力の働く距離をはるかに超えているからである。

*2　異なった電荷の間には、電荷量の積に比例し、電荷間の距離の2乗に反比例した引力が生じる。これを静電引力という。

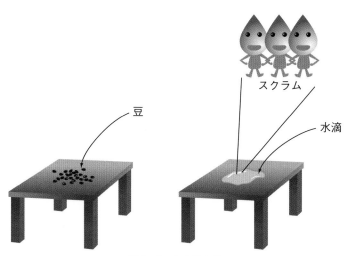

図3・1　水の集合体

水分子が何層積み重なっているのだろう。原子の直径は 1 nm（10^{-9} m）足らずである。単純計算して 10^6 個程度は積み重なっていることになる。

豆は 1 層に散らばるのに、なぜ水分子は 1 層に散らばらず何百万個も積み重なることができるのであろう？　重力は豆にも水分子にも平等に働くはずである。

3・1・2　分子間力

この原因になっている力が**分子間力**といわれるものである。水分子は水素結合という分子間力によって互いにガッチリとスクラムを組み、崩れないように頑張っているのである（**図3・1右**）。分子間力には水素結合、ファンデルワールス力、疎水性相互作用などがある。しかし**図3・2**に見るように、原子間の結合に比べてその結合エネルギーは大変に小さい。そのため、この力は一般に結合とは呼ばれず、分子間力と呼ばれるのである[*3]。

*3　分子間力のエネルギーは小さく、通常 1〜20 kJ mol^{-1} 程度である。水素結合は分子間力としては強力であるが、それでも通常 50 kJ mol^{-1} 以下である。

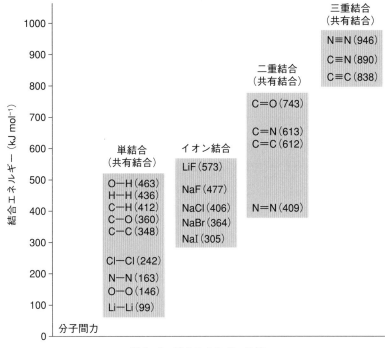

図3・2　結合エネルギーの値

*4　ポリエチレンなどの高分子はエチレンなどの単位分子が多数個結合したものであるが、その結合は共有結合である。それに対して超分子では、単位分子を連結する力が共有結合ではなく分子間力になっている。そのため、高分子を単位分子に分解することは困難であるが、超分子では簡単に分解される。

20 世紀の初頭には高分子も超分子のようなものと考えられていた。この考えを改めさせたのが、ドイツの化学者スタウジンガー（Staudinger, H.）であり、彼は高分子の父と呼ばれている。

3・1・3　超分子

分子間力などによって集合し、高次構造体となった分子集団を特に**超分子**と呼ぶことがある[*4]。安息香酸は、ベンゼンなどの溶液中では二分子がセット（会合体）になった構造（二量体）で存在することが知られて

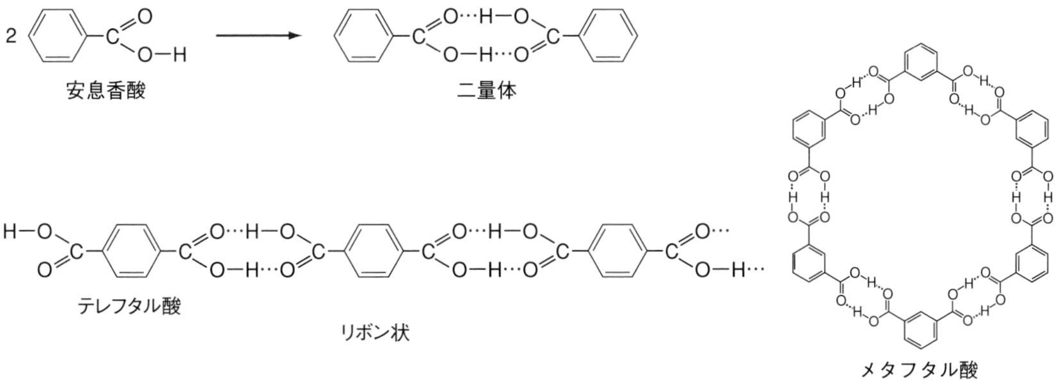

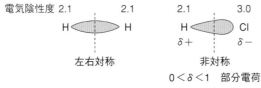

図3・3 超分子の構造

いる。これは超分子の素朴な例である。テレフタル酸はリボン状になって存在するし、メタフタル酸は6分子が会合して大型六員環構造をとる（図3・3）。

　生体は超分子の宝庫のようなもので、多くの生体分子は超分子構造を作って機能している。2本のDNA鎖が絡み合った二重らせん構造、酵素と基質の間の「鍵と鍵穴」のセット、ミオグロビン類似の複合タンパク質4個がセットになったヘモグロビンなどは典型的なものである。生体自身が1個の巨大で精妙な超分子ということさえできるのかも知れない。

3・2 共有結合のイオン性

　分子間力の基本となるのは分子間に働く静電引力である。静電引力が働くためには分子内に正負のイオン性部分が存在する必要がある[*5]。

3・2・1 共有結合と結合電子雲

　共有結合はイオン性とは無関係の結合のように見えるが、実は決してそうではない。共有結合は2個の原子が結合電子雲を共有することによって生成する結合である。共有結合でできた典型的な分子は水素分子

*5 分子内にイオン性の部分があるものを極性分子と呼ぶことがある。水は典型的な極性分子である。

電気陰性度 2.1　　2.1　　2.1　　3.0

H　　H　　　H　　Cl
　　　　　　　$\delta+$　　$\delta-$

左右対称　　　　非対称

$0 < \delta < 1$　部分電荷

図3・4 結合分極

H_2 であり、その結合の様子は模式的に**図3・4 (左)** のように表される。すなわち、2 個の水素原子の間にある σ 結合電子雲は左右対称に、両原子の間に存在する。

このような状態は塩素分子 Cl_2 においても同様であり、結合電子雲は両塩素原子の間に左右対称に存在する。

3・2・2　結合電子雲と電気陰性度

それでは塩化水素 HCl ではどうであろうか？ **図3・4 (右)** にその様子を示した。ここで注意しなければならないのは、両原子 (H と Cl) の電気陰性度である。H の電気陰性度は 2.1 だが、Cl は 3.0 であり、Cl の方が大きい。これは Cl の方が H より電子を引き付ける力が大きいことを意味する。そのため、HCl の結合電子雲は Cl の方に引き付けられることになる。

この結果、Cl は電子過剰になって負に荷電し、反対に H は電子希薄になって正に荷電する。すなわち、共有結合に正、負の電荷が生じるのである。このような現象を**結合分極**といい、生じた電荷を**部分電荷**[*6]といって記号 δ デルタ $(\delta+、\delta-)$ で表す[*7]。

3・2・3　共有結合のイオン性

上で見たように、電気陰性度の異なる原子が結合した場合には多かれ少なかれ必ず結合分極が現れ、電気陰性度の大きい原子が負に、小さい原子が正に荷電する。その典型的なものを**図3・5**に示した。

[*6]　部分電荷を持っている分子を極性分子、あるいは分子イオンという。水分子はその例である。

[*7]　δ は 0 以上 1 以下 $(0 < \delta < 1)$ の適当な値を意味する記号であり、加成性 (3・3・1 項の B 参照) は存在しない。したがって、水の極性構造は下図のように表現するが、これをもって「水分子は全体で $\delta+$ に荷電している」と考えてはいけない。

$$
\begin{array}{cccc}
\overset{\delta+}{H}-\overset{\delta-}{O} & \overset{\delta+}{H}-\overset{\delta-}{N} & \overset{\delta+}{H}-\overset{\delta-}{F} & \overset{\delta+}{H}-\overset{\delta-}{S} \\
\overset{\delta+}{C}-\overset{\delta-}{F} & \overset{\delta+}{C}-\overset{\delta-}{Cl} & \overset{\delta+}{C}-\overset{\delta-}{O} & \overset{\delta+}{C}=\overset{\delta-}{O} \\
\overset{\delta+}{C}-\overset{\delta-}{N} & \overset{\delta+}{C}=\overset{\delta-}{N} & \overset{\delta+}{C}\equiv\overset{\delta-}{N} &
\end{array}
$$

図3・5　様々な二原子分子の結合分極

結合分極によって生じる結合のイオン性 (％) と両原子の電気陰性度の差の間には、**図3・6**のような相関関係があることが認められる。この図によれば、完全なイオン結合や完全な共有結合はいわば特殊な場合であって、多くの結合は共有結合とイオン結合の中間、あるいは混合と見ることができる。このような状態を、"イオン性を帯びた共有結合"などと表現するのである。

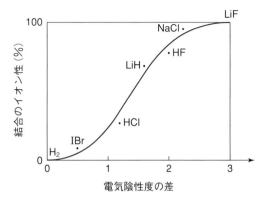

図3・6 結合のイオン性と電気陰性度の相関

3・3 官能基と置換基効果

　分子に現れる極性（結合分極）は分子の性質、反応性に大きな影響を与える。その典型的な例が**官能基**の示す置換基効果である。官能基とは**置換基**[*8]のうち、多重結合を持つもの、および、炭素、水素以外のヘテロ原子を持つもののことである[*9]。

3・3・1　単結合に現れる効果

　炭素に、ヒドロキシ基 −OH など電気陰性度の大きな原子を含む置換基 X が結合すると、結合電子雲が X 部分に引かれて、炭素部分は正に荷電する。この効果は電気陰性度の違いに基づくものであり**誘起効果**（inductive, I 効果）と呼ばれることがある。また、このように電子を引き寄せる置換基を一般に**電子求引基**という。反対にメチル基などには電子を分子本体部分に与える性質があり、**電子供与基**と呼ばれる[*10]。

A　減衰効果

　誘起効果は σ 電子雲を介して炭素鎖を通じてほかの炭素にも伝播する。しかしその効果は距離とともに減衰し、結合1本を介するとおよそ 1/3 になるといわれる。**図3・7（上）**はカルボキシ基 −COOH を持ったカルボン酸の酸の強さを対数で表したもの（**酸の電離指数**、pK$_a$）である。数値が小さいほど強い酸であることを示す（6・2・2項参照）[*11]。

　図からわかるように、塩素 Cl がカルボキシ基に近いほど強酸である。これは、カルボキシ基の O−H 結合の結合電子雲が Cl によって引き付けられて薄くなり、H が H$^+$ となって離れやすくなったことを示すものである。

B　加成性

　誘起効果には加成性がある。すなわち、同じ効果を持つ置換基がたく

[*8]　有機化学では、分子を本体部分とそれに付随した部分に分けて考えることがある。このとき、付随部分を置換基と呼ぶ。
　ヒドロキシ基 −OH、
　アミノ基 −NH$_2$、
　メチル基 −CH$_3$
などがある。

[*9]　置換基のうち、炭素と水素が単結合（一重結合）だけで結合してできた物をアルキル基という。
　メチル基 −CH$_3$、
　エチル基 −CH$_2$CH$_3$、
　イソプロピル基
　　　　−CH(CH$_3$)$_2$
などが典型である。

[*10]　このように置換基によってもたらされる効果を一般に置換基効果といい、有機化学では重要な効果である。

[*11]　pH（水素イオン指数）は酸の濃度（H$^+$の濃度）を表し、pK$_a$は酸そのものの強さ（H$^+$ を放出する力）を表す（76 ページの側注 8 参照）。なお、酸（塩基）の電離指数（定数）は、酸（塩基）解離指数（定数）ともいう。

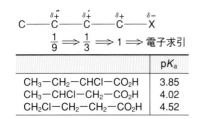

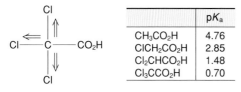

	pKₐ
CH₃−CH₂−CHCl−CO₂H	3.85
CH₃−CHCl−CH₂−CO₂H	4.02
CH₂Cl−CH₂−CH₂−CO₂H	4.52

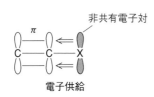

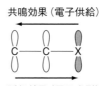

	pKₐ
CH₃CO₂H	4.76
ClCH₂CO₂H	2.85
Cl₂CHCO₂H	1.48
Cl₃CCO₂H	0.70

図 3・7　カルボン酸の酸の強さとカルボキシ基の位置の関係

*12 酢酸 ($pK_a = 4.76$) は代表的な弱酸であるが、塩素が 3 個結合したトリクロロ酢酸 ($pK_a = 0.70$) は、硝酸 ($pK_a = -1.8$) に次ぐほどの強酸である。

さん結合すれば、それだけ効果も大きくなる。**図 3・7（下）**はその効果を表したものである。酢酸 CH_3COOH のメチル基 $-CH_3$ 部分の H を Cl にたくさん置き換えるほど、強酸となることがわかる[*12]。

3・3・2　二重結合に現れる効果

　二重結合に、塩素のように非共有電子対を持った原子が結合したらどうなるだろうか？　二重結合の π 結合と置換基 (Cl) の非共有電子対の入った p 軌道が非局在化（共役）し、置換基の非共有電子対電子が π 結合（二重結合）部分に流れ込む。この結果、炭素鎖部分は負に荷電し、置換基は正に荷電することになる（**図 3・8**）。この効果を**共鳴効果**（resonance, R 効果）ということがある。

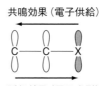

図 3・8　誘起効果と共鳴効果

3・3・3　拮抗性

　それでは、二重結合に Cl が結合したらどうなるのだろうか？　Cl は電気陰性度が大きいので、誘起効果では電子求引基として働き、共鳴効果では上で見たように電子供与基として働く。

　表 3・1はその様子をまとめたものである。表の数値は結合分極の大きさを表す。C−C 単結合の化合物では誘起効果のみが働き、数値は全ての置換基で大きくなっている。しかし二重結合を持った化合物では数値が小さくなっている。これは誘起効果と逆向きの共鳴効果が効いている

表3・1 二重結合と誘起効果 (I)・共鳴効果 (R) の関係

		単結合	二重結合	三重結合
		CH_3-CH_2-X	$CH_2=CH-X$	$CH\equiv C-X$
X	Cl	2.05 D[13]	1.44 D	0.44 D
	Br	2.02 D	1.41 D	0.0 D
	I	2.90 D	1.26 D	
効果		$\longrightarrow$ I	$\longrightarrow$ I $\longleftarrow$ R	$\longrightarrow$ I $\longleftarrow$ R $\longleftarrow$ R

*13 D (デバイ) は双極子モーメント (5・2・3項参照) の大きさを表す単位で、(電気量)×(長さ) である。

$$1\,D = 10^{-18}\,esu\,cm$$
$$= 3.34 \times 10^{-30}\,C\,m$$

esu: 静電単位、C: クーロン

せいである。さらに三重結合を持った化合物では、2本のπ結合を通じて置換基が持つ2組の非共有電子対電子が送り込まれるために、逆向きの効果が大きくなり、誘起効果がさらに減殺されたのである。

3・4 水素結合

分子間力の中で最もよく知られ、生体においても重要な役割を演じるのが水素結合である。

3・4・1 水素結合の本質

水中における水分子は1個ずつ自由に動き回っているのではなく、互いに引き合いながら集団を作って行動している。このような集団を会合体 (クラスター) と呼び、引き付け合う力を**水素結合**という[14]。

水素結合の本質は静電引力である。すなわち、水分子の酸素は負に荷電し、水素は正に荷電している。この結果、ある水分子の酸素と近傍の水分子の水素との間に静電引力が働くのである (**図3・9**)。このような引力は何も水に限ったわけではない。O−H結合、N−H結合、F−H結合など、結合分極を伴った結合ならどのような場合にも起こり、それぞれが水素結合と呼ばれる。

3・4・2 水素結合と沸点

図3・10はアルカン (C_nH_{2n+2}) (第8章参照) の炭素数 (分子量にほぼ比例) と沸点の関係を表したものである。分子量と沸点の間によい比例関係があることがわかる。この図で、水と同程度の分子量のアルカンとを比較すると、直線から完全に外れてしまう。

このグラフから、水の沸点 (100℃) に相当する分子量を求めるとほぼ100となる。これは、沸騰時における水 (分子量18) の見かけの分子量は100程度であることを示すものと解釈できる。すなわち、沸騰時でも水は5分子程度が会合していると考えられるのである。

*14 新しいウイスキーでは水、エタノールがそれぞれ大きなクラスターとして存在するので、味 (舌触り) が刺々しい。熟成すると各クラスターが小さくなり均一に混じるので、滑らかになるという説もある。

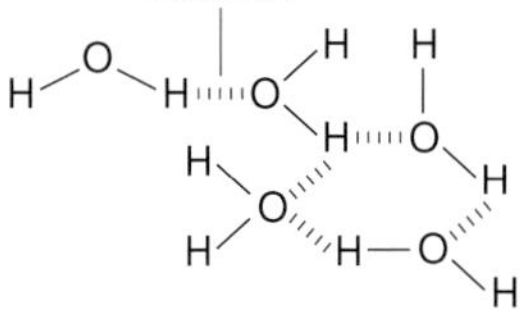

図3・9 水のクラスター

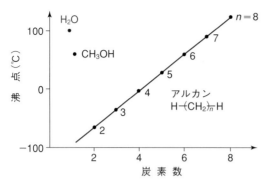

図3・10　アルカンの炭素数と沸点の相関

3・4・3　非共有電子対と水素結合

　水分子は2本のO－H結合とともに2対の非共有電子対を持ち、これらはほぼ正四面体の頂点方向を向いている（**図3・11**）。非共有電子対には2個の電子が入っているので本質的に負に荷電している。

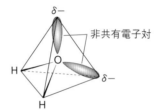

図3・11　水分子の立体構造

　すなわち、水分子の酸素が持つ負電荷には方向性があるのである。水素結合はこのような負電荷に基づくものなので、必然的に有効な方向ができてくる。それは酸素原子を中心とした正四面体形の頂点方向である。このような傾向が顕著に現れるのが氷である。氷では全ての水分子が水素結合をしているが、その酸素原子の配置は互いに正四面体の頂点方向、すなわちダイヤモンド型の結合となっている（**図3・12**）。

＊15　この3D図は「平行表示」で描いてあるので、遠方を見る目つきで見ること。酸素を表す大きい「灰色の丸」の間に水素を表す「黒丸」が2個ずつあるのは、水素原子がこの2点間を振動していることを表す。

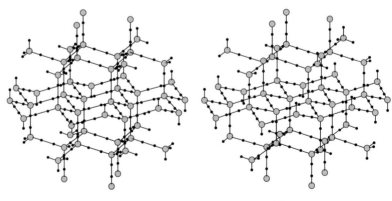

図3・12　氷の立体構造 (立体視図)＊15

分子間力の典型的なものに**ファンデルワールス力**がある[16]。ファンデルワールス力の特徴は、結合分極のない分子間にも働くということである。

3・5・1　双極子とファンデルワールス力

ファンデルワールス力も結局は静電引力によるものであるが、その原動力になるのが**双極子**[17]と呼ばれる分子の分極状態である。ファンデルワールス力は三種類の力に分けて考えることができる[18]（**図 3・13**）。

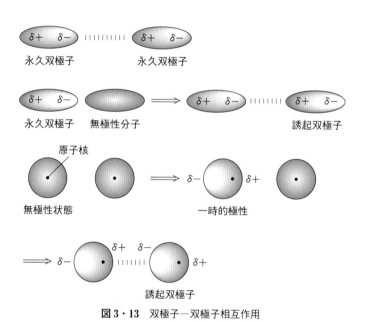

図 3・13　双極子－双極子相互作用

A　永久双極子－永久双極子相互作用

O－H 結合のように、常に分極状態にある双極子を**永久双極子**という。永久双極子を持った分子（極性分子）同士が近づけば、その正電荷の部分と負電荷の部分の間に静電引力が発生する。これが永久双極子－永久双極子相互作用である。水素結合もこの引力の一種と考えることもできる。

B　永久双極子－誘起双極子相互作用

永久双極子を持たない分子（無極性分子）に極性分子が近づけば、無極性分子の電子雲はその電気的影響を受けて変形する。その結果、無極性分子にも一時的に双極子が生じることになる。このような双極子を**誘起双極子**と呼ぶ。

*16　ファン・デル・ワールス（van der Waals, J. D.；1837-1923 年）。オランダの物理学者。実在気体の状態方程式やファンデルワールス力の発見、原子のファンデルワールス半径など、理論化学（物理化学）の分野で大きな業績を残した。1910 年、ノーベル物理学賞受賞。

*17　＋　－　のように、正負の電荷の組を（電気）双極子という。

*18　全ての分子の間にはファンデルワールス力が働くと考えることができる。

　この永久双極子と誘起双極子の間の静電引力が永久双極子—誘起双極子相互作用であり、極性分子と無極性分子の間に生じる引力である。

3・5・2　分散力

　ファンデルワールス力の特徴は無極性分子同士の間にも引力が発生することであり、それがこの**分散力**である。これは一時的に発生した双極子と、それによって生じた誘起双極子の間の静電引力である。

　わかりやすいように原子の例で考えてみよう。電子雲は"雲"といわれることからもわかるようにフワフワと軟らかく、揺らいで変形しやすいものである。電子雲の中心と原子核の位置が一致している場合には、原子は無極性である。しかし、電子雲が揺らぐと、一時的に電子雲の多い負の部分と、電子雲の少ない正の部分ができ、原子に極性が発生する。すると、この一時的極性原子の近傍にいる原子の電子雲はこの極性の影響を受けて変形し、誘起双極子が発生する。このようしてできた双極子同士の間の引力が分散力と呼ばれるものである。

　分散力は瞬間的に生成消滅を繰り返す、いわばアブクのような引力であるが、集団全体では大きな力となる。分散力は近距離にしか働かず、距離の6乗に反比例する。

3・6　その他の分子間力

　水素結合、ファンデルワールス力以外の分子間力の種類とその発現機構を見てみよう。

3・6・1　π–π 相互作用

　ベンゼンなどの芳香族化合物は、環内を一周する π 電子雲を持っている。そのため、環内には電子雲が多くなり、負に荷電することになる。一方、環外に突き出ている水素原子は、小さい電気陰性度のせいで正に

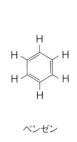

ベンゼン

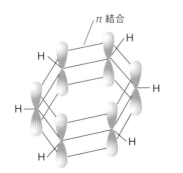

π 結合

水素原子（＋）

π 電子雲（－）

図3・14　ベンゼンの π–π 相互作用

荷電している。この結果、芳香族は環内は負、環外は正に荷電した双極構造をとることになる。このような双極構造に基づいた引力を π–π 相互作用という（**図3・14**）。

A　平行型相互作用

2個の芳香環が**図3・15**のように平行に重なると、互いの正の部分と負の部分の間に静電引力が働く。このような相互作用を特に π–π スタッキングという（図3・22 参照）。

B　T 型相互作用

2個の芳香環が**図3・16（左）**のように位置すると、片方の環内負電荷ともう片方の環外正電荷の間に静電引力が働く。これを T 型相互作用という。ベンゼンの結晶ではベンゼン分子が T 型に配置されていることが知られている。

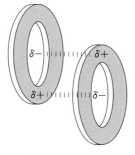

図3・15　平行型相互作用

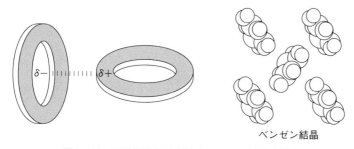

ベンゼン結晶

図3・16　T 型相互作用（左）とベンゼン結晶（右）

3・6・2　疎水性相互作用

一般に水に溶けるものを親水性、溶けないものを疎水性という。有機物は疎水性のものが多い。

疎水性分子を水中に入れると、疎水性分子はできるだけ水分子に接しないように挙動する。このような場合に最も効果的なのは、集団を作ることである。そうすれば集団の外側に位置する分子は（犠牲になって）水と接するが、そのほかの分子は水から守られる（**図3・17**）。

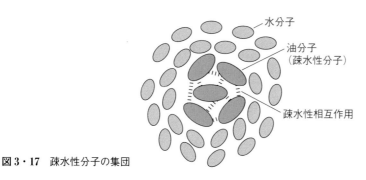

水分子

油分子
（疎水性分子）

疎水性相互作用

図3・17　疎水性分子の集団

　このような集団を作る性質は、水中にある疎水性分子の間に引力が働いた結果と見ることもできる。そこでそれを**疎水性相互作用**と呼ぶことにするのである。しかしこれは満員電車におけるオシクラマンジュウのようなもので、自発的な力というよりは、環境によって作られた他律的な力とでもいうようなものである。

3・6・3　電荷移動相互作用

　分子 A から分子 B に電子が移動することを電荷移動といい、陽イオン A^+ と陰イオン B^- が生じる。このとき、電子を供給する分子 A を電子供与体（donor）、電子を受け取る B を電子受容体（acceptor）という。

　電荷移動の結果生じた陰陽両イオンの間には静電引力が生じ、イオン対 A^+-B^- が生成する。このような現象を**電荷移動相互作用**、生じたイオン対を**電荷移動錯体**という（**図 3・18**）[19]。

*19　図の TTF はテトラチアフルバレン tetrathiafulvalene、TCNQ はテトラシアノキノジメタン tetracyanoquinodimethane で、これからできた電荷移動錯体は、超伝導性を示す有機超伝導体のモデル物質として有名である。

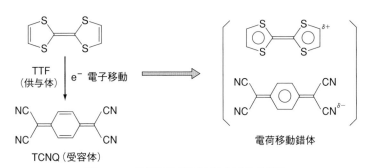

図 3・18　電荷移動相互作用と電荷移動錯体

3・7　生体と分子間力

　生体では分子間力によって形成された超分子構造が重要な働きをしている。いくつかの例を見てみよう。

3・7・1　酵素-基質複合体

　生化学反応における酵素と基質の関係は、鍵と鍵穴の関係にたとえられるほど高い特異性を特徴とする（**図 3・19**）。この特異性もまた水素結合によるものである。**図 3・20**は酵素タンパク質（色アミかけ部分）と基

*20　複合体 SE において、基質 S が反応して構造が変化して生成物 P になると、酵素 E との間に有効な水素結合が形成できなくなる。そのため、P は E から離れ、単独となった E は改めて他の S と水素結合して触媒作用を繰り返すことになる。

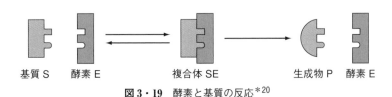

基質 S　　酵素 E　　　　　　複合体 SE　　　　生成物 P　酵素 E

図 3・19　酵素と基質の反応[20]

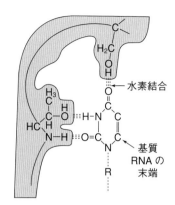

図3・20 酵素と基質の水素結合
中束美明『生命の科学』培風館 (1998) より引用。

質の間にできた水素結合を表したものである。このような緊密な水素結合のセットで固定してあるからこそ、酵素の働きが十全に行われるのである[21]。ほかの基質との間でこのような水素結合のセットが形成されることはない。

3・7・2 DNA

DNA は、4種の塩基 ATGC でできた2本の長大な分子が分子間力によって二重らせん構造を構成したものである（詳細は第14章を参照）。

A 水素結合の寄与

DNA の二重らせんでは4種の塩基、ATGC が A-T、G-C の対を作っている。この対を形成する力が水素結合であり、A-T、G-C という特定の組しかできないのは水素結合の本数によるものである。すなわち、**図3・21** に示したように A-T では2本の水素結合、G-C では3本の水素結合が理想的な位置と距離を持って形成される。それに対して、A-G、T-C、A-C などの仮想的な組合せでは、距離が狭すぎて反発に至ったり、反対に遠すぎて有効な水素結合が形成できないなどの結果になる。

B π-π スタッキングの寄与

DNA の安定な二重らせん構造は、水素結合のみで形成されるものではない。水素結合は二重らせん構造に対して垂直方向に働く力である。それに対して、らせん構造に平行に働く安定化力がある。それが塩基の部分構造である芳香環の間に働く π-π スタッキングである（**図3・22**；3・6・1項参照）。π-π スタッキングが形成されると、塩基に基づく 260 nm 吸収帯の吸収強度が減衰する。そのため、この吸収強度を用いて DNA の安定性を評価することができる。

[21] 酵素は反応の遷移状態を安定化し、活性化エネルギーを低下させることによって反応速度を高める（7・4・4項参照）。

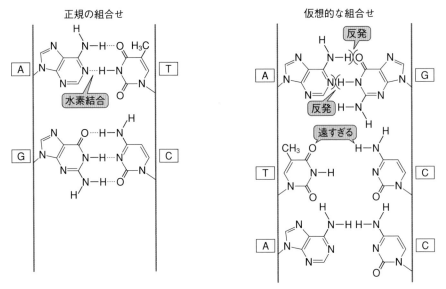

図 3・21　DNA 核酸塩基の水素結合

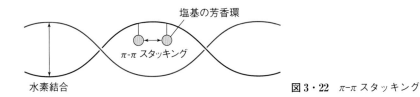

図 3・22　π–π スタッキング

3・7・3　細 胞 膜

　分子内に親水性部分と疎水性部分を併せ持った分子を**両親媒性分子**という。石けん分子が典型的なものである（**図 3・23**）。両親媒性分子を水に溶かすと、親水性部分を水中に入れ、疎水性部分を空中に出して界面[*22]にとどまる。濃度を高めると界面が両親媒性分子で覆われる。このときの両親媒性分子の膜状集団を分子膜という（**図 3・24**）。

*22　異なる物質の境界面を一般に界面という。水と空気の境界面である水面は代表的な界面である。また、水と氷の境界も界面である。

*23　リン脂質は 1 個の親水性部分に対して 2 個の疎水性部分を持っている。そのため模式図では丸い頭（親水性部分）から 2 本の尻尾（疎水性部分）が出ているように描かれる。

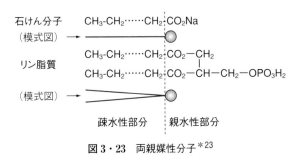

図 3・23　両親媒性分子[*23]

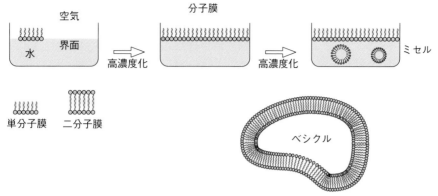

図3・24　分子膜の構造

A　分子膜

　分子膜を構成する両親媒性分子は化学結合で結合したものではない。ファンデルワールス力や疎水性相互作用で集合したものである。また、両親媒性分子に芳香環が結合している場合には π-π 相互作用も一役買っている。このような分子膜が2枚重なったものを二分子膜、それ以上重なったものを累積膜あるいはLB膜という[24]。

　細胞膜 (**図3・25**) は、リン脂質でできた分子膜が2枚重なった脂質二分子膜 (脂質二重層) といわれるものが基本となっている[25]。

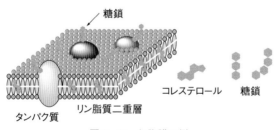

図3・25　細胞膜の例

B　ミセル、ベシクル、リポソーム

　両親媒性分子の濃度をさらに高めると、界面にとどまることができなくなった分子は水中に入り、親水性部分を外側に向けた球状の集合体となる。これをミセルという。ミセルを作る原動力は疎水性相互作用が主なものである。

　二分子膜では袋状の集合体ができる。これをベシクル (**図3・24**) といい、脂質二分子膜でできたベシクルを特にリポソームという。リポソームは細胞膜の原型ともいうべきものである。最近、リポソームの中にDNAを入れた人工細胞ともいうべきものの合成が成功している[26]。

*24　LB膜の名前は、この膜を研究した二人の化学者、ラングミュアー (Langmuir, I.) とブロジェット (Blodgett, K.) の頭文字をとったものである。

*25　細胞膜では、基本になる脂質二分子膜にタンパク質などいろいろの物質が組み込まれている。しかしこれらの物質は決して分子膜に結合しているわけではない。単にはめ込まれているだけである。そのため、これらの物質は細胞膜上を動き回ることができ、場合によってはほかの細胞の細胞膜に乗り移ることもある。

*26　ベシクルに薬剤を入れて患部に届けるDDS (drug delivery system、薬剤配送システム) も利用されている。

Column　洗　剤

洗剤は洗濯に使うものであり、洗濯は衣服に付いた汚れを水中で除く操作である。油汚れは疎水性であり、水には溶けないので、洗剤が必要になるわけである。洗剤は両親媒性分子であり、疎水性部分で油汚れに結合し、多数個の分子で油汚れを取り囲む。このようにしてできた集団の外側は親水性部分で覆われるので、集団は親水性の集団となり、水に溶け込むのである（**図**）。これが洗濯の原理である。

洗剤にはいろいろあるが、本文で紹介した石けん分子は、加水分解すると弱酸のカルボン酸と強塩基の水酸化ナトリウムになるので塩基性である。中性洗剤と呼ばれるものは硫酸塩になっているので、環境中に排出されると微生物の栄養源になり、赤潮などの原因になる。石けんや中性洗剤は本体部分が陰イオンであり、対イオン（Na^+ など）が陽イオンである。逆性石けんは反対に本体部分が陽イオンとなっている。逆性石けんには殺菌作用があり、病院などでの消毒に用いられる。

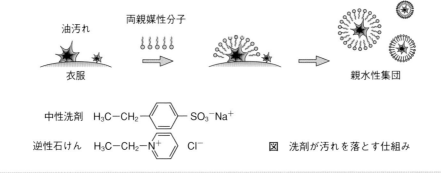

図　洗剤が汚れを落とす仕組み

演習問題

1. H の原子量を 1、C の原子量を 12、O の原子量を 16 として、安息香酸二量体、メタフタル酸六量体の見かけ上の分子量を計算せよ。

2. 三重結合に塩素がついた場合の結合分極が二重結合の場合より小さい理由を、π 結合、p 軌道の位置関係から説明せよ。

3. 次の結合における結合分極の方向を $\delta+$、$\delta-$ を付記して示せ。

   P−O、O−S、C−P、S−H、Na−H

4. メチル基 CH_3 は電子供与基である。アンモニア NH_3 とメチルアミン CH_3NH_2 ではどちらの塩基性が強いか。理由を付して答えよ。

5. 3・4 節の氷の結晶構造の図（図 3・12）において、酸素（灰色の丸）と酸素の間に水素（黒丸）が 2 個ずつ描いてあるのは何を意味するのか答えよ。

6. 一般に、原子や無極性分子が作る結晶において粒子を凝集させる力はファンデルワールス力や π-π 相互作用である。次の原子あるいは分子の結晶では、三種類のファンデルワールス力、あるいは π-π 相互作用のうち、どれが主に働いているのか答えよ。

   ヘリウム原子、水素分子、二酸化炭素（ドライアイス）、ナフタレン

7. リン脂質は油脂（グリセリン（グリセロール）と脂肪酸のエステル）とリン酸からできる。反応式を書け。

第4章

配位結合と有機金属化合物

結合には、イオン結合や共有結合など、原子やイオンを結合して分子を作るものと、分子間力のように分子を組織化して超分子を作るものがあった。配位結合はその中間に位置する結合であり、原子、イオン、分子を結合する。

配位結合でできた典型的な分子種（分子やイオン）は、ヒドロニウムイオン H_3O^+ とアンモニウムイオン NH_4^+ であろう。しかし、配位結合が作る分子種はそれだけではない。生体には多くの種類の金属元素が含まれているが、その多くは有機物と結合して錯体などの有機金属化合物となっている。そしてこの有機金属化合物を形成する結合の典型が配位結合なのである。

4・1 アンモニウムイオンと配位結合

配位結合でできた典型的な分子種にアンモニウムイオンがある。この結合状態を解析することで、配位結合とは何かを見てみよう。

4・1・1 アンモニアとアンモニウムイオン（図4・1）

アンモニア NH_3 と水素イオン H^+ が結合したものがアンモニウムイオン NH_4^+ である。アンモニアの窒素原子は sp^3 混成であり、テトラポッド形に配置された4個の混成軌道を持っている。窒素のL殻にある5個の価電子は4個の sp^3 混成軌道に入るため、1個の混成軌道には2個の電子が入り、非共有電子対となっている。

この結果、共有結合を作ることのできる混成軌道は3個だけとなる。これが3個の水素と結合するのでアンモニアの構造は三角錐形であり、窒素原子上には非共有電子対が存在する[*1]。

A 水素陽イオン

水素陽イオンは水素原子から電子が取れたものである。水素の電子はただ1個しかなく、1s軌道に入っている。この電子がなくなった水素陽イオンは原子核そのものであり、陽子（プロトン、p）である。水素原子の直径は 10^{-10} m ほどであるが、陽子の直径は 10^{-15} m であり、原子直径の10万分の1ほどに過ぎない。

それでも、水素陽イオンを表すときには1s軌道を表す円を描くことが多い。ただし電子は入っていない。このように電子の入っていない軌道を一般に**空軌道**という[*2]。

B アンモニウムイオン

アンモニアに近づいた水素イオンは窒素上の非共有電子対に結合す

[*1] 分子の形を考えるときには電子雲の形は考慮されない。そのため、アンモニア分子の形は、図4・1に示したように窒素原子と3個の水素原子が作る図形の形となる。

[*2] 空軌道を表す円は、電子が入っていないことを表すため点線で描くことが多い。

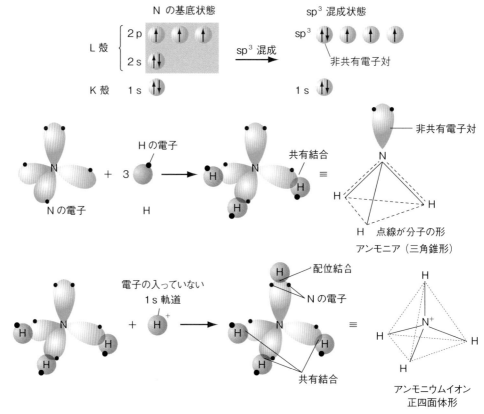

N の基底状態

sp³ 混成状態

L 殻 { 2p 2s

sp³ 混成

sp³

非共有電子対

K 殻　1s

1s

H の電子

+ 3

非共有電子対

N

共有結合

N の電子

N

H

H

H

H

N

H

H　点線が分子の形
アンモニア（三角錐形）

電子の入っていない
1s 軌道

配位結合

N の電子

H

+

H⁺

N

H

H

H

H

H

N⁺

H

H

H

共有結合

アンモニウムイオン
正四面体形

図 4・1　アンモニアとアンモニウムイオン

*3　結 合 角 度 は、CH_4 と NH_4^+ が　109.5°、NH_3 と H_3O^+ が 106.7° と、一般式 XH_4、XH_3 でそれぞれ等しくなっている。NH_3 の角度が正四面体の中心角度 109.5° より狭くなっているのは、3 本の N-H 結合電子雲が非共有電子対の電子雲に押された結果（電子雲反発、クーロン反発の一種）と考えられる。

る。この結果、窒素と水素イオンは 2 個の電子の入った sp³ 混成軌道によって結び付けられることになる。この結合は、アンモニアのほかの 3 本の N−H 結合と何ら変わることがない。すなわち、アンモニウムイオンを構成する 4 本の N−H 結合は全て完全に等しく、アンモニウムイオンの構造はメタン CH_4 と同じ正四面体形ということになる*3。

4・1・2　配位結合

アンモニアの N−H 結合と、アンモニウムイオンの N と H⁺ の間にできた結合を比較してみよう。

両者の間に何らの差がないことは上で見た通りである。しかし、結合形成の過程を見てみると違いがあることに気づく。すなわち、アンモニアの N−H 結合電子は N から 1 個、H から 1 個供出されており、共有結合である。それに対して、H⁺ との結合は N の非共有電子対を用いた結合であり、2 個の結合電子は 2 個ともが N から供出されたものである。

2 個の結合電子が 2 個とも、片方の原子から供出されてできた結合を一般に**配位結合**という。このように、結合のオリジンを見れば共有結合

と配位結合とは異なるが、電子に差はなく、N の電子も H の電子も全く同じである。したがって NH_4^+ の 4 本の N−H 結合は全て等しいことになる。このように配位結合は、分子とイオンを結び付けることのできる結合である。

4・2　ヒドロニウムイオンと分子間配位結合

水溶液中の水素陽イオンは、水と結合してヒドロニウムイオン[*4]H_3O^+ となっている。

4・2・1　水とヒドロニウムイオン

水分子の酸素も sp^3 混成状態であるが、4 個の混成軌道のうち 2 個には非共有電子対が入り、共有結合に使うことのできる軌道は 2 個だけである（図 4・2）。そのため、水分子は "くの字形" に曲がった構造となり、酸素上には 2 個の非共有電子対が存在する（2・7・1 項参照）[*5]。

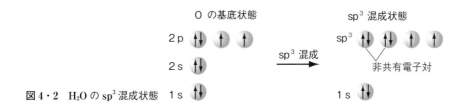

図 4・2　H_2O の sp^3 混成状態

水分子に水素陽イオンが近づくと、アンモニアの場合と同様に H^+ は非共有電子対に結合して新たな O−H 結合を形成して H_3O^+ となる。この結合は水の O−H 結合と何ら変わることはないが、2 個の結合電子はともに酸素からきているので共有結合ではなく、配位結合ということになる。この結果、H_3O^+ の構造はアンモニアとまったく同じ三角錐形となる。

4・2・2　NH_4^+、H_3O^+ における電荷分布（図 4・3）

NH_4^+ にしろ、H_3O^+ にしろ、構造式で書くときには ＋ を N、O の右肩に書く。これは、N、O が自分の電子を結合電子として H^+ に供出したので（形式的に）電子が足りなくなっている、ということを表すものである。決して電荷の存在位置を表すものではない。

それでは、これらのイオンにおいて正の電荷はどこにあるのだろうか？　N や O が正に荷電して H は中性のままなのだろうか？　それとも全ての原子が平等に正に荷電しているのだろうか？　答えは電気陰性

*4　R_3O^+ のように、酸素が 3 個の原子もしくは原子団（置換基）と結合したものを一般にオキソニウムイオンという。ヒドロニウムイオンは最も簡単なオキソニウムイオンということができる。

*5　H_2O の結合角度は 104.5° と、NH_3 より狭くなっている。これは、H_2O が二組の非共有電子対を持っているため、それだけ電子雲反発が強くなったためと考えられる。

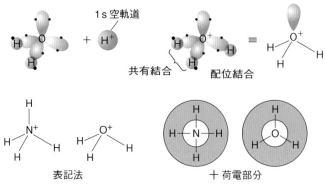

図4・3　NH_4^+、H_3O^+ における電荷分布

度を考えれば明白である。

　これらのイオンで電気陰性度の高いのは N、O である。すなわち、N、O は H との結合電子雲を自分の方に引き付けているのである。この結果、N、O はむしろ中性に近く、正に荷電しているのは H なのである。

4・2・3　分子間配位結合

　分子とイオンの間の配位結合を見てきたが、配位結合は分子と分子を結合することもできる。

　フッ化ホウ素 BF_3 のホウ素は sp^3 混成状態である。しかしホウ素は L 殻に 3 個の電子しか持っていないので、1 個の混成軌道は電子の入っていない空軌道となっている（**図4・4**）。

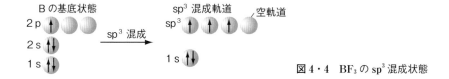

図4・4　BF_3 の sp^3 混成状態

*6　正確にいうと、遊離状態の BF_3 分子の形は平面三角形であり、ホウ素の混成状態は sp^2 混成である。しかしここで見るように、アンモニアと配位結合を作るときには状態が変化して sp^3 混成になるものと考えられる。

*7　このように、配位結合は電気的に中性の分子同士を結合することもできる。

　このような BF_3 とアンモニア NH_3 が近づくと、互いの空軌道と非共有電子対軌道を重ねる。この結果、両原子の間には 2 個の結合電子が入った軌道が形成され、両原子は結合してしまう[*6]。この結合は配位結合であるが、できてしまえば共有結合とまったく同じことになる[*7]（**図4・5**）。

配位結合

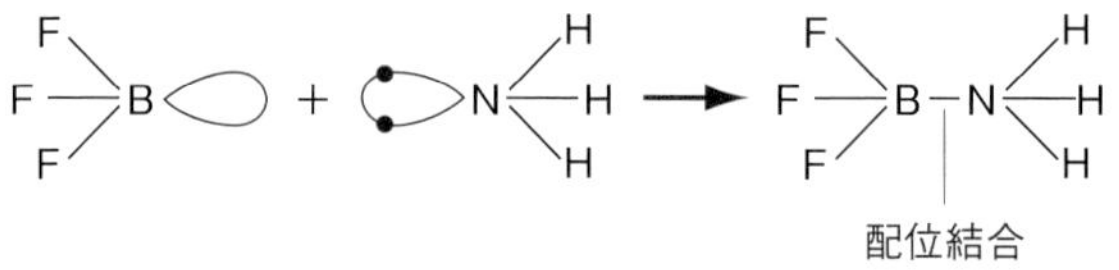

図4・5　BF_3 と NH_3 の配位結合

4・3　有機金属化合物と配位結合

　生体中には微量元素として多くの種類の金属元素が存在する。これらの原子は有機分子と配位結合して有機金属化合物となり、ヘモグロビンのヘム、クロロフィル、各種酵素などとして活躍している。

4・3・1　有機金属化合物と錯体

　有機金属化合物には多くの種類がある。有機反応で使われるメチルリチウム CH_3Li は有機物部分 CH_3 と金属 Li が共有結合したものであり、中和反応で生成する塩である酢酸ナトリウム CH_3CO_2Na は有機物部分 CH_3CO_2 と金属 Na がイオン結合したものである。

　しかし、生体で活躍する金属元素はもっと大きい（原子番号が大きい）ものが多く、そのようなものはd軌道電子を持っている。そして、このような金属元素が作る有機金属化合物は複雑な構造を持つことが多く、一般に**錯体**と呼ばれる[8]。

*8　イオン性の錯体は錯イオンと呼ばれることもある。

4・3・2　錯体の構造

　錯体の基本構造は**図4・6**に示したように、幾何学的に対称で美しい構造となっていることが多い。図の中心にある M は金属原子あるいは金属イオンである。L は水、アンモニア、有機分子あるいは有機物イオンなど、非共有電子対を持った分子種であり、一般に**配位子**と呼ばれる[9]。

　1個の M に結合（配位）する配位子の個数はいろいろであるが、4個や6個の物が多い。4個の場合には正方形や正四面体形となり、6個の場合には正八面体となることが多い。

*9　配位子は英語でリガンド ligand と呼ばれるので、記号Lで表されることが多い。

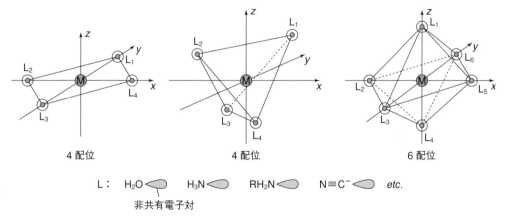

4 配位　　　　　4 配位　　　　　6 配位

L:　H_2O　　H_3N　　RH_2N　　$N≡C^-$　　etc.
非共有電子対

図 4・6　錯体の基本構造

4・3・3　錯体の結合

錯体における有機物部分と金属の間の結合の説明には、混成軌道モデル、結晶場モデル（章末のコラム参照）、分子軌道モデルなど、いくつかの方法論がある。中でも、錯体の構造を最もわかりやすく説明するのが混成軌道モデルである[*10]。

混成軌道モデルでは、中心金属は s, p, d 軌道を用いた混成軌道を作ると考える。例えば正四面体形ならば sp^3 混成軌道、正方形ならば dsp^2 混成軌道、正八面体形ならば sp^3d^2 混成軌道などである。そして、これら混成軌道を電子の入っていない空軌道とするのである。一方、配位子は非共有電子対を持っている。したがって、前節で見た F_3B-NH_3 と同様に、この空軌道と非共有電子対の間で配位結合を作ると考えるのである（**図4・7**）。

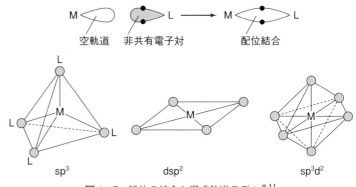

空軌道　　非共有電子対　　　　　　　配位結合

sp^3　　　　　　　　dsp^2　　　　　　　　　sp^3d^2

図4・7　錯体の結合と混成軌道モデル[*11]

*10　本書では有機化合物の結合の延長で錯体の構造を見ているので混成軌道モデルを用いたという面もある。しかし、錯体の物性・反応性をわかりやすく、直観的に、かつ合理的に説明してくれるのは結晶場モデルである。なお、取扱いは厄介であるが、錯体の物性・反応性を最も正確に説明してくれるのは分子軌道モデルである。

*11　dsp^2 モデルにおける d 軌道は、s 軌道、p 軌道と同じ電子殻に属する場合もあれば、一つ外側の電子殻に属する場合もある。このような場合には sp^2d 混成軌道というが、混成軌道の配置は全く同じ正四面体型である。前者を内軌道型錯体、後者を外軌道型錯体と呼ぶ。sp^3d^2 モデルに対しても同様である。

4・4　錯体の異性体と反応

分子式が等しくて構造式が異なるものを互いに異性体という。錯体には何種類かの異性現象がある。

4・4・1　単座配位子に基づくもの

M と結合できる部分（非共有電子対）を1個しか持たない配位子を単座配位子と呼ぶ。二種類の配位子 X, Y を2個ずつ持った正方形錯体（分子式 MX_2Y_2）では、**図4・8**の A、B の二種類の分子ができる。A は同じ配位子が分子の同じ側にあり、シス体と呼ばれる。一方、B では対角線関係にあり、トランス体と呼ばれる。両者は互いに異性体である。

正八面体錯体 MX_3Y_3 では、同じ配位子が同じ面にきた facial (*fac*) 体 C と、子午線の関係にきた meridional (*mer*) 体 D の異性体ができる。

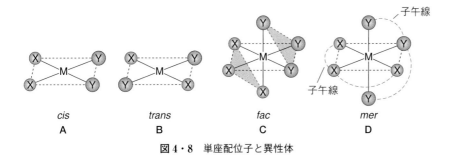

図4・8 単座配位子と異性体

4・4・2 多座配位子に基づくもの

配位子の中には、Mと結合できる部位を複数個持った物がある。このような配位子を、ギリシャ語のカニからきた語を用いて**キレート配位子**（多座配位子）、そのような配位子からできた錯体を**キレート**という。

同じ二座配位子3個からできた正八面体錯体には、**図4・9**のE、F二つの構造ができる。Eを鏡に映すとFになり、Fを鏡に映すとEになるが、両者は異なる構造であり、決して重ね合わせることはできない。このような異性体を**鏡像異性体**（光学異性体）という[12]。

*12 鏡像の典型的な例は右手と左手の関係である（第9章参照）。

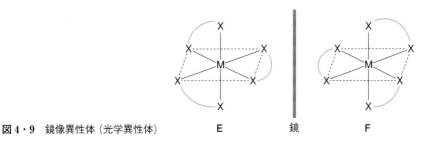

図4・9 鏡像異性体（光学異性体）　　E　　鏡　　F

4・4・3 錯体の反応

錯体の代表的な反応は配位子の置換と電子移動である。

A 置換反応

配位子がほかの配位子に置き換わる反応である（**図4・10**）[13]。4個のアンモニアNH_3が配位した錯体Aに塩化物イオンCl^-を作用すると、NH_3が順次Clに置き換わった錯体B、Cができる。錯体の電荷の変化に注意していただきたい。

*13 この錯体では、中心金属イオンであるプラチナイオンは+2価Pt^{2+}となっている。したがって、電気的に中性なアンモニアとのみ結合したAでは錯体全体のイオン価も2+となっている。しかし、負の電荷を持った塩化物イオンCl^-が1個結合したBでは、プラチナイオンの正電荷は一部中和され、その結果、錯体全体としては+1価となる。

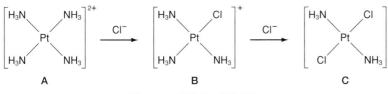

図4・10 配位子の置換反応

B　電子移動反応

電子が錯体から別の錯体に移動する反応であり、一種の酸化還元反応である（**図4・11**）。すなわちこの図の反応では、錯体Dの金属原子は電子を失ったので酸化されたことになり、錯体Eの金属原子は電子を受け取ったので還元されたことになる（第6章参照）。

$$[Fe^{2+}(CN)_6]^{4-} + [Ir^{4+}Cl_6]^{2-} \longrightarrow [Fe^{3+}(CN)_6]^{3-} + [Ir^{3+}Cl_6]^{3-}$$

D　　　　　　　　　　　E
e^- 移動

図4・11　電子移動反応

4・5　生体における錯体

生体では錯体が重要な働きをしている。いくつかの例を見てみよう。

4・5・1　ヘモグロビン

脊椎動物ではヘモグロビンを用いて酸素運搬を行っている。ヘモグロビンは4個の複合タンパク質の集合体であるが[*14]、個々の複合タンパク質はタンパク質部分にヘムと呼ばれる分子が結合したものである（**図4・12**）。

*14　ヘモグロビンは α サブユニット2個と β サブユニット2個からなるが、各サブユニットの構造はミオグロビンに類似している。ミオグロビンは筋肉中における酸素貯蔵タンパク質である。

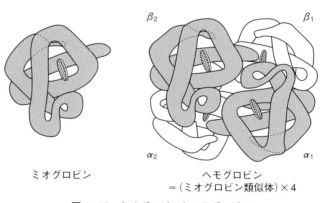

ミオグロビン　　　　　　　ヘモグロビン
　　　　　　　　　　＝（ミオグロビン類似体）×4

図4・12　ミオグロビンとヘモグロビン

*15　ポルフィリンは四座配位子である。

ヘムの構造は一般に**図4・13**のように、鉄と環状ポルフィリン[*15]からできた錯体である。ポルフィリンは4個のNを持ち、これで鉄と結合するので、鉄は4配位のように見える。しかし、タンパク質中では鉄はさらにタンパク質のアミノ酸残基と結合して5配位となっている。また、酸素運搬中のヘムではこのほかに酸素 O_2 と結合し、結局6配位となっ

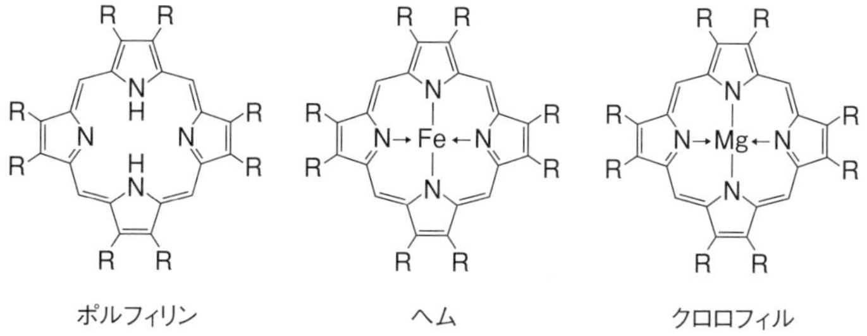

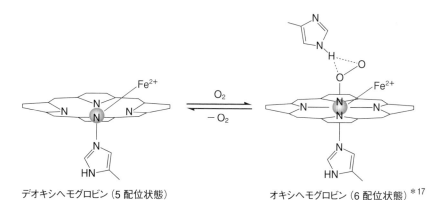

ポルフィリン　　　　　　ヘム　　　　　　　クロロフィル

図 4・13　環状ポルフィリン錯体*16

＊16　ヘムとクロロフィルの図中にある矢印（→）は配位結合を表し、矢印の向きは電子の移動方向を表す。すなわちこれらの場合には、窒素 N 上の非共有電子対が金属原子の空軌道に移動したことを表す。

ている。酸素の配位しないデオキシヘモグロビンのヘムと、酸素の結合したオキシヘモグロビンのヘムでは、**図 4・14** に示したように立体構造に違いのあることがわかっている。

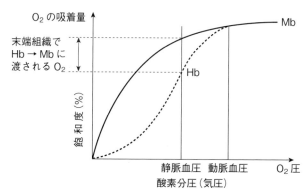

デオキシヘモグロビン（5 配位状態）　　　　　オキシヘモグロビン（6 配位状態）*17

図 4・14　デオキシヘモグロビンとオキシヘモグロビンのヘム

＊17　オキシヘモグロビンでは鉄イオンの位置がデオキシヘモグロビンに比べて高くなっている。

　生体においてミオグロビン（Mb）は酸素の貯蔵、ヘモグロビン（Hb）は酸素の運搬を担当する。**図 4・15** のグラフは血液中の酸素分圧と酸素飽和度を表す。静脈血圧における Mb と Hb の酸素飽和度を見ると大きな違いがあり、Hb の方が低くなっていることが分かる。つまり、Hb は

図 4・15　ヘモグロビンおよびミオグロビンの酸素飽和曲線

酸素分圧が低くなる末端組織で酸素を保持できなくなり、その分を Mb に渡しているのである（13・3・5 項参照）。

4・5・2　クロロフィル

植物の光合成において中心的な役割を果たすのはクロロフィルであるが、これはマグネシウム Mg とポルフィリンの化合物であり、ヘムとよく似た構造である。この Mg も 4 配位のように表されることが多いが、生体内ではタンパク質と結合して 6 配位になっている。

4・5・3　補因子

補因子は酵素の働きを補完する物質であり、補因子には補欠分子族（酵

Column　結晶場モデル

錯体の結合状態解析として現在広く用いられている考え方は、**結晶場モデル**といわれるものである。結晶場モデルでは、中心金属 M と配位子 L の間に個別の結合は設けず、水素結合やイオン結合のようなものであると考える。そして、M の持っている d 軌道のエネルギーが L によってどのように影響されるかに重点を置く。

A　配位子の位置

6 配位の八面体錯体で考えてみよう。M を直交座標の原点に置くと、6 個の配位子座標軸の等距離点に配置することになる。**図**のように、d 軌道は e_g 軌道と t_{2g} 軌道の二種類に分けることができ、前者は電子雲が直交座標軸上に存在する。

B　d 軌道の分裂

この結果、e_g 軌道は電子雲が配位子の非共有電子雲と衝突することになり、静電反発によって不安定化する。このように、錯体では d 軌道の間にエネルギー差ができるのである。同じような事情で、4 配位の正方形、正四面体錯体でも d 軌道が分裂する。このような d 軌道の分裂とそのエネルギー差を基にして、錯体の光吸収、発色、磁性、反応性などを合理的に説明するのである。

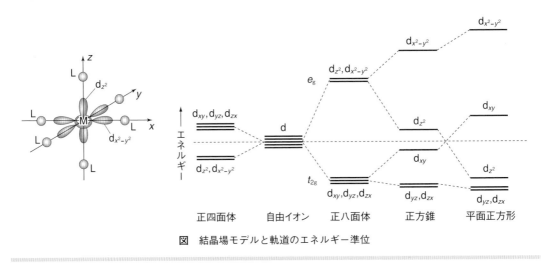

図　結晶場モデルと軌道のエネルギー準位

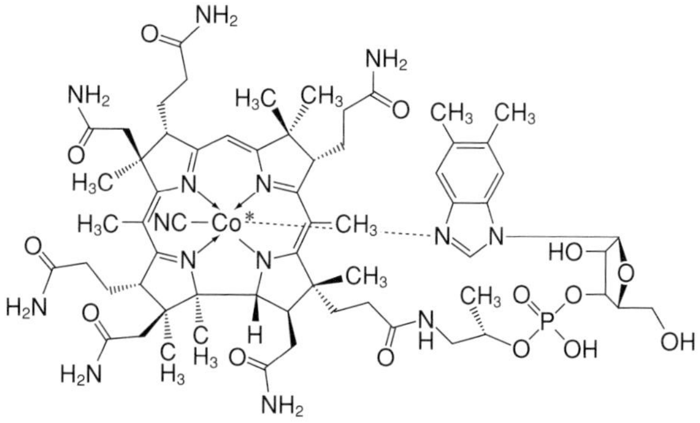

図 4・16 シアノコバラミン
の構造

素と常時結合）と補酵素（酵素と可逆的結合）とがある。鉄 Fe、亜鉛
Zn、銅 Cu、マンガン Mn、モリブデン Mo、コバルト Co、ニッケル Ni、
セレン Se など多彩な金属元素との錯体は金属イオン補因子である。多
くのビタミン類は補酵素として機能することが知られている。その中で
人工合成に成功したものとして知られているのが、ビタミン B_{12} の一種、
シアノコバラミンである。

　その構造は**図 4・16** に示した通り非常に複雑であるが、中心骨格はポ
ルフィリン類似の環状四座配位子に配位されたコバルトの三価イオン
Co^{3+} 部分である。コバルトイオンはさらにニトリルイオン CN^-、ヌク
レオチド残基と配位して 6 配位となっている。

　シアノコバラミンは人類が化学合成に成功した最も複雑な化合物とい
われ、合成に中心的な役割を果たした化学者ウッドワードは 1965 年に
ノーベル化学賞を受賞した。

ウッドワード
Woodward, R. B.

演 習 問 題

1. ピリジン A は水素陽イオンと配位結合してピリジニウムイオン B となる。
　　その結合様式を図示せよ。

A **B**

2. 配位結合分子 H_3B-NH_3 の $B-N$ 結合の結合分極の荷電方向を示せ。

3. 二組の非共有電子対を持つ水分子が、通常 1 個の H^+ としか配位結合しないのはなぜか、理由を示せ。

4. 次の金属イオンの d 電子は何個か。
　　Fe^{2+}、Fe^{3+}、Co^{2+}、Co^{3+}、Ni^{2+}、Ni^{3+}

5. d 軌道に 6 個の電子を持つ原子の d 軌道における電子配置を、
　　A　錯体を作らない場合
　　B　6 配位錯体を作った場合
　で、それぞれどのようになるか、コラムを参照して図で示せ。

第5章 溶液の化学

ヒトの体重の約 60 % は水である。その水は、電解質と非電解質の種々の成分が溶解した体液（細胞内液と細胞外液）として存在し、生体内の化学反応の場となり、生命の維持に重要な役割をしている。水分子はお互いに水素結合をするために、沸点、比重、表面張力、蒸発熱、融解熱、比熱などで特異な性質を示す。体液中に存在する種々の電解質は、細胞内液と細胞外液で異なる分布をし、特有な生理機能を示す。生体内の高分子化合物はコロイド溶液の形で存在する。浸透圧は体液中の電解質と非電解質により生じる。また、溶液の濃度は種々の単位で表される。

この章では、溶解、溶解度、水の働き、電解質溶液、コロイド溶液、浸透圧、溶液の濃度などについて学び、生体中の溶液の生理的作用を理解するのに役立てる。

5・1　溶解と溶解度

　溶質が**溶媒**に溶け、溶液となることを**溶解**という。イオン性の溶媒は同じ性質の物質、例えばイオン性固体を溶解する。また、共有結合性の溶媒は共有結合性の有機化合物を溶解する。有機化合物中の原子団に、水に親和性のある極性の親水基（OH、COOH、NH_2、SO_3Na などの原子団）があると、その化合物（極性物質）は水に溶けるようになる。例えば、エタノール C_2H_5OH が水に溶ける場合、溶質であるエタノール分子が溶媒である水分子と水素結合をし、水分子に取り囲まれ（**水和**という）、溶媒中に分散する。これを**溶媒和**という。水に親和性のない疎水基を持つ無極性物質（炭化水素など）は、無極性溶媒（四塩化炭素、ベンゼンなど）によく溶解する。一般に"溶ける"という現象は、溶質分子と溶媒分子が互いに似た性質を持つ場合に起こる。水に溶けやすい物質は**親水性**、水に溶けにくい、あるいは溶けない物質は**疎水性**、また一つの分子内に親水性領域と疎水性領域のある物質は**両親媒性**であるという（3・7・3 項参照）。溶液は、溶けている溶質の性質に無関係で、溶質粒子の数にのみ依存する性質を持っている。この性質のことを**束一的性質**という。

　塩化ナトリウム NaCl もスクロース（ショ糖）$C_{12}H_{22}O_{11}$ も水に溶けるが[*1]、それらの溶け方は異なる。イオン結晶である塩化ナトリウムは Na^+ と Cl^- の集合体であるので、それらのイオンは水分子と水和し、水中に分散する（231 ページの図 15・4 参照）。分子結晶のスクロースはヒドロキシ基を持っているために水分子と水素結合を作って水和し、水中に分散する。また、ヒドロキシ基を持たない分子であっても、水素結合を作ることができる極性分子（アルデヒド、ケトンなど、第 8 章参照）は

*1　$CaCO_3$ や AgCl は NaCl と同様にイオン結晶であるが、水に不溶である。これは、イオン間の結合力が水和による安定化エネルギーよりも大きく、結晶状態の方が溶液状態よりもエネルギー的に安定なためである。

水に溶ける。溶解という現象をエネルギー的に見ると、溶解前の状態（結晶内でイオン結合している、あるいは水分子が互いに水素結合している状態）より、溶解後の状態（イオンが水和している状態）の方がエネルギー的に安定である場合や、ほぼ等しい場合に溶解は起こる。

　溶解度は溶媒に溶ける溶質の量で、一般に溶媒 100 g に溶ける溶質の質量（g）で表す。一定量の溶媒に対する物質の溶解度は、その物質に特徴的な物理的性質である。溶解度は用いられる溶媒と温度に依存する。一般に、温度が高くなればなるほど、より多くの固体がその溶媒に溶けるようになる[*2]。このように、溶解度は溶媒の温度に依存するので、通常、室温あるいは 25 ℃ の溶解度として表される。いかなる温度においても、溶媒はそれ以上の固体を溶かさなくなる飽和点に達する。この溶媒が飽和点に達した溶液は**飽和溶液**といい、飽和点に達していない溶液を**不飽和溶液**という。飽和溶液を冷却すると、過剰の固体が結晶として析出し、その溶液はその温度での飽和溶液となる。しかし、その飽和溶液は、溶解した粒子が沈殿する時点で結晶を含んでいない。そのような場合、溶液の温度を下げたとき、結晶が生成しない状態にあり、その溶液は**過飽和**であるという。過飽和溶液は非常に不安定であり、この溶液に小さい結晶が加えられると、その上に溶質が沈殿し、結晶が急激に生じることがある。蜂蜜やゼリーは過飽和の糖溶液であるので、長く保存していると糖の結晶が出ることがある。

　水に対する気体の溶解度は温度と圧力に依存する。溶媒と反応しにくい気体（酸素、二酸化炭素など）の一定量の液体に対する溶解量（質量）は、温度が一定である場合、その分圧に正比例する。これは**ヘンリーの法則**と呼ばれ、比例定数をヘンリー定数という。

*2　NaCl の溶解度は水の温度が高くなってもあまり変化しないが、スクロースの溶解度は水の温度が高いほど大きくなる。これは、スクロースが水に溶解する際、分子間の結合を切断する過程（エネルギーが必要）で吸熱変化が生じ、続いて水と水和する過程で発熱変化が生じるが、吸熱変化の方が発熱変化より大きいためである。

ヘンリー　Henry, W.

5・2　水の働き

5・2・1　生体内における水

　私たちの体重の約 60 ％ が水であり、体の全ての化学反応は水に依存している。毎日摂取する栄養素は、消化管の消化液で分解され、吸収されるが、その溶媒は全て水である。組織への酸素、栄養素、ホルモンなどの運搬や、組織からの二酸化炭素、老廃物などの運搬は、水を主成分とする血漿、組織液などの働きで行われる。また、細胞の中では、エネルギー代謝、タンパク質合成、核酸合成などを行う細胞小器官の間の情報伝達を担う物質（情報伝達物質）も、水に溶けて各小器官に運ばれる。また、半透膜の細胞膜をはさんで細胞内外の浸透圧が水により一定に保たれている。このように、生体内の機能はすべて水に依存しており、水

により生命が維持されている。

生体内の水は**体液**として存在する。体液は、**細胞内液**と**細胞外液**に分けられる。細胞内液は体重の約 40 %、細胞外液は約 20 % を占める。細胞外液は、血管やリンパ管内にある脈管内液として体重の約 5 %、組織間隙に存在する組織液（間質液）と体腔内液（脳脊髄液、関節液、眼房液、消化液など）として体重の約 15 % を占める。体液量のバランスは、性、体型、年齢などによって異なる。生体内の水分は脂肪組織の少ない男性は女性より体重に比して多く、やせ型のヒトは肥満型のヒトよりも多い。生体内の水分量は新生児では体重の約 70 %、成人男性では約 60 %、成人女性では約 50 % であるが、60 歳以上になると男性で約 50 %、女性で約 45 % に低下する。

体液（成人男性）

　細胞内液 — 約 40 %

　細胞外液 — 約 20 %

　　$\begin{cases}$ 脈管内液［血液、リンパ管液］— 約 5 %　　　$\\$ 脈管外液［間質液、体腔内液］— 約 15 % $\end{cases}$

ヒトの 1 日の水分摂取量と排泄量はほぼ一定で、互いに平衡を保っている。**表 5・1** に成人の 1 日の平均的な水の摂取量と排泄量を示す[*3]。

*3　成人の 1 日当たり排泄される尿の量は 1400 mL である。それは、腎臓の糸球体で血液がろ過されて 1 日当たり 170 〜 180 L のろ液（原尿）が作られるが、そのろ液の大部分が近位尿細管と遠位尿細管で再吸収されることによる。

表 5・1　成人の 1 日の平均的な水の摂取量と排泄量

水の摂取量		水の排泄量		
飲料水	1150 mL	尿		1400 mL
食物	1000 mL	糞便		200 mL
燃焼水[†]	350 mL	不感蒸発		900 mL
		$\begin{bmatrix}$ 皮膚から $\\$ 肺から $\end{bmatrix}$	500 mL $\\$ 400 mL	
計	2500 mL	計		2500 mL

[†] 燃焼水：体内で栄養素が代謝されて生ずる水

5・2・2　水 の 構 造

水（H_2O）の構造を**図 5・1** に示す。水は、1 個の酸素原子が 2 個の水素原子と共有結合した分子で、酸素原子は水素原子との結合に関与しない 2 組の非共有電子対（孤立電子対）を持っている。水分子は折れ曲がった構造をとり、2 個の水素原子がなす角度は 104.5° で、O−H 結合の長さは 95.84 p m（ピコメートル）（1 pm = 10^{-12} m）である[*4]。

酸素原子と水素原子間の結合は、双方の原子の電気陰性度の違いにより、水素原子は正（$\delta+$）に、酸素原子は負（$\delta-$）に分極している（**図 5・1**）。ある水分子の正に分極した水素原子は、別の水分子の負に分極した

*4　原子や分子の半径あるいは原子間の距離はオングストローム（Å）で表される場合がある。1 Å は 10^{-10} m で、水の O−H 結合の長さは 0.958 Å（約 1 Å）である。

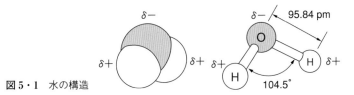

図5・1 水の構造

酸素原子を引きつけ、双極子—双極子相互作用（3・5・1項参照）により二つの水分子間で**水素結合**が形成される（**図5・2**）。水素結合は、氷および液体の水において、水分子同士を接近させた状態で固定している。

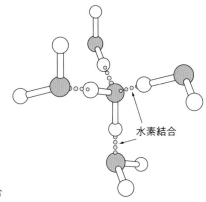

図5・2 水分子の水素結合

氷中の水分子は隣り合う水分子との間で水素結合を形成し、非常に規則正しい構造をとっている（**図5・3**）。氷の結晶内では、水分子はほかの4個の水分子と水素結合して結晶格子を作っている。氷は八つの水分子が規則正しいかご状の構造を形成しており、溶けて水になると、このかご状の構造が壊れる。そのため、固体よりも液体の方が水分子はより近くに集まることができるので、水は氷よりも比重が大きくなる。水と氷の比重の違いにより、固体の氷が液体の水に浮くので、水は上方から凍ることになる。氷の層は、水がさらに冷やされることを防ぎ、表面が凍った水の中でも生物が生きることを可能にしている。

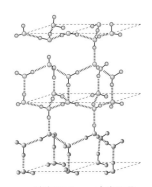

● 酸素原子，　● 水素原子
— 共有結合，　⫶⫶⫶ 水素結合
図5・3　氷の構造

5・2・3　水の性質

（a）沸 点

水は、水と同じくらいの分子量のほかの分子と比較して、高い沸点を持つ。例えば、1気圧で水（H_2O、式量[*5] 18）の沸点は100℃であるが、メタン（CH_4、式量16）の沸点は−164℃である。水の高い沸点は、水素結合による水分子間の強い引力によっている。

*5　分子1個当たりの平均相対質量を分子量といい、分子量は分子を構成する全原子の原子量の総和として求められる。分子の存在が認められない物質では、原子の組成を表す組成式が用いられる。組成式に含まれる全原子の原子量の和を式量といい、分子量の代わりに用いられる。

(b) 比　重

氷の結晶格子は、液体の同数の水分子より広い空間を占める。その結果、固体の氷の比重 (0.916) は液体の水の比重 (0.9998) より小さい。水の比重は 4℃で最大である。これは、単位体積当たり、液体の水分子が最もコンパクトに詰まっていることによる。

(c) 表面張力

表面より内側の水分子は、水素結合によりほかの水分子によって全方向に強く引かれる。しかし、表面の水分子は非極性の空気分子には引かれないので、この表面分子は下方向の内側の水の方向に引かれている。この表面張力は、表面に薄い弾性膜の効果を及ぼしながら表面分子を一緒に引っ張る。このために、水より密度の大きいほこりなどが水の上に留まっていられる。また、水がろう (蝋) の上に落ちると小さい液体の球を作るのは、表面の水分子が非極性のろうにも、また周りの空気にも引かれないためである。このようにして、水分子間の引力がその液体を球状にする。また、水のような極性のある物質が存在するガラスの表面に水を置くと、球を作るよりもむしろ広がるのは、水の表面張力が減少したためである。

(d) 蒸　発　熱

水は大きな蒸発熱を持つ (2255 J g^{-1})。水分子間の強い引力は、水を非常にゆっくり沸騰、蒸発させる。1 L の水を 100℃で沸騰、蒸発させるエネルギーは、同じ量の水を 21℃ (室温) から 100℃まで熱するのに要するエネルギーのほぼ 7 倍である。蒸発は、液体の水をゆっくりと気体に変化させることで、沸騰するにつれて多くのエネルギー (熱) を消費する。

(e) 融　解　熱

水は大きな融解熱を持つ (335 J g^{-1})。氷ができるときには多くの熱が放出される。0℃で水 1 kg を氷 1 kg に変えるには、同じ量の水を 21℃から 0℃に冷却するのに要する熱のほぼ 4 倍の熱を必要とする。

(f) 比　熱

液体の比熱は、1 g のその液体の温度を 1℃上げるのに必要な熱量である。比熱は水で 1.0 cal g^{-1} である[*6]のに対し、エタノールで 0.58 cal g^{-1}、アセトンで 0.53 cal g^{-1}、クロロホルムで 0.23 cal g^{-1} などであり、水はほかの液体と比較して大きい比熱を持っている。内的または外的な熱の変動を生物が受けたとき、水の比熱が大きいことが、その生物の体温を比較的一定に保つうえで有効な働きをしている。

*6　1 cal = 4.184 J (ジュール) である。

(g) 溶　媒

水は最良の溶媒で、いろいろな溶質を溶かすことができる。水は極性

分子で、大きな**双極子モーメント**[*7]を持っている。水分子中のO−H結合の双極子モーメントは1.53 D（D：デバイという単位；第3章側注13参照）であり、S−H結合（0.68 D）、H−Cl結合（1.03 D）、H−F結合（1.41 D）などと比べて大きい。水分子全体の双極子モーメントは2.1 D（実測値1.87 D）である。この大きな双極子モーメントを水分子が持っていることが、イオンや極性の高い物質を溶けやすくしている。

　5・1節で述べたように、塩化ナトリウムの結晶を水に入れると、Na^+とCl^-のイオンは水に溶ける。結晶内ではNa^+とCl^-はイオン結合しているが、周りを水に囲まれると、各イオンと水の双極子との間で相互作用が起こり、イオン結合しているNa^+とCl^-が次々と引き離され、数個の水分子が一つのイオンを取り囲むように結合して**水和**が生じ、溶解する（**図5・4**）。水和されたイオンは、もはや反対の電荷を持つイオンと静電的に相互作用ができない。

*7　ある物質の構造の中に正と負の電荷（$+q$と$-q$）がある距離（l）を隔てて存在するとき、その物質は双極子を持つという。双極子モーメントとは、負の電荷から正の電荷へと向かうベクトル量（$\mu = ql$）をいう。

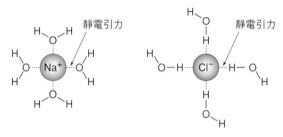

図5・4　Na^+とCl^-における水分子の結合（水和）

5・2・4　水の純度

　不純物を全く含まない純度100 %の水（理論純水という）は作ることができず、存在しない。金属イオン、微生物などの不純物をほとんど含まない、純度100 %に限りなく近い高純度の純水（超純水）は作ることができ、半導体製造工程のシリコンウェハの洗浄や医薬品の製造に用いられている[*8]。

*8　実験に用いられる水には、超純水、純水、蒸留水などがある。これらの水の純度は、水に含まれている電解質などの不純物の量を測定すること、すなわち水の電気伝導率を測定することにより決められる。電気伝導率が小さい水ほど不純物が少ない。25℃における超純水、純水および蒸留水の電気伝導率は、それぞれ、$0.06\ \mu S\ cm^{-1}$以下、$1\ \mu S\ cm^{-1}$以下および$10\sim1$ $\mu S\ cm^{-1}$である（Sはジーメンスという単位を表す）。

5・3　電解質溶液

　塩化ナトリウムのようにNa^+とCl^-の荷電粒子を形成して水に溶ける物質を**電解質**といい、スクロースのように水に溶けても荷電しない粒子分子である物質を**非電解質**という。電解質溶液は、その溶液中にイオンが存在するので、電気伝導性がある。溶質がイオンに電離する割合を**電離度**（αで表示する）といい、αが1に近い電解質を**強電解質**、αが0.2以下の電解質を**弱電解質**と呼ぶ。非電解質はαがゼロである。

5・3・1　電解質の生体内分布

体液中には、電解質（Na$^+$、K$^+$、Cl$^-$、HCO$_3^-$、タンパク質、有機酸など）と非電解質（リン脂質、コレステロール、中性脂肪、グルコースなど）が存在する。体液中に存在する主な電解質には、陽イオンとして Na$^+$、K$^+$、Ca^{2+}、Mg^{2+} などが、陰イオンとして Cl$^-$、炭酸水素イオン（HCO$_3^-$）、リン酸イオン[*9]（HPO$_4^{2-}$）、硫酸イオン（SO$_4^{2-}$）、タンパク質、有機酸などがある。これらの陽イオンと陰イオンのそれぞれの総和のモル濃度は等しく、血漿、組織液、細胞内液など、いずれの体液も電気的に中性である（**図5・5**）[*10]。細胞内液と細胞外液の電解質の分布は著しく異なっている（**図5・5と表5・2**）。細胞内液には、陽イオンとして K$^+$ と Mg^{2+} が多く、Na$^+$ は少ない。陰イオンとして HPO$_4^{2-}$ とタンパク質が多く、Cl$^-$ は少ない。細胞外液には、陽イオンとして Na$^+$ と Ca^{2+} が多く、陰イオンとして Cl$^-$ と HCO$_3^-$ が多い。細胞内液と細胞外

*9　生体液中に存在するリン酸イオンは主に HPO$_4^{2-}$ の形で存在している。この生体内に存在する HPO$_4^{2-}$ は、リン酸水素イオンではなく、単にリン酸イオンと表記される。

*10　食塩（NaCl）過剰摂取は高血圧のリスクとなる。血中のナトリウムが過剰の場合、その濃度を一定に保つために水分量もそれに相関して保持され、全体として細胞外液量が過剰となる。腎臓のナトリウム排泄能を超えて食塩を摂取すると、水分量の増加に伴って細胞外液量が増加して高血圧を来す。しかし、食塩過剰摂取で高血圧になりにくい人（食塩感受性なし）と、なりやすい人（食塩感受性あり）がいる。食塩感受性のある人は、食塩を必要以上に血液に戻してしまうので、高血圧になりやすい。

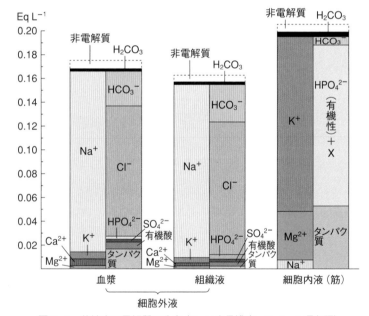

図5・5　体液中の電解質の分布（Eq は当量濃度。5・6・3 項参照）

表5・2　体液の電解質組成

陽イオン	血漿	細胞内液	陰イオン	血漿	細胞内液
Na$^+$	142	15	Cl$^-$	103	4
K$^+$	5	150	HCO$_3^-$	27	10
Ca^{2+}	5	0.001 以下	HPO$_4^{2-}$	2	100
Mg^{2+}	3	27	タンパク質	17	63
			その他	6	20

単位：mEq L^{-1} H$_2$O

液の電解質の組成の違いは、次のようなイオンの受動輸送と能動輸送によって生ずる。

　イオンの拡散、浸透、ろ過、電位勾配などの物理化学的なポテンシャルによって作り出され、特別のエネルギーの消費を必要としない**受動輸送**と、濃度勾配や電位勾配に逆らい、エネルギーの消費を伴ってイオンを輸送する**能動輸送**により、イオンの不均衡が起こる。イオンの能動輸送としてはナトリウム–カリウムポンプがよく知られており、このポンプは ATP をエネルギー源として、細胞外から K^+ を細胞内に運び、同時に Na^+ を細胞内から細胞外に運び出す働きをする。

5・3・2　電解質の生体における働き

（a）ナトリウムイオン（Na^+）

Na^+ は成人体重 70 kg 当たり約 140 g 存在する。Na^+ の 90 % が細胞外液中に存在する。Na^+ の生体内の重要な役割としては、細胞外液と細胞内液の浸透圧の調節、神経と筋肉における電気信号の伝達などがある。

（b）カリウムイオン（K^+）

K^+ は成人体重 70 kg 当たり約 170 g 存在する。K^+ は細胞内液に豊富に存在する。生体内で K^+ は、神経と筋肉の応答バランスを保つ鍵となる役割を果たしている。K^+ の細胞外液への移動では、H^+ が反対側へ移動することで平衡が保たれており、K^+ は pH 調節に働く。また、種々の生理現象に関係するタンパク質の機能の発現や調節に必要である。例えば、糖代謝においてエネルギーを取り出す過程で働く酵素のピルビン酸キナーゼの活性発現には K^+ が必要である。

（c）カルシウムイオン（Ca^{2+}）

Ca^{2+} は成人体重 70 kg 当たり 1〜2 kg 存在する。その 99 % はリン酸塩、炭酸塩、フッ化物などとして骨や歯に存在し、約 1 % は体液や骨以外の組織に、残りの約 0.1 % は血液中に存在する。細胞内の遊離 Ca^{2+} 濃度は約 10^{-7} mol L^{-1} と非常に低いが、細胞小器官である小胞体やミトコンドリアに貯蔵されている。小胞体やミトコンドリアに貯蔵された Ca^{2+} は、細胞外からの刺激に応じて細胞質中に放出される。また、細胞外から Ca^{2+} を細胞内に流入させる特殊なタンパク質も存在する。Ca^{2+} は筋肉の収縮や血液凝固に必要な因子であり、ホルモンや神経伝達物質の刺激に反応する細胞内信号として作用する[*11]。

（d）マグネシウムイオン（Mg^{2+}）

Mg^{2+} は成人体重 70 kg 当たり 20〜30 g 存在し、その 60〜65 % は Ca^{2+} とともにリン酸塩、炭酸塩、水酸化物となって骨に存在する。細胞内の Mg^{2+} は、神経や筋肉の機能を正常に保つために、また種々の酵素

[*11]　人工骨としてアルミナ、ジルコニア、CaO-Al_2O_3、CaO-ZrO_2 などの焼結体、$Ca_3(PO_4)_2$（TCP と略記される）、$Ca_{10}(PO_4)_6(OH)_2$（ハイドロキシアパタイト）などのバイオセラミックスが用いられる（補遺 B「生体補完材料」参照）。特に TCP では、埋植後吸収されて骨形成が起こりやすく、ハイドロキシアパタイト焼結体は骨と直接結合するという特徴がある。

の活性発現に必要である。Mg^{2+} は、ATP を加水分解してエネルギーを発生させる酵素（リン酸化酵素；キナーゼ）の働きに不可欠な補助因子である。

(e) 塩化物イオン (Cl^-) [*12]

*12　塩素の陰イオン (Cl^-) の正式名称は塩化物イオンであるが、医療分野では塩素イオンという呼称が用いられている。

Cl^- は細胞外液中に最も多量に存在する陰イオンである。Cl^- はイオンチャネルと呼ばれる特定の通路を通って細胞膜を通り抜けることができ、容易に細胞内に移動する。Cl^- は細胞の浸透圧の調節に働いている。また、Cl^- は胃の胃壁からプロトンポンプの作用により分泌され、H^+ イオンと結合し、食物の消化に不可欠な塩酸となる。胃における塩酸の濃度は約 $0.01\ mol\ L^{-1}$ なので、pH は約 2 である。

(f) リン酸イオン $(H_2PO_4^-、HPO_4^{2-}、PO_4^{3-})$

リンは、その約 80 ％がカルシウム塩またはマグネシウム塩として骨や歯に存在する。細胞内でリンは、核酸、ATP、糖などの代謝中間体、種々の補酵素、リン脂質などの構成成分として存在する。血清中のリンの約 2/3 は有機物に含まれ、残り 1/3 は HPO_4^{2-}、PO_4^{3-} など無機リン化合物である。リン酸イオンは**リン酸緩衝系**として働き、生体内の pH を一定に保ち、体の緩衝液に必須な成分である。

(g) 炭酸水素イオン (HCO_3^-)

HCO_3^- は血漿、間質液などの細胞外液で炭酸とともに**炭酸水素（重炭酸）緩衝系**として働き、pH を 7.40 ± 0.05 に維持している。また、炭酸水素緩衝系は細胞内の pH 調節に重要な働きをしている。

5・4　コロイド溶液

コロイド（コロイド分散系）は、粒子の大きさが、溶液を形成している分子やイオンよりは大きいが、やがて沈殿する大きな粒子を含む不均一な成分からなる混合物（この混合物の溶液を**懸濁液**という）よりは小さい混合物で、その粒子は直径 1 ～ 1000 nm の大きさである。この混合物が水に溶けると、**コロイド溶液**（ゾルともいう）と呼ばれる状態になる。溶液中のコロイドは通常均一で、ろ紙を通過できるが、半透膜を通過できない。例えば、牛乳は水の中に乳脂肪を持つコロイドで、ただちにろ紙を通過する。コロイド溶液のような液体分散媒のコロイドだが、分散質のネットワークにより高い粘性を持ち流動性を失い、系全体として固体状になったものを**ゲル**という。分散質がつながってネットワークを作る現象を架橋といい、架橋の方法によりゲルは化学ゲル（共有結合）と物理ゲル（分子間力など）に分かれる[*13]。

コロイドは、溶媒（または分散系）とコロイド物質（または分散質）の

*13　ゲルの水（溶媒）を取り除いたものをキセロゲル（乾燥ゲル）という。キセロゲルは水を吸着し、また水を吸収して膨潤する。キセロゲルには乾燥剤のシリカゲル、爪、毛などがある。入浴後の爪が軟らかくなるのはキセロゲルの性質による。

種類によって次の 1) ～ 8) に分類される。

　1) 固体中の固体 (例：色ガラス、ある種の合金など)、2) 液体中の固体 (例：水中のゼラチン、タンパク質、デンプンなどの高分子化合物)、3) 気体中の固体 (例：空気中のほこりなど)、4) 固体中の液体 (例：ゼリー、バター、チーズなど)、5) 液体中の液体 (例：エマルジョン、ミルク、マヨネーズ、原形質など)、6) 気体中の液体 (例：霧、かすみ、雲など)、7) 固体中の気体 (例：活性炭、発泡スチロール、マシュマロなど)、8) 液体中の気体 (例：泡、ホイップクリーム、石けん中の泡など) などである。コロイド溶液は、2) と 5) の分類に入る。

　コロイド中の粒子の無秩序で不規則な動きは、**ブラウン運動**と呼ばれる。この運動は、コロイド中の粒子に溶媒分子が衝突することによって起こる。この溶媒分子による一定の衝突は、コロイド粒子が沈殿するのを防いでいる。また、コロイド粒子によって光が散乱され、コロイドで光線の光路が見える現象は、**チンダル現象**と呼ばれる。コロイド溶液に電場をかけると、コロイド粒子はその電荷の符号と反対の極性を持つ電極の方に向かって移動する (**電気泳動**)。コロイド粒子には、水分子と結合しやすい**親水コロイド**とそうではない**疎水コロイド**がある。疎水コロイドに強電解質を少量加えると、反対符号のイオンがコロイド粒子を取り囲んで電荷を中和するため、粒子間の反発が失われて沈殿が生ずる (**凝析**)。一方、親水コロイドの場合には強電解質を多量に加えないと、沈殿は生じない (**塩析**)。タンパク質の分離に塩析の原理が用いられる。コロイド粒子よりも小さい粒子 (イオンや小さい分子) を不純物として含んでいるコロイド溶液を、**半透膜** (セロファン膜など) の袋に入れて水の中に置くと、不純物だけが膜を通過して水の方に移動し、コロイド溶液中の不純物が取り除かれる。これを**透析**という。透析はタンパク質や酵素の精製ばかりでなく、人工透析 (血液透析) などにも用いられる。

5・5　浸 透 圧

　濃度の異なる溶液を混合すると、溶質と溶媒が互いに混じり合い、やがて濃度の均一な溶液になる。しかし、二つの濃度の異なる溶液が溶質分子を通さない半透膜で仕切られると、二つの溶液の濃度は平均化される。その濃度の平均化は、溶媒の移動によって行われる。その際、溶媒は低濃度溶液から高濃度溶液へ一方的に移動する。その結果、高濃度溶液の液面は上昇する。これが**浸透**で、浸透により液面を押し上げる圧力を**浸透圧**という (**図 5・6**)。

　生体中では、細胞膜が半透膜としての性質を持っているので、細胞内

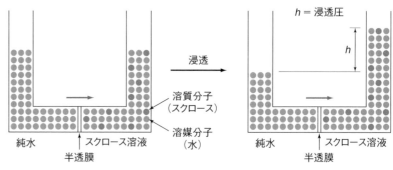

図5・6　浸透圧

外で溶液の濃度に差があると、細胞膜を介して水の移動がみられる。血液には電解質（Na^+、K^+、Ca^{2+}、Mg^{2+}、Cl^-、HCO_3^-、HPO_4^{2-} など）や、アルブミン、グロブリンなどのタンパク質が溶解しているので、血液で浸透圧が現れる。アルブミン、グロブリンなどのタンパク質による血液の浸透圧（25～30 mmHg）は、**膠質浸透圧**と呼ばれる。毛細血管壁は半透性を持ち、血管内のコロイド粒子が組織中へ出ることを防げる膠質浸透圧が生じ、組織内の水分を回収する働きをする。この水分の回収量が減少すると、浮腫が起こる。血漿が著しく不足した場合、膠質浸透圧を高めるために代用血漿（デキストラン、ゼラチンなどを含む溶液）が緊急的に用いられる[*14]。

希薄溶液の浸透圧の大きさは、溶質の種類によらず、溶質の全濃度、すなわち存在する粒子やイオンの数に依存する。溶質の濃度と浸透圧の関係は、次の**ファントホッフの式**で表される。

$$\Pi = cRT \tag{1}$$

ここで Π は浸透圧（Pa）、c は溶質のモル濃度（$mol\ L^{-1}$）、R は気体定数（$8.31 \times 10^3\ L\ Pa\ K^{-1}\ mol^{-1}$）、$T$（K）は絶対温度である。また、溶質が電解質である場合には式（1）の代わりに次の式が成り立つ。

$$\Pi = icRT \tag{2}$$

i はファントホッフ係数で、電離により溶質粒子が何倍に増えたかを示す。i は1より大きく、$i = 1 + \alpha(n-1)$ で表される。α は電離度、n は分子1個から解離して生ずるイオンの数である。NaCl は α が1、n が2であるので、$i = 2$ である。濃度 c の溶質が電解質である溶液の浸透圧は、同濃度 c の非電解質溶液に比べて、$(1 - \alpha + n\alpha)$ 倍になる。

二種類の溶液を比べた場合、浸透圧が高い方の溶液を**高張液**、浸透圧が低い方の溶液を**低張液**といい、また同じ浸透圧を示す溶液を**等張液**という。赤血球を高張液に入れると、赤血球中の水が高張液側に出てしまい、赤血球は縮んでしまう。逆に、赤血球を低張液に入れると、赤血球

[*14]　人工透析（血液透析療法）は、腎臓の尿分泌の機能を代行するものである。人工透析では中空糸状透析膜（材料：再生セルロースなど）の中に血液を流し、外側に透析液（Na^+, K^+, Ca^{2+}, Cl^-, ブドウ糖などを含む水溶液）を流し、透析膜の細孔を通過できる血液中の不要な溶質（尿素, クレアチニン, 尿酸など）を透析液中へ浸透圧差を利用して透過させる。血液中のタンパク質、血球などは透析膜の細孔を通過できないので血中に残る。また、余分な水分は限外ろ過（材料：合成ポリマー）によって除去される。

ファントホッフ
van't Hoff, J. H.

内に水が入って赤血球は膨張し、赤血球膜が破れてヘモグロビンが出ていく**溶血**という現象が起こる。点眼液、注射液（皮下注射用、静脈内注射用）などは、体液と等張な濃度に調製されている。硫酸マグネシウムが下剤に用いられるのは、腸管壁が硫酸マグネシウムを通しにくいために腸管内の浸透圧が上昇し、血液中の水が腸内に入り込み、腸を刺激して下痢を起こさせるからである。

5・6　溶液の濃度

溶液の濃度は、パーセント濃度、モル濃度、当量濃度、浸透圧濃度などで表示される。

5・6・1　パーセント濃度

溶液の重量または容量（体積）の100に対する、溶質の重量または容量で表される濃度をパーセント濃度という。これは未知の分子量を持つ物質の濃度を表すときに有用である。パーセント濃度には、重量%、容量%、重量・容量%があるが、医学の分野では容量%と重量・容量%が用いられる[*15]。

1）重量/重量%（w/w%）：溶液 100 g に溶解している溶質の g 数（重量%、g 100 g^{-1}）

2）容量/容量%（v/v%）：溶質が液体であるとき、溶液 100 mL を作るのに用いられた溶質の容量 mL（容量%、mL 100 mL^{-1}）

3）重量/容量%（w/v%）：溶液 100 mL 中に溶解している溶質の g 数（重量・容量%、g 100 mL^{-1}）

5・6・2　モル濃度

モル濃度には質量モル濃度（molality）と容量モル濃度（molarity）があるが、医療の分野では容量モル濃度が用いられる。

1）質量モル濃度：溶媒 1 kg に含まれる溶質のモル数で、mol kg^{-1} の単位で表される。

2）容量モル濃度：SI 単位では溶液（1 m^3）に含まれる溶質のモル数で、mol m^{-3} であるが、通常は mol dm^{-3} が使われる。また、実用的には体積の単位としてリットル（L）を用いたモル濃度の mol L^{-1}（M）が用いられる（dm^{-3} = L^{-1} である）。

5・6・3　当 量 濃 度

当量（equivalent、Eq）という単位を用いて表される溶液の濃度を当

[*15]　パーセントとよく似た表現で、ppm（parts per million）と ppb（parts per billion）が用いられることがある。ppm は全体を 1,000,000（10^6）としたときの溶質の含有量である。ppm は mg L^{-1}、mg kg^{-1} あるいは μL L^{-1} のいずれかを表すが、その比はいずれも 1,000,000 分の 1 である。ppb は全体を 10^9 としたときの溶質の含量である（第 1 章コラム「濃度と個数」参照）。

量濃度という。当量濃度は、体液中の電解質の濃度を表すのに用いられる。

　　1 当量 (Eq) ＝ 1 mol の電荷 (＋ または －)

　　　当量は次のように求められる。

　　　酸・塩基の場合：当量 ＝ 分子量/置換できる H または OH

　　　中和反応で生ずる塩の場合：当量 ＝ 分子量/総正電荷

　　　酸化還元反応の場合：

　　　　当量 ＝ 分子量/受け取った (または失った) 電子の総数

　例えば、1 mol のナトリウムイオン (Na^+) は 1 mol の陽電荷を含むので、その 1 mol は 1 当量に等しい。1 mol のマグネシウムイオン (Mg^{2+}) は 2 mol の陽電荷を含むので、その 1/2 mol が 1 当量である。1 mol の炭酸水素イオン (HCO_3^-) は、1 mol の陰電荷を含むので、その 1 mol は 1 当量に等しい。

　化合物の**グラム当量**は、1 g 原子の水素を与えるか、または受け取ることのできる重量を表す。

　　　　　　1 グラム当量 ＝ 物質の質量 (g) /1 当量

　例えば、Na^+ の 1 当量は 1 mol であるので、1 グラム当量は 23 g である。Mg^{2+} の 1 当量は 1/2 mol であるので、1 グラム当量は 24/2 g ＝ 12 g である。HCO_3^- の 1 当量は 1 mol であるので、1 グラム当量は 61 g である[*16]。

　当量濃度：溶液 1 L 中に含まれる溶質のグラム当量数であり、$Eq\ L^{-1}$ で表す ($1\ Eq\ L^{-1} ＝ 1000\ mEq\ L^{-1}$)。

*16　それぞれの元素の原子量は Na ＝ 23、Mg ＝ 24、H ＝ 1、C ＝ 12、O ＝ 16 としている。

5・6・4　浸 透 圧 濃 度

　浸透圧濃度 (osmolality) は、溶媒 1 kg 中に存在する粒子 (電離したイオンも非電離の分子も含めて) の総モル数で測定され、溶媒 1 kg 中に 1 mol の粒子を含むときに 1 オスモル (Osm) であると表される。浸透圧濃度は、溶液の氷点が溶質の量によって変化することを利用して測定される。1 L の溶液中に存在する粒子のモル数で定義される浸透圧濃度は、**容量オスモル濃度** (osmolarity) という[*17]。医学の分野では、1 Osm の 1000 分の 1 であるミリオスモル (mOsm) が用いられる。

　例えば、ブドウ糖 (グルコース) は非電解質で、溶液中で電離しないので、その $1\ mol\ L^{-1}$ 溶液は $1\ Osm\ L^{-1}$ 溶液に相当する。NaCl は溶液中で Na^+ と Cl^- の 2 個のイオンに電離するので、その $1\ mol\ L^{-1}$ 溶液は $2\ Osm\ L^{-1}$ 溶液に相当する (ただし、NaCl が完全に電離したと仮定した場合)。また、$1\ mol\ L^{-1}$ の KCl 溶液 1 L における浸透圧濃度 (容量オスモル濃度) は、1 mol の K^+ と 1 mol の Cl^-、すなわち 2 mol の粒子が生

*17　これに対し、先のように重量 1 kg の溶媒中に含まれる粒子のモル数で表す浸透圧濃度を重量オスモル濃度と呼ぶ。

Column 静脈注射液の浸透圧はどのように決められるか

　静脈注射液を患者の静脈に注射する際、その注射液の種類はどのようにして決められるか。静脈注射液としては低張、等張、高張のいずれもあり得る。通常は、静脈注射液として容量オスモル濃度が血液や体液と等しい等張溶液である5％ブドウ糖溶液や0.9％ NaCl 溶液が用いられる。患者が脱水症状を呈している場合には、静脈注射液として低張液の0.45％ NaCl 溶液を用いるとよい。また、患者が浮腫（組織に過剰な水がたまった状態）を呈している場合には、静脈注射液として高張液の10％ブドウ糖溶液や、5％ブドウ糖を含む0.5％ NaCl 溶液を用いるとよい。

成するので、$2\,\mathrm{Osm\,L^{-1}}$ である。

　正常ヒト血清の容量オスモル濃度は $275\sim295\,\mathrm{mOsm\,L^{-1}}$、正常ヒト尿の容量オスモル濃度は $300\sim1000\,\mathrm{mOsm\,L^{-1}}$ である。

演 習 問 題

1. 電解質（Na^+ と Cl^-）と非電解質（ブドウ糖）は、どのように水に溶解して溶液になるか。

2. 水の構造を図示し、その構造から水の性質について説明せよ。

3. 細胞内液と細胞外液の電解質の分布の特徴について述べよ。

4. コロイド溶液について例をあげて説明せよ。また、コロイド溶液の性質について述べよ。

5. 浸透圧はどのようにして生ずるか。また、血液での膠質浸透圧について説明せよ。

6. 次の溶液に関する問に答えよ。ただし、必要な原子の原子量は下記の括弧内の数値を用いよ。

　（$H=1.0$、$C=12.0$、$O=16.0$、$Na=23.0$、$K=39.1$、$Ca=40.1$、$Cl=35.5$、$P=31.0$、$S=32.1$）

　1）血漿と同じ浸透圧を持つ生理食塩水の NaCl 濃度は $0.15\,\mathrm{M}$ である。この溶液を $1\,\mathrm{L}$ 作るには何 g の NaCl が必要であるか。また、この溶液は何％（容量％）の溶液であるか。

　2）次の化合物の $1\,\mathrm{g}$ 当量は何 g であるか。

　　a）HPO_4^{2-}　b）HCO_3^-　c）SO_4^{2-}　d）Ca^{2+}

　3）正常なヒトの体液 $1\,\mathrm{L}$ 中の HPO_4^{2-} の濃度は $140\,\mathrm{mEq\,L^{-1}}$ である。体液 $1\,\mathrm{L}$ 中に何 g の HPO_4^{2-} が存在するか。

　4）次のどれが $0.1\,\mathrm{mol\,L^{-1}}$ NaCl 溶液と同一の浸透圧濃度を持っているか。

　　a）$0.1\,\mathrm{mol\,L^{-1}}$ $CaCl_2$ 溶液　b）$0.05\,\mathrm{mol\,L^{-1}}$ Na_2CO_3 溶液　c）$0.1\,\mathrm{mol\,L^{-1}}$ NaOH 溶液

　5）経口輸液剤（ORS）の1包には、ブドウ糖が $20.0\,\mathrm{g}$、$NaHCO_3$ が $2.5\,\mathrm{g}$、NaCl が $3.5\,\mathrm{g}$、KCl が $1.5\,\mathrm{g}$ が含まれている。その1包を蒸留水に溶かし、$1\,\mathrm{L}$ の溶液にするように指示されている。ただし、電解質は100％電離しているとして計算せよ。

　　a）ORS 成分のそれぞれの容量パーセント濃度はいくらか。

　　b）ORS 成分のそれぞれの容量モル濃度はいくらか。

　　c）ORS 溶液の浸透圧濃度（容量オスモル濃度）はいくらか。$\mathrm{mOsm\,L^{-1}}$ で示せ。

第6章 酸・塩基と酸化・還元

　生体はほぼ中性であり、体液は緩衝液になっていてそのpHは容易に変動しない、というように、酸・塩基は生体と深い関係がある。また、植物は光合成によって光エネルギーを用いて二酸化炭素を還元して糖に変え、一方、動物は呼吸作用によって糖を二酸化炭素に酸化してエネルギーを得る、というように、酸化還元反応は生物の生存に深く関係している。

　酸・塩基、酸化・還元は単純な概念であるが、化学、生化学において最も重要な概念の一つである。

6・1　酸・塩基の定義

*1　塩基と似た意味の言葉にアルカリがある。アルカリは中世に化学が盛んだったアラビアの言葉に由来するといわれ、① アルカリ金属を含む塩基、② OH^- になれるOH原子団を含む塩基、などと解釈されるが、その定義は明確ではない。いずれにしろ塩基という群の部分群である。

アレニウス
　Arrhenius, S. A.

ブレンステッド
　Brønsted, J. N.

　酸・塩基の概念は非常に重要であり、物理化学、有機化学、無機化学を問わず、全ての化学分野で用いられる。そのため、酸・塩基には、各分野で使いやすいようにいくつかの定義が用意されている*1。

6・1・1　アレニウスの定義

　スウェーデンの科学者アレニウスによって提唱された定義で、水素イオン H^+ と水酸化物イオン OH^- とによって定義するものである。

酸：水溶液中で H^+ を出す物質

　　例：　$HCl \rightleftharpoons H^+ + Cl^-$

塩基：水溶液中で OH^- を出す物質

　　例：　$NaOH \rightleftharpoons Na^+ + OH^-$

　水は下式のように H^+ と OH^- の両方を出すので、酸であると同時に塩基でもある。このような物質を両性物質という。

$$H_2O \rightleftharpoons H^+ + OH^-$$

6・1・2　ブレンステッドの定義

　デンマークの科学者ブレンステッドによって提唱された定義で、H^+ だけで酸と塩基の両方を定義するものである。非水溶液中でも定義できるため、有機化学をはじめ、多くの分野で用いられている。

A　定義

酸：H^+ を出すもの

　　例：$HNO_3 \rightleftharpoons H^+ + NO_3^-$

塩基：H^+ を受け取るもの

　　例：$NH_3 + H^+ \rightleftharpoons NH_4^+$

B 共役酸・塩基

上の定義によれば、反応 $HNO_3 \rightleftarrows H^+ + NO_3^-$ において、左辺のHNO₃はH⁺を出しているので酸であるが、右辺のNO₃⁻はH⁺を受け取っており、これはNO₃⁻が塩基であることを示すものである。このようなとき、HNO₃をNO₃⁻の**共役酸**、NO₃⁻をHNO₃の**共役塩基**といい、両者は互いに共役関係にあるという。

ブレンステッドの定義によれば、水は式 (1) によってH⁺を出すので酸であり、式 (2) によってH⁺を受け取るので塩基ということになる。

$$H_2O \rightleftarrows H^+ + OH^- \tag{1}$$

$$H_2O + H^+ \rightleftarrows H_3O^+ \tag{2}$$

6・1・3 ルイスの定義

アメリカの科学者ルイスによって提唱された定義である。配位結合の生成が基本になっており、非共有電子対と空軌道によって定義するもの

ルイス Lewis, G. N.

表6・1 酸・塩基の構造と電離式

		名 称	化学式	構造式	電 離 式
酸	一塩基酸	塩 酸	HCl		$HCl \longrightarrow H^+ + Cl^-$
		硝 酸	HNO₃	$H-O-N^+\!\!\begin{smallmatrix}O\\\\O^-\end{smallmatrix}$	$HNO_3 \longrightarrow H^+ + NO_3^-$
		酢 酸	CH₃COOH	$CH_3-C\!\!\begin{smallmatrix}O\\\\O-H\end{smallmatrix}$	$CH_3COOH \longrightarrow$ $H^+ + CH_3COO^-$
	二塩基酸	炭 酸[*2]	H₂CO₃	$O=C\!\!\begin{smallmatrix}O-H\\\\O-H\end{smallmatrix}$	$H_2CO_3 \longrightarrow H^+ + HCO_3^-$ $HCO_3^- \longrightarrow H^+ + CO_3^{2-}$
		硫 酸	H₂SO₄	$\begin{smallmatrix}H-O\\\\H-O\end{smallmatrix}\!\!S\!\!\begin{smallmatrix}O\\\\O\end{smallmatrix}$	$H_2SO_4 \longrightarrow H^+ + HSO_4^-$ $HSO_4^- \longrightarrow H^+ + SO_4^{2-}$
		亜硫酸	H₂SO₃	$\begin{smallmatrix}H-O\\\\H-O\end{smallmatrix}\!\!S=O$	$H_2SO_3 \longrightarrow H^+ + HSO_3^-$ $HSO_3^- \longrightarrow H^+ + SO_3^{2-}$
	三塩基酸	リン酸	H₃PO₄	$\begin{smallmatrix}H\\\\O\\\\|\\\\H-O-P-O-H\\\\||\\\\O\end{smallmatrix}$	$H_3PO_4 \longrightarrow H^+ + H_2PO_4^-$ $H_2PO_4^- \longrightarrow H^+ + HPO_4^{2-}$ $HPO_4^{2-} \longrightarrow H^+ + PO_4^{3-}$
塩基	一酸塩基	アンモニア	NH₃	$H-N-H$ 下にH	$NH_3 + H_2O \longrightarrow$ $NH_4^+ + OH^-$
		水酸化ナトリウム[*3]	NaOH		$NaOH \longrightarrow Na^+ + OH^-$
	二酸塩基	水酸化カルシウム	Ca(OH)₂		$Ca(OH)_2 \longrightarrow$ $Ca^{2+} + 2OH^-$

*2 炭酸は二酸化炭素CO₂と水（雨）H₂Oの反応で生じる

$$H_2O + CO_2 \longrightarrow H_2CO_3$$

したがってすべての雨は酸性である。日本の場合、一般に酸性雨とは pH＝5.6 以下の雨をいう。

*3 水酸化ナトリウムは苛性ソーダ、水酸化カルシウムは消石灰ということがある。なお、乾燥材に使う酸化カルシウム CaO は生石灰と呼ばれることもある。

である。無機化学あるいは有機金属化学で用いるのに便利である＊4。

酸：非共有電子対を受け取るもの（空軌道を持つもの）

塩基：非共有電子対を供給するもの

例：$F_3B + NH_3 \rightleftarrows F_3B-NH_3$

酸：BF_3、塩基：NH_3　　　　　　（図 4.5 参照）

6・1・4　酸・塩基の種類と構造

電離によって 1 個の H^+ を出すものを一塩基酸、2 個出すものを二塩基酸などと呼び、また 1 個の OH^- を出すものを一酸塩基、2 個出すものを二酸塩基などと呼ぶ＊5。主な酸・塩基の構造と電離式を**表 6・1** に示す。

6・2　酸・塩基の強弱

6・2・1　電解質と電離

酸や塩基のようにイオンに分解することのできる物質を一般に**電解質**といい、イオンに分解することを**電離**という。

A　電離度と電離定数

a モル濃度の酸のうち b モル濃度だけが電離したとしよう。反応の量的関係は下式のようになる。このとき、電離する前の酸の濃度 a と電離した分の濃度 b の比を電離度 α という。全ての電解質が完全に電離したときの電離度は 1 となる。電離度が 1 に近いほど電離が完全であることを示す。また、この反応の平衡定数 K を電離定数という。

$$\underset{a-b}{HA} \rightleftarrows \underset{b}{H^+} + \underset{b}{A^-}$$

$$\alpha = \frac{b}{a} \qquad K = \frac{b^2}{a-b} = \frac{a\alpha^2}{1-\alpha}$$

B　水のイオン積

水はわずかであるが電離して H^+ と OH^- になっている。この両者の濃度の積を水の**イオン積** K_w という。K_w は温度が一定ならば常に一定であり、25 ℃ で 10^{-14}（mol L^{-1}）^{2} である＊6。

$$H_2O \rightleftarrows H^+ + OH^-$$

$$[H^+][OH^-] = K_w = 10^{-14}(\text{mol } L^{-1})^2$$

6・2・2　酸・塩基の強弱

酸・塩基には強弱がある。例えば、塩酸 HCl は強酸であるが、酢酸

CH_3COOH は弱酸である。酸・塩基の強弱は、電離して放出する H^+、OH^- の濃度による。すなわち、電離度あるいは電離定数の大きい酸・塩基が強いことになる。

A　酸の電離定数

酸 HA の電離式 (1) の平衡定数に水の濃度 $[H_2O]$ を掛けたものを**酸の電離定数** K_a という。K_a が大きいほど強酸である。

$$HA + H_2O \rightleftharpoons H_3O^+ + A^- \qquad (1)$$

$$K = \frac{[H_3O^+][A^-]}{[HA][H_2O]} \qquad K_a = K[H_2O] = \frac{[H_3O^+][A^-]}{[HA]}$$

しかし、K_a の値は大小の幅が大きく、桁が異なることが多いので対数 ($\log K_a$) で表した方が便利である。また、K_a の値は 1 より小さいものが多いので、対数の多くの値はマイナスになる。そこで、あらかじめマイナスを掛けて、多くの数値をプラスとして表すことにする。このようにして表した指標を pK_a（**酸の電離指数**）という[*7]。

$$pK_a = -\log K_a$$

pK_a の値の小さい酸が強酸ということになる（**図 6・1**）。

*7　pK_a の読み方はピー・ケー・エーである。pK_b も同様。

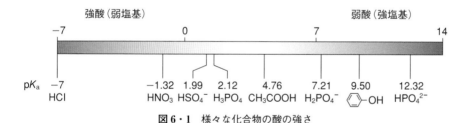

図 6・1　様々な化合物の酸の強さ

B　塩基の電離定数

塩基に対しても同様に、**塩基の電離定数** K_b と pK_b（**塩基の電離指数**）が定義される。酸 HA の共役塩基 A^- の K_b は下式のようになる。したがって HA の K_a と A^- の K_b の積は水のイオン積に等しくなる。また、pK_a と pK_b の和は 14 となる。したがって、K_a、K_b のどちらかがわかれば、もう片方は自動的に求まることになる。

$$A^- + H_2O \rightleftharpoons HA + OH^-$$

$$K = \frac{[HA][OH^-]}{[A^-][H_2O]} \qquad K_b = K[H_2O] = \frac{[HA][OH^-]}{[A^-]}$$

$$\therefore K_a \times K_b = \frac{[H_3O^+][A^-]}{[HA]} \times \frac{[HA][OH^-]}{[A^-]} = [H_3O^+][OH^-] = K_w$$

*8　pK_a、pK_bはそれぞれ、酸、塩基そのものの強さを表す。すなわちpK_a値が小さい酸はH^+を放出する傾向（力）が強いので強酸であり、pK_b値が小さい塩基はOH^-を放出する力が強いので強塩基である。

　それに対してpHは、酸、塩基の溶けている溶液中のH^+の濃度を表す。したがって、強酸でも少ししか溶けていなければpH値は大きく（弱い酸性に）なり、弱酸でもたくさん溶けていればpH値は小さく（強い酸性に）なる。

*9　「ピーエイチ」と読むことになっているが、かつてはドイツ式の読み方で「ペーハー」といっていた。

C　塩基の強度表現

　最近、塩基の強度もpK_aで表すことが多くなった。これは、塩基Bの共役酸BH^+の強度でBの塩基としての強度を表そうというものである。したがってBH^+が電離しにくいほど、すなわち弱酸であるほどBは強塩基であることになる。つまり、pK_aが大きいほど強塩基ということになる*8。

6・3　酸性・塩基性

　水素イオン濃度$[H^+]$と水酸化物イオン濃度$[OH^-]$が等しい溶液を**中性**という。それに対して、$[H^+]$が$[OH^-]$より高い溶液を**酸性**、反対に$[OH^-]$が$[H^+]$より高い溶液を**塩基性**という（**図6・2**）。酸性・塩基性の程度を表す指標を水素イオン指数pH*9という。

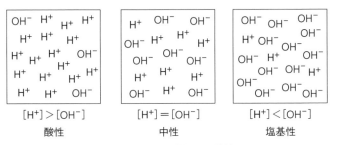

$[H^+] > [OH^-]$	$[H^+] = [OH^-]$	$[H^+] < [OH^-]$
酸性	中性	塩基性

図6・2　酸性・中性・塩基性

6・3・1　水素イオン濃度

　先にみたように水のイオン積K_wは一定であり、中性の水ではH^+とOH^-の濃度は等しいのだから、それぞれの濃度は$[H^+] = [OH^-] = \sqrt{10^{-14}\,(mol\,L^{-1})^2} = 10^{-7}\,mol\,L^{-1}$となる。

　中性の水に酸が加われば$[H^+]$は上昇し、塩基が加われば$[OH^-]$が上昇する。したがって酸性とは$[H^+]$が$10^{-7}\,mol\,L^{-1}$より高い状態であり、塩基性とは$[OH^-]$が$10^{-7}\,mol\,L^{-1}$より高い状態ということになる（**図6・3**）。

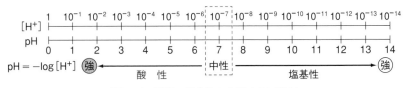

図6・3　酸性・塩基性と水素イオン濃度

6・3・2 水素イオン指数

$[H^+]$ と $[OH^-]$ の積は水のイオン積として一定なので、$[H^+]$ がわかれば $[OH^-]$ もわかる。したがって、溶液が酸性か塩基性かを知るためには $[H^+]$ か $[OH^-]$ のどちらかを知ればよいことになるが、化学では $[H^+]$ で表示することに約束されている。それが水素イオン指数 pH の原点である。

6・2 節で見た酸の電離定数 K_a と同様に $[H^+]$ の値の振れは大きく、しかも 1 より小さい。したがって、$[H^+]$ の対数の値にマイナスを付けた $-\log[H^+]$ で表すのが便利ということになる。これが水素イオン指数 pH の定義（$pH = -\log[H^+]$）である。

6・3・3 酸性・塩基性と pH

溶液の酸性・塩基性と pH の関係を簡単にまとめておこう。

① 中性の溶液は pH＝7 である。

② 酸性の溶液は pH＜7 である。

③ 塩基性の溶液は pH＞7 である。

④ pH の値が 1 違うと H^+ の濃度は 10 倍異なる。

⑤ 弱酸・弱塩基の濃度が変化しても pH は大きく変化しないが、強酸・強塩基の濃度が変化すると pH は大きく変化する。

酸性・塩基性の物質例を図 6・4 に示す[*10,11]。

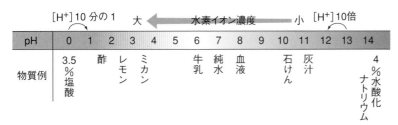

図 6・4 酸性・塩基性の物質の例

6・4 中和と塩

酸と塩基の間に起こる反応を一般に**中和**（反応）といい、生成物のうち、水以外のものを**塩**という。

6・4・1 中和反応

酸と塩基の間に起こる反応を中和（反応）という[*12]。塩酸 HCl のような一塩基酸と水酸化ナトリウム NaOH のような一酸塩基との間の中和なら、水とともに塩化ナトリウム NaCl を生成する。このとき生成した

*10 灰汁が塩基性なのは次の理由による。すなわち、植物には有機物のほかに各種のミネラルが含まれる。ミネラルには金属が含まれ、植物の三大栄養素のカリウムはその典型である。植物が燃えると有機物は二酸化炭素と水になって揮発し、ミネラルの酸化物が残る。これが灰であり、中にはカリウムの炭酸化合物 K_2CO_3 なども含まれる。そしてこれが水に溶けると代表的な強塩基である水酸化カリウム KOH となる。そのため、灰汁は塩基性なのである。

*11 酸性食品、塩基性食品（アルカリ性食品）はそれぞれ、その食品が燃焼（代謝）した後に残る残渣の性質で決めるものである。野菜は植物なので側注 10 で見たように残渣は塩基性であり、そのため塩基性食品と呼ばれる。それに対してタンパク質を構成するアミノ酸には窒素、硫黄などが含まれ、それらの酸化物は水に溶けると硝酸や硫酸などの酸となる。そのため肉類は酸性食品となる。

*12 中和反応は一般に発熱を伴う激しい反応なので、反応を行うときには注意が必要である。

物質のうち、水以外の物質を一般に塩という。

$$HCl + NaOH \rightleftarrows \underset{塩}{NaCl} + H_2O$$

塩を水と反応させると、元の酸と塩基を生じるが、この反応を特に（塩の）**加水分解**という[*13]。

A　酸性塩

硫酸 H_2SO_4 のような二塩基酸と一酸塩基である NaOH を 1 モルずつ反応させると $NaHSO_4$ が生成し、これを加水分解すると H^+ を発生する。このように H^+ となることのできる H を持つ塩を特に酸性塩という。しかし、H_2SO_4 1 モルに対して NaOH 2 モルを反応させれば Na_2SO_4 を生じるが、これは H^+ となることのできる H を持っていない。このような塩を正塩という。NaCl は正塩の一種である。

$$H_2SO_4 + NaOH \rightleftarrows \underset{酸性塩}{NaHSO_4} + H_2O$$

$$H_2SO_4 + 2\,NaOH \rightleftarrows \underset{正塩}{Na_2SO_4} + 2\,H_2O$$

B　塩基性塩

上と反対に、二酸塩基である $Ca(OH)_2$ と一塩基酸である HCl を 1 モルずつ反応させれば $Ca(OH)Cl$ を生じるが、これは加水分解によって OH^- を発生する。このような塩を塩基性塩という。

$$Ca(OH)_2 + HCl \rightleftarrows \underset{塩基性塩}{Ca(OH)Cl} + H_2O$$

$$Ca(OH)_2 + 2\,HCl \rightleftarrows \underset{正塩}{CaCl_2} + 2\,H_2O$$

6・4・2　塩の性質

弱酸である炭酸 H_2CO_3 と強塩基である NaOH を 1 モルずつ反応させて得られる塩である炭酸水素ナトリウム $NaHCO_3$ は、H^+ となることのできる H を持っているので酸性塩である。しかし、このものを加水分解すると強塩基の NaOH と弱酸の H_2CO_3 が生成するので、溶液は塩基性となる。このように、塩の分類である"酸性塩"、"塩基性塩"と、その水溶液の性質（酸性・塩基性）の間には関係がないことに注意しなければならない。

一般に、塩はそれを生じた酸と塩基のうち、強い方の性質を受け継ぐ。すなわち、強酸と弱塩基の間にできた塩は酸性であり、弱酸と強塩基の間にできた塩は塩基性である。そして強酸と強塩基、弱酸と弱塩基の間にできた塩は中性である（**表6・2**）。

*13　一般に加水分解という反応には、エステルの加水分解、アミドの加水分解など、いろいろの種類がある。

エステルの加水分解

$CH_3COOCH_2CH_3 + H_2O$
　酢酸エチル

$\rightarrow CH_3COOH +$
　　　酢酸

　　　　CH_3CH_2OH
　　　　エタノール

アミドの加水分解

$CH_3CONHCH_2CH_3 + H_2O$
　エチルアセトアミド

$\rightarrow CH_3COOH +$
　　　酢酸

　　　$CH_3CH_2NH_2$
　　　エチルアミン

表6・2　酸・塩基の強弱とその組合せが作る塩の性質

酸	塩基	塩
強	弱	酸性
弱	強	塩基性
強	強	中性
弱	弱	中性

6・4・3 緩衝液

水に酸を加えれば pH は下がって酸性となり、塩基を加えれば pH が上がって塩基性となる。ところが、酸を加えようと、塩基を加えようと、pH のほとんど変化しない溶液がある。このような溶液を**緩衝液**といい、生体の体液はほとんどが緩衝液となっている[*14]。

緩衝液は一般に大量の弱酸と大量のその塩、あるいは大量の弱塩基と大量のその塩の溶液となっている。例として酢酸（弱酸）CH_3COOH と酢酸ナトリウム（塩）CH_3COONa からなる緩衝液を見てみよう。

酢酸は弱酸なのでほとんど電離しない。一方、酢酸ナトリウムは塩なので電離して酢酸イオン CH_3COO^- とナトリウムイオン Na^+ になる。この溶液に酸（H^+）を加えると CH_3COO^- と反応して CH_3COOH となる。すなわち H^+ は消失する。一方、塩基（OH^-）を加えると CH_3COOH が反応して CH_3COO^- になる。すなわち OH^- は消失する。

$$\begin{cases} CH_3COOH \rightleftharpoons CH_3COO^- + H^+ \\ CH_3COONa \longrightarrow CH_3COO^- + Na^+ \end{cases}$$

H^+ を加える　　$CH_3COO^- + H^+ \longrightarrow CH_3COOH$

OH^- を加える　　$CH_3COOH + OH^- \longrightarrow CH_3COO^- + H_2O$

Column　HSAB 理論

ルイスの定義による酸と塩基が反応するとき、反応しやすい組合せと反応しにくい組合せがある。このとき、酸と塩基のどのような組合せが反応しやすいかを見分ける理論を HSAB（hard and soft acid and base）理論という。

この理論によれば
「酸、塩基にはそれぞれ硬いものと軟らかいものがあり、
○硬いもの同士、軟らかいもの同士は反応しやすいが、
○硬いものと軟らかいものは反応しにくい」
ことになる。硬いもの、軟らかいものはそれぞれ**表**にまとめた通りであるが、一般に
○電子雲の厚いものは軟らかく、
○電子雲の薄いものは硬い　と考えられる。

これは、厚い電子雲は変形しやすいので共有結合しやすく、軟らかいもの同士は共有結合で結合し、

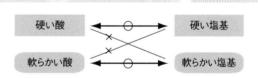

○：反応しやすい　×：反応しにくい

	酸	塩基
硬 い	H^+, BF_3, Mg^{2+}, Ca^{2+}	F^-, $R-NH_2$, H_2O
軟らかい	Cu^+, Cu^{2+}, BH_3	I^-, R_2S, CN^-

反対に薄いもの同士はイオン結合で結合することに由来するものである。

　このような機構によって、系に加えられた H^+、OH^- が消費されるので pH が変化しないのである。

6・5　酸化・還元と酸化数

　酸化・還元は化学反応の中でも最も基本的で重要なものの一つである[*15]。

6・5・1　日本語の酸化・還元

　酸化・還元は単純な反応であり、概念であるが、時に紛らわしいこともある。その原因の一つは日本語にある。

　①「包丁が酸化して錆びた。」

　②「酸素が包丁を酸化した。」

　いずれも日本語では正しい語法である。しかし"酸化する"という動詞が ① では自動詞、② では他動詞として使われている。これでは「鉄が酸化した」といった場合、「鉄が（自分で勝手に）酸化して錆びた」のか、それとも、「鉄がほかの物を酸化した（錆びさせた）」のかわからない。このような状態で科学的な議論などできようはずがない。

　そこで、科学的な議論では"酸化する"はもっぱら他動詞として用いることにする。すると ① は「包丁（鉄）が酸化されて錆びた」と受動態で表現されることになる。

6・5・2　酸　化　数

　酸化・還元を機械的に理解するには、酸化数を用いるのがよい。酸化数はイオンの価数に似ているが異なる点もある。酸化数は次のようにして決める。

① 単体[*16]を構成する原子の酸化数は 0 である。

　例：H_2 の H、O_2 の O、O_3 の O、ダイヤモンド、グラファイトの C の酸化数はいずれも 0 である。

② 分子中の H、O の酸化数はそれぞれ原則的に 1、-2 である（ただし例外もある[*17]）。

③ イオンの酸化数はその価数に等しいとする。

　例：Na^+ (1)、Fe^{2+} (2)、Fe^{3+} (3)、Cl^- (-1)、O^{2-} (-2)。

　鉄 Fe の例でわかるように、同じ原子が複数個の酸化数をとることがある。炭素、窒素、硫黄などは特にたくさんの酸化数をとることができる。

④ 共有結合した二原子分子では、電気陰性度の大きい原子に 2 個の結

[*15]　酸化・還元は酸素の授受で表現されることが多いが、正確には電子の授受で表現するのがよい。また、水素の授受で表現することもできる。
次の場合に「A は酸化された」という。
① A が酸素と結合して酸化物 AO となった場合。
② A が電子を失って陽イオン A^+ となった場合。
③ 水素化物 AH が H を失って A となった場合。
同様に次の場合、「A は還元された」という。
① 酸化物 AO が酸素を失って A となった場合。
② A が電子を受け取って陰イオン A^- となった場合。
③ A が水素と反応して水素化物 AH となった場合。

[*16]　単体とは、同じ元素だけからできた分子をいう。O_2（酸素分子）、O_3（オゾン分子）はともに単体である。そして同じ元素の単体同士を互いに同素体という。すなわち、O_2 と O_3 は互いに同素体である。
　グラファイト（黒鉛）とダイヤモンド、C_{60} フラーレン、カーボンナノチューブなどは全て炭素の単体であり、互いに同素体である。

[*17]　水素、酸素の酸化数の主な例外は、NaH, CaH_2：H の酸化数 $= -1$、H_2O_2：酸素の酸化数 $= -1$、などである。

合電子が属するものとして ③ に則して決める。

例1 BrI：電気陰性度の大きいのは Br である。したがって Br に 2 個の結合電子を付与すると、Br は原子状態より電子が 1 個過剰になるので Br^- となり、したがって酸化数 $= -1$ となる。反対に I は電子が 1 個不足の I^+ となるので酸化数 $= 1$ となる。

例2 NaH：Na と H では H の方が電気陰性度が大きい。したがって上と同様に考えて酸化数は $H = -1$、$Na = 1$ となる。水素の酸化数が -1 となる少ない例の一つである。

⑤ 電気的に中性な分子を構成する全原子の酸化数の総和は 0 である。

この規則を用いると酸化数未知の原子の酸化数を求められる。

例1 HNO_3 の N の酸化数を求めよ：N の酸化数を X とすると、② を用いて $1 + X + (-2) \times 3 = 0$ となり、$X = 5$ となる。

例2 イオン MnO_4^- の Mn の酸化数：方程式は次のようになる。
$$X + (-2) \times 4 = -1 \quad \therefore \quad X = 7$$

6・6 酸化・還元と酸化剤・還元剤

酸化・還元は酸素との反応だけに定義されるものではない。原子の酸化数が変化する反応は全てが酸化還元反応の一種である。

6・6・1 酸化数と酸化・還元

酸化数が増加したとき、その原子は酸化されたといい、酸化数が減少したとき還元されたという。

A 酸素との反応

$$C + O_2 \longrightarrow CO_2$$

上の反応で炭素の酸化数は 0 から 4 に増加している。したがって酸素との結合によって炭素原子は酸化される。

$$CO_2 \longrightarrow C + O_2$$

上の反応で炭素の酸化数は 4 から 0 に減じている。したがって酸素を失うことは還元されることである。

B 水素との反応

$$C + 2H_2 \longrightarrow CH_4$$

上の反応で炭素の酸化数は 0 から -4 に減じている。したがって水素との結合によって炭素原子は還元される。

$$CH_4 \longrightarrow C + 2H_2$$

上の反応で炭素の酸化数は -4 から 0 に増加している。したがって水

素を失うことは酸化されることである。

C　電子の増減

$$Cl + e^- \longrightarrow Cl^-$$

上の反応で塩素の酸化数は 0 から −1 に減じている。したがって電子を受け入れることは還元されることである。

$$Na \longrightarrow Na^+ + e^-$$

上の反応でナトリウムの酸化数は 0 から 1 に増加している。したがって電子を失うことは酸化されることである。

6・6・2　酸化剤と還元剤

A が B を酸化したとき、A は酸化剤と呼ばれる。また、B が A を還元したとき、B は還元剤と呼ばれる。

$$Fe_2O_3 + 2Al \longrightarrow 2Fe + Al_2O_3$$

上の反応はテルミット反応と呼ばれる。この反応で鉄は酸素を失って還元され、アルミニウムは酸素を得て酸化されている。鉄の酸素を奪ったのはアルミニウムなので、アルミニウムは還元剤である。一方、アルミニウムに酸素を送ったのは鉄なので、鉄は酸化剤ということになる[18]。

*18　テルミット反応は簡単な設備で高温で進行し、純粋な熔融鉄を生成する反応なので、昔から鉄道レールの溶接などに使われた。

ドーゾ

ワルイワネ

プレゼント授受
＝
酸化還元反応

酸化剤　　　　　還元剤

図 6・5　酸化還元反応 ＝ プレゼント授受

6・6・3　酸化・還元、酸化剤・還元剤

テルミット反応で見るように、酸化（$Al \to Al^{3+}$）と還元（$Fe^{3+} \to Fe$）は同時に起こっている。また、酸化剤（Fe^{3+}）は相手を酸化すると同時に自分は還元されており、還元剤（Al）は相手を還元すると同時に自分は酸化されている。

テルミット反応は、反応としては「Fe_2O_3 から Al に酸素が移動した」というただ一つの単純な現象である。しかし、これを酸化・還元という立場で見ると、酸化・還元が同時に起こり、酸化剤と還元剤が同時に発生しているのである。

これは A 君から B 子さんへのプレゼント（O_2）の贈与に見立てることができる[19]（**図 6・5**）。この行為において、B 子さんに酸素を与えた A 君は酸化剤であって B 子さんを酸化し、反対に A 君から酸素を奪った（もらった）B 子さんは還元剤であり A 君を還元しているのである。

6・6・4　生体と酸化・還元

　酸化・還元は生体において重要な働きをしている[20]。植物の光合成は、せんじ詰めれば二酸化炭素が糖に変化する反応であり、この際の炭素の平均酸化数は、二酸化炭素 CO_2 の 4 から糖（グルコース $C_6H_{12}O_6$）の 0 に減じている。すなわち還元されているのである。

　$C_6H_{12}O_6$：C の平均酸化数を X とすると　$6X + 12 + (-2) \times 6 = 0$

$$\therefore X = 0$$

この反応において、植物は低エネルギーの二酸化炭素を高エネルギーの糖に変えることによって太陽光エネルギーを貯蔵していることになる。反対に呼吸作用においては、糖の炭素を二酸化炭素に酸化し、貯蔵したエネルギーを放出しているのである（**図6・6**）。

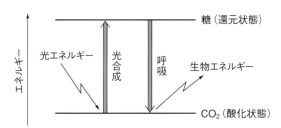

図6・6　光合成と呼吸のエネルギー変化

6・7　イオン化と酸化・還元

　元素はイオン化する。イオン化は電子の放出（陽イオン化）か受容（陰イオン化）である。すなわち電子の授受であり、前節で見たように酸化還元反応である。

6・7・1　金属のイオン化[21]

　硫酸水溶液（希硫酸）H_2SO_4 に亜鉛板 Zn を入れると発熱して亜鉛板は溶け出し、気泡が発生する。この気泡は水素ガス H_2 である。この現象は次のように説明される（**図6・7**）。

① Zn が Zn^{2+} となって硫酸中に溶け出す（Zn が酸化された）。

$$Zn \longrightarrow Zn^{2+} + 2e^-$$

② このとき余分のエネルギーが熱として放出された。

③ Zn によって放出された電子を硫酸の H^+ が受け取って H_2 となる（H^+ が還元された）。

$$2H^+ + 2e^- \longrightarrow H_2$$

*19　この行為は"贈与"と"受容"という二つの行為のようにも見えるが、実際に行われているのは「プレゼントの移動」というただ一つの行為である。酸化・還元も同様である。「酸素の移動」というただ一つの現象が、受け取る側は酸化され、送る側は還元される、と表現されるだけなのである。

*20　エタノール（アルコール）は、体内で酸化されるとアセトアルデヒド、酢酸を経由して二酸化炭素となる。このアセトアルデヒドが有害で、二日酔いの元となる。メタノールが酸化されると強毒性のホルムアルデヒドになるので、体内に入ると生死にかかわる事態となる。

*21　金属イオンの中には色を持っている物がある。主な物をあげる。
Fe^{3+}（黄褐色）、Ni^{2+}（緑色）、Mn^{2+}（淡桃色）、Cr^{3+}（緑色）、CrO_4^{2-}（黄　色）、$Cr_2O_7^{2-}$（赤橙色）、MnO_4^-（赤紫色）、MnO_4^{2-}（暗緑色）。

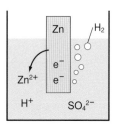

$$Zn \longrightarrow Zn^{2+} + 2e^-$$
$$2H^+ + 2e^- \longrightarrow H_2$$

図6・7　亜鉛と希硫酸の反応

6・7・2　イオン化傾向

　硫酸銅 $CuSO_4$ の青い水溶液に亜鉛板 Zn を入れると発熱して亜鉛板が溶け出し、しばらくたつと溶液の青色が薄くなり、亜鉛板の表面が赤くなってくる。この現象は次のように説明される（**図6・8**）。

① Zn が Zn^{2+} となって溶液中に溶け出す（Zn が酸化された）。

$$Zn \longrightarrow Zn^{2+} + 2e^-$$

② このとき余分のエネルギーが熱として放出された。

③ Zn によって放出された電子を硫酸銅の Cu^{2+} イオン（青色）が受け取って金属銅 Cu（赤色）となって亜鉛板上に析出する（Cu^{2+} が還元

Column　溶解のエネルギー

　金属に限らず、結晶が水に溶けるときには、水酸化ナトリウム NaOH のように発熱するものと[†]、硝酸ナトリウム $NaNO_3$ のように吸熱するものがある。このように溶解に伴って出入りする熱（エネルギー）を溶解熱（溶解エネルギー）という。このエネルギーはどのような機構によって発生するのだろうか。

[†]　硫酸や水酸化ナトリウムの溶解時には激しい発熱が起こるので、実験には充分な注意が必要である。吸熱性の溶解反応は簡易冷却パッドなどに用いられている。

　図Ⅰ、**Ⅱ**はそれを明らかにしたものである。電解質結晶の溶解の機構は二つの過程に分けて考えることができる。

① 結晶の崩壊（格子破壊エネルギー）：吸熱過程
② イオンの水和（水和エネルギー）：発熱過程

　水和とは、イオンが水と分子間力で結合し、安定化する過程である。溶解エネルギーはこの二つの過程のエネルギーの総和として現れる。図Ⅰの場合には水和エネルギー（の絶対値）が大きいために全体として安定化するので発熱し、Ⅱの場合には反対に吸熱となったものである。

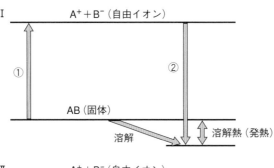

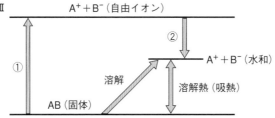

図　溶解のエネルギー関係
　　（発熱反応・吸熱反応）

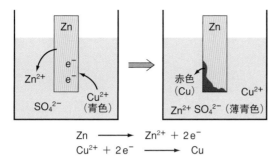

$$\text{Zn} \longrightarrow \text{Zn}^{2+} + 2\,\text{e}^-$$
$$\text{Cu}^{2+} + 2\,\text{e}^- \longrightarrow \text{Cu}$$

図6・8 亜鉛と銅のイオンになりやすさの比較

された)。

$$\text{Cu}^{2+} + 2\,\text{e}^- \longrightarrow \text{Cu}$$

　この反応において亜鉛は Zn から Zn^{2+} に酸化され、反対に銅は Cu^{2+} から Cu に還元された。このことは、Zn と Cu を比べると、Zn の方がイオンになりやすい、すなわち酸化されやすいことを示すものである。このことを、亜鉛が銅よりイオン化傾向が大きいという。

　同様の実験を各種の金属について行うと、金属間のイオン化傾向の大小関係を明らかにすることができる。金属をイオン化傾向の順に並べたものをイオン化列（**図6・9**）という[22]。

$$\text{Li} > \text{K} > \text{Ca} > \text{Na} > \text{Mg} > \text{Al} > \text{Zn} > \text{Fe} > \text{Cd} > \text{Ni} > \text{Sn} > \text{Pb}$$
$$> (\text{H}_2) > \text{Cu} > \text{Hg} > \text{Ag} > \text{Pt} > \text{Au}$$

図6・9　主な金属元素についてのイオン化列[23]

*22　イオン化傾向の順は、溶液の濃度など、測定条件によっても変化する。したがって、イオン化列は一つの目安として認識されるべきである。

*23　H（水素）は金属ではないが基準を示すものとして入れてある。

演 習 問 題

1. 次の溶液の pH を計算せよ。
   A　塩酸の $10^{-3}\,\text{mol L}^{-1}$ 水溶液　　　B　水酸化ナトリウムの $10^{-3}\,\text{mol L}^{-1}$ 水溶液

2. リン酸 H_3PO_4 と水酸化カルシウム Ca(OH)_2 の間に生じる正塩の示性式（8・1・1項参照）を示せ。

3. 次の分子における炭素の酸化数を計算し、酸化数の大きいものから順に不等号もしくは等号をつけて並べよ。

   CH_4　CH_3OH　CH_2O　HCOOH　CO　CO_2

4. $2\,\text{Na} + \text{Cl}_2 \longrightarrow 2\,\text{NaCl}$
   上の反応において、酸化されたもの、還元されたものはそれぞれどれか。また酸化剤、還元剤として働いたものはそれぞれどれか。

5. 硫酸に亜鉛板を漬ける実験で、溶液内に存在して電子を受け取ることのできる陽イオンには Zn^{2+} と H^+ の二種類が存在する。しかし、実際に電子を受け取るのは H^+ だけである。その理由を説明せよ。

第7章 反応速度と自由エネルギー

化学反応には、数秒で完結する速いものも、何年もかかる遅いものもある。化学反応の速度を反応速度という。化学反応は、出発物質が生成物に変化するだけの現象ではない。その途中には複雑な原子の組換えとエネルギーの変化がある。そのような過程を明らかにすることによって、化学反応をより詳細に解析しようとするのが反応速度論である。

また、原子、分子はエネルギーの塊と見ることもでき、化学反応だけでなく、結晶、液体、気体などの状態の変化にもエネルギー変化が付随する。このような化学変化に伴うエネルギー変化を明らかにするのが化学熱力学であり、そこで重要な働きをするのが自由エネルギーと呼ばれる量である。

7・1　基本的な反応

反応速度の表現法はいろいろあるが、視覚的には濃度変化のグラフ、定量的には反応速度式で表すのが便利である。

7・1・1　反応速度と濃度変化

反応 A→B は最も単純で基礎的な反応であり、**素反応**と呼ばれる。この反応において反応開始時に系内に存在するのは A だけであり、時間が経つと B が増加し、最終的には全てが B になる。その濃度変化は**図7・1**の通りである。A、B の濃度をそれぞれ [A]、[B]、反応開始時の A の濃度（初濃度）を $[A]_0$ とすると、常に $[A] + [B] = [A]_0$ となる。

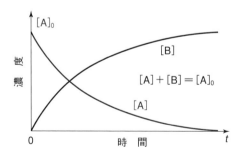

図7・1　反応に伴う [A] と [B] の変化

速い反応とは、[A] の減少速度あるいは [B] の増加速度の速い反応のことである。

7・1・2　反応速度式

反応速度は、（反応）速度式を用いて表すと解析的に便利である。

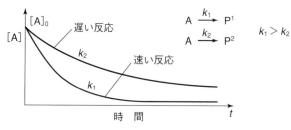

図7・2　速い反応と遅い反応

反応 A→B の反応速度は A の減少速度を用いて下の式 (1) で表されることが多い。この式を**速度式**といい、比例定数 k を**速度定数**という。k の大きい反応が速い反応である（**図7・2**）[*1]。このように速度式が濃度の一次式で表される反応を**一次反応**という（反応 A→B が常に一次反応とは限らない）。

$$A \longrightarrow B \qquad v = \frac{d[B]}{dt} = -\frac{d[A]}{dt} = k[A] \qquad (1)$$

一方、反応 $2A \rightarrow C$ の速度式は式 (2) で表されることが多い。このように速度式が濃度の二次式で表される反応を**二次反応**という。反応 A＋B →D の速度式は式 (3) で表されることが多く、これも二次反応である。

$$2A \longrightarrow C \qquad v = \frac{d[C]}{dt} = -\frac{1}{2}\frac{d[A]}{dt} = k[A]^2 \qquad (2)$$

$$A + B \longrightarrow D \qquad v = \frac{d[D]}{dt} = k[A][B] \qquad (3)$$

7・1・3　半減期

一次反応 A→B は、出発分子 A が自分で勝手に壊れていく反応であり、相手を要しない反応である[*2]。この反応では時間の経過とともに A の濃度は減少し、そのグラフは**図7・3**のようになる。ここで、[A] が初濃度 $[A]_0$ の半分になるのに要する時間を半減期 $t_{1/2}$ という。時間がさ

*1　一般に触媒は反応の速度定数 k を変化させる物質である。反応を遅くする触媒を触媒毒ということがある。触媒の効果は大きく、中には触媒がないとまったく起こらない反応もある。また、次ページで見る逐次反応のように、何段階にもわたる反応を一段階で片づけてしまう触媒もある。

*2　原子核崩壊は典型的な一次反応であり、半減期は図7・3のようになる。放射性同位体の半減期は 10 のマイナス数乗秒（10^{-n} 秒）という短いものから、1000 億年という長いものまで千差万別である。

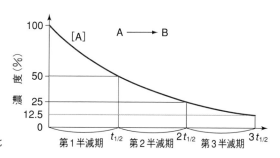

図7・3　一次反応の反応速度の変化

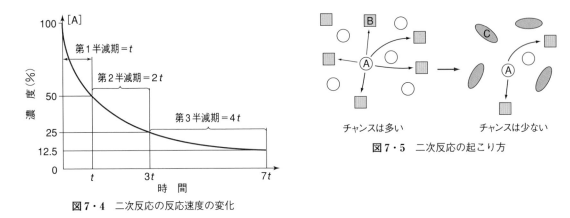

図7・4　二次反応の反応速度の変化

図7・5　二次反応の起こり方

らに半減期だけ経過すると［A］は1/2の1/2、すなわち1/4となる。半減期は反応速度を調べるのに便利な数値である。

　二次反応では濃度変化は**図7・4**のようになり、半減期は時間の経過とともに長くなる。すなわち第1半減期＜第2半減期＜第3半減期である。これは、A＋B→Cの反応で、最初のうちはAの周囲にはたくさんのBが存在するので出会うチャンスが多く、反応は速く進行するが、時間が経つと、Bは反応してCになり、Aの周りに存在するBが少なくなって出会うチャンスが少なくなるからである（**図7・5**）[*3]。

*3　歳をとると結婚のチャンスが少なくなるのと同じことである。結婚は二次反応である。

7・2　複合反応

　複数個の素反応が組み合わさった反応を一般に複合反応という。有機化学反応や生化学反応には複合反応が多い。複合反応には多くの種類がある。主なものを見てみよう。

7・2・1　逐次反応（多段階反応）

　反応 A→B→C→… のように、素反応が次々と連続する反応を**逐次反応**あるいは**多段階反応**という。多くの有機化学反応や生化学反応はこのような反応である。各段階の素反応はそれぞれ独立した反応であり、その速度定数 k_n も独立である。

A　律速段階

　各段階の速度が異なるとき、逐次反応全体の反応速度はどの段階の反応によって決められるのだろうか？

　例えば、第1段階は1秒で終了する速い反応であり、第2段階は1分で終了するとする。しかし第3段階は1時間かかったとしよう。この場合、全体の反応時間は1時間1分1秒であり、全体の時間を大筋で決定

しているのは最も遅い第3段階である。このように、逐次反応で全体の速度を決定するのは最も遅い段階であり、この段階を速度を律するという意味から**律速段階**という[4]（**図7・6**）。

1時間1分1秒

A —1秒→（最速） B —1分→ C —1時間→（最遅）律速段階 D

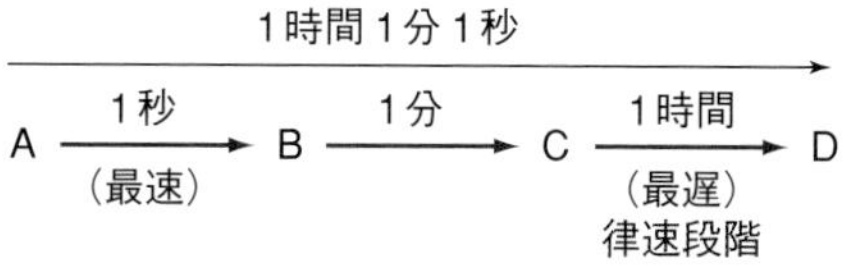

図7・6 反応の律速段階

B 濃度変化

逐次反応 A→B→C における濃度変化を考えてみよう。この場合には二つの反応 A→B(k_1) と B→C(k_2) の反応速度の違いによって濃度変化が大きく異なることがわかる。

① $k_1 \ll k_2$

濃度変化は**図7・7**のようになる。すなわち、第1段階が遅いので、Bはなかなか生成しない。しかし、ようやく生成したBは、第2段階が速いのでただちにCに変化してしまう。そのため、Bは系内に溜まることがない。このような反応では、Bを無視してA→Cと近似することができる。

② $k_1 \gg k_2$

速い第1段階によって、反応の早い段階でBが系内に溜まる。第2段階の速度は $v = k_2[B]$ で表されるので、Bが系内に溜まってから速度が速くなる。そのため、[B]には極大値が生じる（**図7・8**）。このような反応において、[B]を効率よく（高収率で）得ようとしたら、反応をどの時点で止めるかが重要な問題になる[5]。

*5 一般に有機化学反応は②に従うことが多い。のんびり構えていると、大事な生成物 [B] は消失してしまい、全ての反応出発物（貴重な原料）[A] が不要な最終生成物 [C] になってしまう。会社は大損害である。反応の進行過程を慎重に追跡することが大切である。

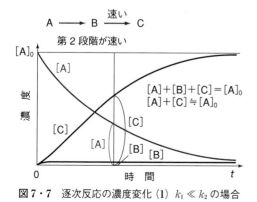

図7・7 逐次反応の濃度変化 (1) $k_1 \ll k_2$ の場合

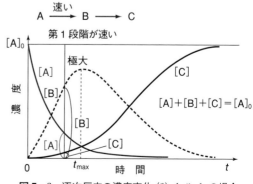

図7・8 逐次反応の濃度変化 (2) $k_1 \gg k_2$ の場合

7・2・2　可逆反応

A⇄Bのように、反応が右向きにも左向きにも進行する反応を**可逆反応**という。それに対して、A→Bのように一方向にしか進行しない反応を**不可逆反応**という。可逆反応においては一般に右向きの反応を正反応、左向きの反応を逆反応という。正反応、逆反応とも独立した素反応なので、それぞれの速度定数$k_正$、$k_逆$は一般に異なる。

A　平衡

可逆反応の濃度変化は一般に**図7・9**に示したようなものとなる。反応開始時は[A]が多いので正反応（$v_正 = k_正[A]$）が有利であり、Aの濃度は減少し、代わりにBが出現する。しかし時間が経つと[B]が増加し、逆反応（$v_逆 = k_逆[B]$）が勢いを増すため[A]が生成し始める。そのため、[B]の増加速度は鈍り、同様に[A]の減少速度も鈍る。

その結果、ある時間が経ったのちには[A]、[B]ともに見かけ上の変化がない状態になる。このような状態を**平衡状態**という。平衡状態は決して変化が起こっていない状態ではなく、変化は起こっているが、見かけ上の変化がない状態のことである[*6]。

B　平衡定数

平衡状態においては正反応と逆反応の速度が等しい。そのため式(1)が成立する。平衡状態において[A]と[B]の比を**平衡定数**Kという。式(1)から、Kは速度定数の比であることがわかる。

$$v_正 = v_逆 = k_正[A] = k_逆[B] \tag{1}$$

$$平衡定数\ K = \frac{[B]}{[A]} = \frac{k_正}{k_逆} \tag{2}$$

*6　国家の人口は平衡状態の数値といえるだろう。すなわち、出生人口と死亡人口の数値がほぼ等しいから人口が（急激には）変化しないのであり、決して誕生、死亡という変化が起こっていないということではない。

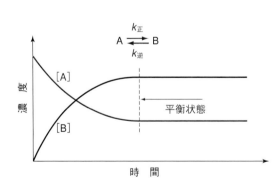

図7・9　可逆反応の濃度変化

7・3 酵素反応の反応速度

酵素反応は鍵（かぎ）と鍵穴の関係で表現される特異性を持っている。反応速度論的にも特有の機構で進行することが知られている。

7・3・1 ミカエリス-メンテン機構

酵素反応の速度論はミカエリスとメンテンによって研究されたので、この反応機構を**ミカエリス-メンテン機構**と呼ぶ。

ミカエリス　Michaelis, L.
メンテン　Menten, M. L.

それは下の反応1に示したものである。すなわち酵素 E と基質 S が反応して複合体 ES を生じるが、この過程は可逆反応である。そしてこのようにして生じた ES の一部が反応、分解して生成物 P と回収酵素 E になるのである（**図7・10**）。E は再び S と反応して同じ反応を何回でも繰り返す。そのため、酵素は少量でも大量の基質を反応させることができるのである[*7]。

*7　ミカエリス定数（後述）が大きいということは複合体 ES ができにくいということであり、これを「基質との親和性が低い」と表現することがある。ミカエリス定数の大きい反応の速度を上げるには基質濃度を高くする必要がある。

$$E + S \underset{k_a'}{\overset{k_a}{\rightleftarrows}} ES \overset{k_b}{\longrightarrow} E + P \qquad 反応1$$

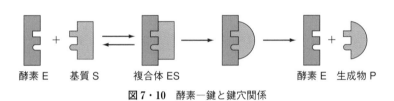

酵素 E　　基質 S　　複合体 ES　　酵素 E　生成物 P

図7・10　酵素—鍵と鍵穴関係

この機構を数学的に解析すると、P の生成速度式として右側注スペースの式 (1) が導出される（本章コラム参照）。ただし、ここで定数 K_m は**ミカエリス定数**と呼ばれ、式 (2) で表されるものである。

$$\frac{d[P]}{dt} = \frac{k_b[E]_0[S]}{K_m + [S]} \quad (1)$$

$$K_m = \frac{k_a' + k_b}{k_a} \quad (2)$$

$$\fallingdotseq \frac{k_a'}{k_a} \quad (3)$$

7・3・2 ミカエリス定数の意味

ミカエリス定数は酵素の性質を反映する重要な定数である[*8]。その意味を考えてみよう。

A　平衡定数との関係

反応1において、第2段階の速度定数 k_b が平衡反応における逆反応の速度定数 k_a' より非常に小さいと仮定すると、K_m は式 (3) となる。これはこの平衡反応の平衡定数の逆数である。すなわち、ミカエリス定数が大きいということは複合体 ES ができにくいということを意味する。したがって K_m の小さい酵素が優れた酵素ということになる。

*8　ミカエリス定数を求めるには、ラインウィーバー-バークの二重逆数プロットと呼ばれるグラフを用いる。それは下図のようなもので、勾配と縦軸の切片からミカエリス定数を求めることができる。

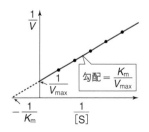

B　反応速度との関係

図7・11 は式 (1) をグラフにしたものである。酵素濃度 [E] を一定にして基質濃度 [S] を増加すると、生成物 P の生成速度は上昇する。しかし酵素濃度が一定なので速度には限界がある。この速度を最大速度 V_{max} という。ここで $K_m =$ [S] とすると、P の生成速度は V_{max} の 1/2 になる。すなわち、K_m は生成物の生成速度を最大速度の半分にまで高めるために必要な濃度であり、K_m が小さいほど優れた酵素ということになる。

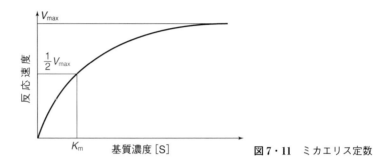

図7・11　ミカエリス定数

7・4　遷移状態と活性化エネルギー

化学反応には、物質変化とエネルギー変化という二つの側面がある。ここでは、反応に伴うエネルギー変化を見てみよう。

7・4・1　反応エネルギー

6・7節のコラムでも見たように、化学変化にはエネルギー変化が伴う。反応 A→B において A が高エネルギー、B が低エネルギーだったとしよう。この場合、反応が進行すると両者のエネルギー差である ΔE が不要となり、系外に放出される。これが発熱反応である。反対に A が低エネルギー、B が高エネルギーの場合には、反応が進行するためには系外から ΔE を取り込まなければならない。これが吸熱反応である。このように、反応に伴って出入りするエネルギーを一般に **反応エネルギー** という。

7・4・2　活性化エネルギー

炭を燃やして熱をとる反応では、出発系 (A に相当) は炭素 C と酸素 O_2 であり、生成系 (B に相当) は二酸化炭素 CO_2 である。そして B より A が高エネルギーなので、ΔE が燃焼熱として放出されるわけである[*9]。

ところで、空気中には充分な酸素があるにもかかわらず、炭を空気中

*9　炭を燃やした (酸化した) 場合に発生する反応エネルギーは熱エネルギーだけではない。炭が赤くなって輝くということは、光エネルギーも発生していることになる。そのほか、周囲の空気が膨張して上昇気流になるための運動エネルギーなど、多様なエネルギーが発生している。これらの総量を反応エネルギーという。

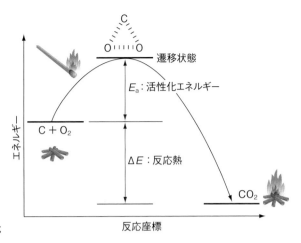

図7・12　炭の燃焼に伴うエネルギー変化

に放置しただけでは炭は燃焼しない。炭を燃焼するためにはマッチで火を着けて熱エネルギーを供給しなければならない。"エネルギーを放出する反応を進行させるためにエネルギーを供給する"というのは自己矛盾ではなかろうか？　なぜ、エネルギーを供給する必要があるのだろう？

図7・12は炭の燃焼に伴うエネルギー変化を表したものである。C＋O_2状態とCO_2状態のエネルギー関係は上で見た通りであり、反応が進行するとΔEが放出される。ところが、この反応が進行するためにはまずエネルギーの高い状態に登らなければならないことがわかる。このためのエネルギーを**活性化エネルギー**E_aという[10]。マッチの火（熱エネルギー）はこの活性化エネルギーを供給するためのものだったのである。しかし、反応が進行するとΔEが放出されるので、ΔEの一部をE_aに充てることができるようになると、外部からのエネルギー供給は不要となる。

活性化エネルギーの大きい反応は進行しにくい反応であり、小さい反応は進行しやすい反応である。

7・4・3　遷移状態

図7・12で山の頂上に当たる部分を**遷移状態**（transition state）という[11]。炭素の酸化では図に示したような三角形構造であろうと考えられる。この状態はO_2の二重結合（のπ結合）は切れかかって不安定であり、C−Oのσ結合も生成途中で不安定である。すなわち、どのような意味でも不安定で高エネルギーなのであり、反応のエネルギーダイヤグラムの極大位置にある。したがって、遷移状態を単離して研究することは原理的に不可能となる。遷移状態の研究は反応速度論による熱力学的解析に頼ることになる。

[10]　陽イオンと陰イオンの間のイオン反応や、ラジカル（遊離基）同士のラジカル反応などでは、活性化エネルギーが観測されないものもある。このような反応では、反応活性種の移動（拡散）速度で反応速度が決定されるので拡散律速反応といわれる。

[11]　結合が生成すると、一般に系のエネルギーは低下して安定化する。遷移状態においては既存の結合は切れかかって弱くなっており、系のエネルギーは上昇している。一方、新しい結合は生成途中で充分な安定性を確保していない。そのため、遷移状態は高エネルギーになる。

＊12 中間体と遷移状態が混
同されることがあるが、充分
な注意が必要である。とはい
うものの、図7・13において、
中間体のエネルギーが低下す
ると、遷移状態 T_1、T_2 のエ
ネルギーも低下する傾向があ
ることは認められている。

一方、二段階反応 A→B→C ではそれぞれの素反応に独立の遷移状態が存在し、そのエネルギー関係は**図7・13**のようになる。この場合、途中の生成物 B を中間体と呼ぶ＊12。図からわかるように、B はエネルギーダイヤグラムの極小位置にある。したがって、単離して研究することは原理的に可能である。このように、中間体と遷移状態は原理的にまったく異なる状態なのである。

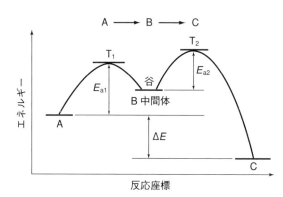

図7・13　二段階反応の遷移状態

7・4・4　触媒反応と活性化エネルギー

触媒とは、自身は反応の前後を通じて変化することはないが、反応の速度を変化させるもの、と定義される＊13。酵素はタンパク質でできた触媒と見ることもできる＊14。

触媒反応のエネルギー関係を**図7・14**に示した。これからわかるように、触媒とは出発系と生成系に影響を与えず、遷移状態を安定化させ、活性化エネルギーを下げる物質なのである。

＊13　速度を遅くするものは
触媒毒と呼ばれることもあ
る。

＊14　酵素が触媒であること
は間違いなかろうが、複合体
ES を遷移状態としたら、そ
れは間違いである。複合体
ES は中間体である。酵素の
反応速度増進作用は、活性化
エネルギーを下げるというよ
りも、複合体 ES において反
応する物質の位置関係を反応
に有利にアレンジすることに
ある。

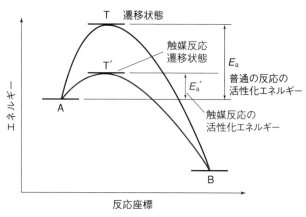

図7・14　触媒反応のエネルギー関係

7・5　反応速度を決めるもの

　スウェーデンの科学者アレニウスは、反応速度の実験を行って活性化エネルギーと速度定数の間に簡単な関係があることを見いだした。これをアレニウスの式という。

7・5・1　アレニウスの式

　式 (1) は**アレニウスの式**といわれるものである（k は反応速度定数）。係数 A は頻度因子と呼ばれるものであり、R は気体定数、T は絶対温度、E_a は活性化エネルギーである。

　式 (1) を対数形に書き直すと式 (2) になり、グラフ化すると**図7・15**になる。このグラフはアレニウスプロットと呼ばれ、活性化エネルギーや頻度因子を求めるのに使われるものである。グラフから、速度定数の対数と絶対温度の逆数の間に比例関係があることがわかる。すなわち、温度が高くなると速度定数は大きくなり、反応速度は速くなるのである[*15]。

$$k = A \exp\left(-\frac{E_a}{RT}\right) \quad (1)$$

A：頻度因子
E_a：活性化エネルギー

$$\ln k = \ln A - \frac{E_a}{R}\frac{1}{T} \quad (2)$$

[*15]　アレニウスの式は、温度 T が高くなると反応速度は速くなることを示している。これから「温度が 10℃ 上がると反応速度は 2 倍になる」というような話が出てくることになる。

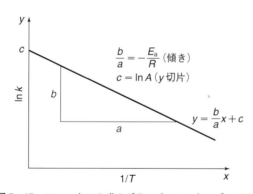

$$\frac{b}{a} = -\frac{E_a}{R} \text{（傾き）}$$
$$c = \ln A \text{（y 切片）}$$
$$y = \frac{b}{a}x + c$$

図7・15　アレニウスの式のグラフ（アレニウスプロット）

7・5・2　化学反応の意味

　化学反応は自動車の衝突事故にたとえることができる。事故の頻度を与えるのが頻度因子 A である。A が大きければ単位時間当たりの衝突回数、すなわち反応速度は速くなる。しかしノロノロ運転の車が衝突しても大した事故にはならず、分子の変形組換えという化学反応には至らない。衝突が反応に至るためには、分子が活性化エネルギー E_a 以上のエネルギーを持っていることが重要である。

7・5・3　ボルツマン分布

　図7・16 は分子エネルギーの**ボルツマン分布**といわれるものであ

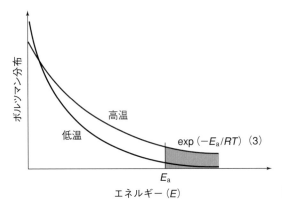

図7・16　分子エネルギーのボルツマン分布

*16　ボルツマン（Boltz-
mann, L. E.；1844-1906 年）
はオーストリアの物理学者。
統計力学の端緒を開いた功績
のほか、電磁気学、熱力学、
数学の研究で知られる。

る[16]。分子集団を考えると、集団を構成する分子は全てが同じエネルギーを持っているわけではない。分子は衝突などによってエネルギーの授受を繰り返し、ある分子は高いエネルギーを持ち、ある分子は低いエネルギーしか持っていない。その割合を表したのがボルツマン分布である。

それによると、分子は低いエネルギーのものほどその割合が大きく、高いエネルギーを持つ分子は少ない。しかしエネルギーの総和は温度によって変化し、温度が高くなると高エネルギーを持つ分子の割合が大きくなる。そしてエネルギー E_a 以上を持っている割合は図7・16の式 (3) で与えられる。

式 (3) はアレニウスの式（前ページの式 (1)）の exp 項に等しい。すなわちアレニウスの式は、「反応速度は衝突頻度と活性化エネルギー以上のエネルギーを持つ分子の割合との積によって決定される」ということを示しているのである。

7・6　エネルギーとエンタルピー

化学変化には、物質変化とエネルギー変化の両側面がある。化学現象をエネルギーの側面から解析する研究分野を（化学）熱力学という。

7・6・1　内部エネルギー

*17　多種類のエネルギー
原子核エネルギー：原子核の
持つエネルギー。陽子と中性
子を結合するエネルギーなど
がある。
電子エネルギー：電子殻や軌
道に入っている電子のエネル
ギー
結合エネルギー：結合を構成
するエネルギー
伸縮振動エネルギー：結合が
伸び縮みすることによるエネ
ルギー
回転エネルギー：結合が回転
することによるエネルギー

原子、分子はエネルギー E の塊である。原子核エネルギー、電子エネルギー、結合エネルギー、結合の伸縮振動エネルギー、回転エネルギーなど、多種類のエネルギー[17]を持つ（**図7・17**）。これらのうち、並進運動に基づく運動エネルギー以外のものの総和を内部エネルギー U と呼ぶ。原子、分子は固有の内部エネルギーを持つが、その種類は多彩であり、その総和の絶対値を知ることは不可能である。しかし内部エネルギー

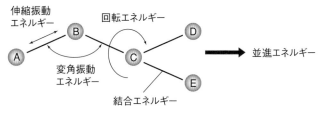

図7・17　原子・分子の多様な内部エネルギー

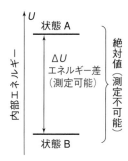

図7・18　内部エネルギーの
絶対値は測定できない

の変化量 ΔU を測定することは可能である（**図7・18**）。

7・6・2　熱力学第一法則

　熱力学の根幹をなす法則が**熱力学第一法則**であり、それは次のような
ものである。

　「熱も仕事もエネルギーの一形態であり、エネルギーの総和は一定不
変である」。この法則の前半は、熱、仕事、エネルギーが同じものである
ことを示し、後半はエネルギー保存則を示している。

　内部エネルギー U_1 のある系が熱 Q を吸収し、それを用いて仕事 W
をし、その結果内部エネルギーが U_2 になったとすると（**図7・19**）、熱力
学第一法則は式 (1) で表される。

$$\Delta U = U_2 - U_1$$
$$= Q - W \qquad (1)$$
$$\Delta U = Q \qquad (2)$$

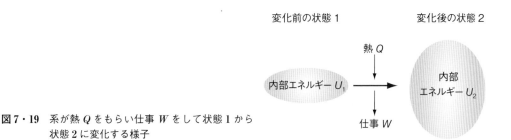

変化前の状態1　　　　　　　　変化後の状態2

熱 Q

内部エネルギー U_1 → 内部
エネルギー U_2

仕事 W

図7・19　系が熱 Q をもらい仕事 W をして状態1から
状態2に変化する様子

7・6・3　定積変化と定圧変化

　系が化学変化を起こすとき、外的条件が一定の場合には解析が容易に
なる。このような反応の典型的なものに定積変化と定圧変化がある。

A　定積変化

　鋼鉄製のボンベの中で行う反応のように（**図7・20**）、体積一定の条件
下で進行する反応である。この系は加熱されても膨張することがないの
で、系は外界に仕事をすることがない（$W=0$）。したがって第一法則（式
(1)）は式 (2) となる。

Q

定積変化
$V=$ 一定

図7・20　定積変化

P（外圧）

反応中

図7・21　定圧変化

$$\Delta U = Q - W$$
$$\qquad = Q - P\Delta V \qquad (3)$$
$$Q = \Delta U + P\Delta V \qquad (4)$$
$$Q = U_2 - U_1 +$$
$$\qquad P(V_2 - V_1) \qquad (5)$$
$$Q = (U_2 + PV_2) -$$
$$\qquad (U_1 + PV_1) \qquad (6)$$
$$H = U + PV$$
$$\qquad ：エンタルピー$$
$$Q = H_2 - H_1 = \Delta H \qquad (7)$$

*18　物体を低地から高地へ運ぶには仕事をしなければならない。しかし、この仕事に要する仕事量は、人が担いで運ぶのと、車で運ぶのとでは大きな違いがある。このように、方法によって変化する量は状態量ではない。

B　定圧変化

伸び縮み自由の風船中で行われる反応のように（**図7・21**）、圧力一定の条件下で行われる反応である。大気中の反応は1気圧下で行われるので定圧変化とみなすことができる。

7・6・4　エンタルピー

定圧変化において体積変化を ΔV とすると、仕事は $W = P\Delta V$ で与えられる。したがって第一法則は式（3）となる。式（3）を書き換えると式（4）となり、$\Delta U = U_2 - U_1$、$\Delta V = V_2 - V_1$ を代入すると式（5）となる。式（5）は整理すると式（6）となる。ここで $H = U + PV$ と定義すると式（6）は式（7）と簡単になる。この H を**エンタルピー**と呼ぶことにする。式（7）は、定圧変化においては系に入る熱量 Q はエンタルピー H の差として計算できることを示すものである。

7・6・5　ヘスの法則

種々の物理量のうち、その系の状態だけによって決まり、その状態に至った経路に無関係な量を状態量という*18。状態量には温度 T、圧力 P、体積 V、エネルギー E などがある。エンタルピー U は状態量だけで定義されているので、エンタルピーも状態量である。したがって状態が決まればエンタルピーも決まり、その変化（反応）経路には無関係となる（**図7・22**）。

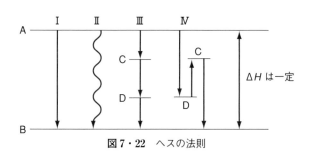

図中：I　II　III　IV

A

C　C

D　D

ΔH は一定

B

図7・22　ヘスの法則

ヘス　Hess, G. H.

これが**ヘスの法則**であり、「エンタルピーは反応前後の状態が同じであれば反応の道筋には無関係である」と表現される。

すなわち、系が A から B に変化したときのエンタルピー変化量 ΔH は、経路 I～IV のどれを経ても変わりはない、ということである。例えば、ダイヤモンドとグラファイトの燃焼熱がわかれば、ダイヤモンドとグラファイトのエネルギー差という、測定の困難な量を簡単に知ることができるのである（**図7・23**）。

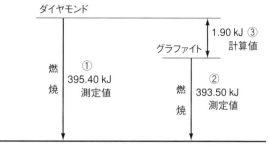

ダイヤモンド

1.90 kJ ③
計算値

グラファイト

燃
焼
① 395.40 kJ
測定値

燃
焼
② 393.50 kJ
測定値

図7・23 反応熱の計算
数字は1 mol 当たりの値。

ダイヤモンドの燃焼熱①とグラファイトの燃焼熱②
がわかれば両者のエネルギー差③は計算できる。

7・7 反応の方向

　反応 A → B では反応は右向きにだけ進行する。すなわち、A は B に変化するが B が A に変化することはない。このような反応の方向はどのような原因によって決定されるのだろうか。

7・7・1　エントロピー

　カップの中のコーヒーの香りはカップからあふれ出て、室内に満ち、館内にただよう。ただし、この逆の過程は、自発的には決して起こらない。このような変化は**エントロピー** S **の変化**といわれる[19]。エントロピーとは乱雑さの尺度であり、香りがカップ内に閉じ込められている状態は整然として S の小さい状態であり、それが空気と混じるにつれて乱雑で S の大きな状態となる（**図7・24**）。すなわち、香りが部屋に充満する変化はエントロピーの増大する変化であり、その逆は起こらないというのは、「自然界の変化はエントロピーの増加する方向に起こる」ことを意味し、これを**熱力学第二法則**という[20]。

*19　自然に起こる現象はエントロピーが増加するものである。したがって、宇宙のエントロピーの総量は増加の一途を辿ることになる。この意味で、エントロピーを宇宙時計と呼ぶこともある。

*20　ちなみにエントロピー＝0の状態もあり、それは絶対0度における完全結晶の状態である。これを熱力学第三法則という。すなわち熱力学三大法則のうち、二つまでがエントロピーに関係した法則なのである。

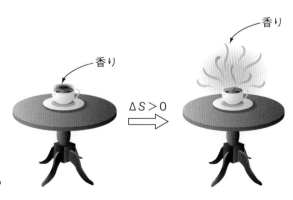

香り

香り

$\Delta S > 0$

図7・24　コーヒーの香りは部屋に広がる

$$\Delta S = \frac{\Delta H'}{T} \qquad (1)$$

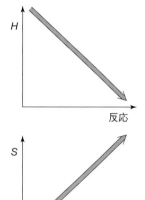

**図7・25 エンタルピーと
エントロピー**

温度 T にある定圧反応系がエンタルピーの変化分 ΔH を吸収した場合には、系の粒子の運動が激しくなり、エントロピー S が増大する。このときの増大分 ΔS を式 (1) で定義する（エントロピーに由来する分のエンタルピーを H' として区別する）。

7・7・2 ギブズエネルギー

水が高きから低きに流れるように、反応もエネルギーの高い状態から低い状態に変化する。しかし、反応の方向を決定するのはエネルギー（定圧状態ではエンタルピー H）だけではない。エントロピーも決定に参与し、S の増大する方向に進行するよう主張する（**図7・25**）。

それでは、右方向に進行すると H も S も減少するような反応はどうなるのだろうか？ 右に進むのか？ 左に進むのか？ ハムレット症候群？になりそうなものである。

ここで役に立つのが式 (1) である。この式を用いれば S は H' に変形できる（式 (2)）。そうすれば S の分と H の分を合わせて考えることができるというわけである。このようにして定義された値をギブズエネルギー G という（式 (3)）。定圧反応でギブズエネルギーが定義されたように、定積反応ではヘルムホルツエネルギーが定義される。この両者をあわせて自由エネルギーと呼び、それぞれはギブズの自由エネルギー、ヘルムホルツの自由エネルギーなどということがある。

$$\Delta H' = T\Delta S \qquad (2)$$
$$\Delta G = \Delta H - T\Delta S \qquad (3)$$

ギブズ Gibbs, J. W.

ヘルムホルツ
Helmholtz, H. L. F. von

7・7・3 反応の方向とギブズエネルギー

ギブズエネルギーを用いると、反応の方向は簡単に予想することができる。すなわち「反応はギブズエネルギーの減少する方向に進行する」のである。

平衡反応 $A \rightleftarrows B$ も同様に考えることができる。ただし、平衡反応の場合には、ギブズエネルギーの最小値（極小値）を与えるのは出発物 A で

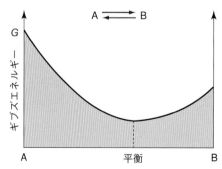

図7・26 平衡とギブズエネルギー

も生成物 B でもなく、両者の混合物なのである。すなわち、この反応の
ギブズエネルギー変化は**図 7・26** のようになっており、極小値が A と B
の中間にある。つまり物質組成がこの比のときにギブズエネルギーが最
小となり、平衡状態になるのである。

Column ミカエリス定数の導出

生成物 P の生成速度は速度定数 k_b を用いて式 (3)
で表すことができる。酵素反応においては複合体
ES は次々と生成するので、その少量が生成物 P に
変化しても、ES の生成速度に影響はないと考えら
れ、式 (4) が成立する。これを定常状態近似という。

式 (4) を変形すると式 (5) となる。E と ES の濃
度の和は E の初濃度に等しいから式 (6) が成立す
る。式 (6) を式 (5) に代入すると式 (7) となり、整
理すると式 (8) となる。式 (8) を式 (3) に代入する
と式 (9) となり、整理すると式 (1) となる。ここで
K_m が式 (2) で与えられることは本文側注 7 で見た
通りである。

$$E + S \xrightarrow[k_a']{k_a} ES \xrightarrow{k_b} P + E$$

(E：酵素、S：反応基質)

$$\frac{d[P]}{dt} = k_b[ES] \tag{3}$$

[ES] に定常状態近似

$$\frac{d[ES]}{dt} = k_a[E][S] - k_a'[ES] - k_b[ES] = 0 \tag{4}$$

$$\therefore \quad [ES] = \frac{k_a}{k_a' + k_b}[E][S] \tag{5}$$

ここで、$[E]_0 = [E] + [ES]$ 　　　　　(6)

$$[ES] = \frac{k_a}{k_a' + k_b}\{[E]_0 - [ES]\}[S] \tag{7}$$

$$\therefore \quad [ES] = \frac{k_a[E]_0[S]}{k_a' + k_b + k_a[S]} \tag{8}$$

$$\frac{d[P]}{dt} = k_b\frac{k_a[E]_0[S]}{k_a' + k_b + k_a[S]} \tag{9}$$

$$= \frac{k_b[E]_0[S]}{K_m + [S]} \tag{1}$$

ただし、$K_m = \dfrac{k_a' + k_b}{k_a}$ 　　　　　(2)

演 習 問 題

1. セシウム 137 ^{137}Cs は β 崩壊をし、その半減期は 30 年であるが、生理的半減期 (代謝など生物の生化学反応によって起こる変化の半減期) は 100 日程度といわれる。生理的半減期とは何か。

2. 酵素反応における酵素基質複合体は遷移状態ではなく、中間状態である。にもかかわらず、酵素反応でも活性化エネルギーが低下するといえるのはなぜか。

3. 一般に、反応温度が 10 ℃上がると反応速度は 2 倍になる、といわれるのはなぜか。

4. ダイヤモンド 100 g をグラファイトに換えたときに放出されるエネルギーで 0 ℃ 100 g の水を加熱したら水は何 ℃になるか。

5. 氷に触れると冷たいのは、指から氷に熱が移動するからである。なぜ熱は指から氷に移動するのか。エントロピーの観点から答えよ。

第8章 有機化合物の構造と種類

有機化合物は、炭素を主体とし、水素、酸素、窒素、リン、硫黄などを含む化合物である。構成元素の種類は比較的少ないが、非常に多くの種類の化合物が存在する。また、生体を作る分子、生体のエネルギー源となる分子、生体の機能を調節する分子、医薬品など、生命現象に関わる重要な分子の多くは有機化合物である。

この章では、有機化合物の基本的な構造と性質を理解することで、様々な生命現象に関わる有機化合物の構造や、それらの有機化学的な反応性などを理解するうえで必要となる基礎知識を学習する。

$CH_2=C(CH_3)CH=CH_2$

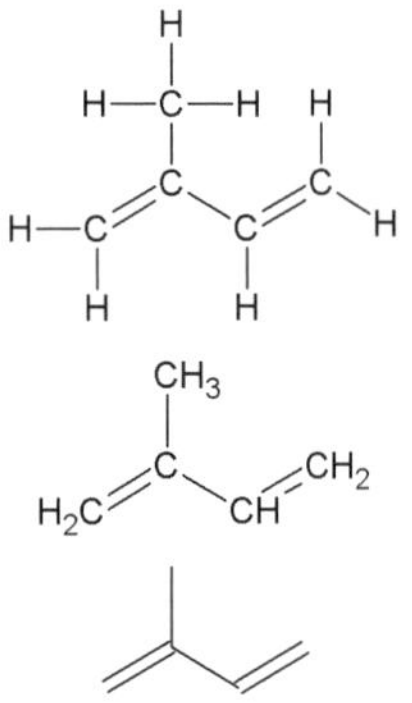

図8・1 イソプレン（2-メチル-1,3-ブタジエン）の様々な表記法

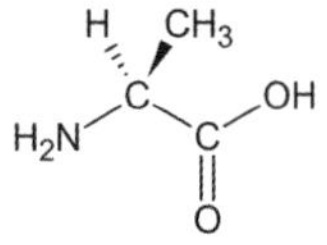

図8・2 L-アラニンの構造式
◢ は紙面から上方（手前）に向いている結合、⸺ は紙面から下方（奥）に向いている結合を表す。

*1 IUPAC：International Union of Pure and Applied Chemistry（国際純正・応用化学連合）が1979年に刊行した『有機化合物命名法』（IUPAC 1979年規則）と、この規則の補足・修正として1993年に刊行した『有機化合物命名ガイド』（IUPAC 1993年規則）が用いられる（次頁へ）。

8・1 有機化合物の表し方

有機化合物の分子の構造を示すときに、複雑さを避けながら正確に表現するため、いろいろな表記法が使われている。それらの表記法は、状況に応じて使い分けされている。

8・1・1 有機化合物の表記法

有機化合物の構造を示すために、**構造式**が用いられる。構造式では、原子間の単結合を1本線（**価標**）で結ぶ。価標は、共有電子対を表すことになる。二重結合は2本線、三重結合は3本線で示す。ただし、簡略化のために、メチル基、ヒドロキシ基のように構造がわかる部分は価標を省略して CH_3-、$-OH$ のように表記することが多い。さらに、分岐部分や官能基を抜き出して括弧でくくり、価標を用いずに一連の文字列として表示したものが**示性式**と呼ばれる表記法である（例えば、2-ブタノールは $CH_3CH(OH)CH_2CH_3$ と表記される）。

複雑な有機化合物では、炭素原子と水素原子を省略する表記法を用いると便利である（**図8・1**）。このとき、

① 直線の両端、折れ曲がり部分、交差部分には炭素原子がある。

② 炭素に結合した水素は省略される。

③ 二重結合、三重結合は、略さずに2本線、3本線で表される。

などのことに注意が必要である。

構造式は分子の構造を写実的に表したものではないため、三次元的な立体構造が問題になるときには、**図8・2**のように表す。

8・1・2 有機化合物の命名法

有機化合物の体系的な命名法は、**IUPAC**の規則が国際標準として用いられる*1。基本的には、置換命名法に基づいており、母体化合物（炭

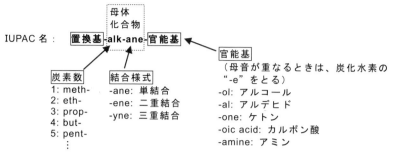

図8・3 IUPAC名の基本的な構造

　置換基の位置は、"2-methylpentane"のように母体化合物の炭素原子の位置番号を接頭語に記す。二重結合・三重結合や官能基の位置は、"2-butene"や"2-propanol"のように位置番号を接頭語に加える（1979年規則）か、"but-2-ene"や"propan-2-ol"のように、相当する接尾語の前に記す（1993年規則）。置換基、二重結合・三重結合、官能基の数は、"2,3-butanediol"（1979年規則）や"butane-2,3-diol"（1993年規則）のように、ギリシャ語起源の倍数接頭語を相当する語の前につける。

化水素）の置換誘導体として命名していく（**図8・3**）。

　IUPAC命名法を用いると、あらゆる有機化合物が命名でき、逆にIUPAC名から化合物の分子構造を知ることができる。しかし、構造が複雑になればなるほど、名称は長く複雑になり、実際には**慣用名**が用いられることが多い。汎用される慣用名は、IUPACでも保存名として許容している。それぞれの化合物の命名法については、各項目で触れる。

*1　（前頁より続く）
　2013年勧告では、優先IUPAC名（preferred IUPAC name, PIN）が導入され、許容慣用名が減らされたほか、官能種類命名法を使用できる官能基が制限されて原則として置換命名法が優先することなどが勧告された。

表8・1　主な置換基と主基となる優先順位（上ほど上位である）[†]

基	構造式	接頭語		接尾語	
カルボン酸	-COOH	carboxy	カルボキシ	carboxylic acid -oic acid	カルボン酸 -酸
エステル	-COOR	R-oxycarbonyl	R-オキシカルボニル	R-carboxylate R-oate	-カルボン酸R -酸R
アミド	-CONH$_2$	carbamoyl	カルバモイル	-carboxamide	-カルボキサミド
ニトリル	-C≡N	cyano	シアノ	-carbonitrile -nitrile	-カルボニトリル -ニトリル
アルデヒド	-CHO	formyl	ホルミル	-al	-アール
ケトン	＞C=O	oxo	オキソ	-one	-オン
アルコール	-OH	hydroxy	ヒドロキシ	-ol	-オール
フェノール	-OH	hydroxy	ヒドロキシ	-ol	-オール
アミン	-NH$_2$	amino	アミノ	-amine	-アミン
エーテル	-OR R-O-R′	R-oxy —	R-オキシ —	— R R′ ether	R R′ エーテル

[†] 一つの化合物が複数の官能基を含むとき、順位が上位の官能基を主基として表し、ほかの官能基は接頭語で表す。

8・2　脂肪族炭化水素化合物 ―アルカン、アルケン、アルキン、共役ジエンとポリエン―

炭化水素は、有機化合物の基本骨格となる化合物で、炭素と水素のみからなる。芳香族性（8・3節）を持たない炭化水素を**脂肪族炭化水素**という。炭素–炭素間の結合が全て単結合の炭化水素を**アルカン**といい、C_nH_{2n+2} で表される。アルカンの IUPAC 名は、炭素数を表す語に接尾語 "-ane" をつけて表す。例えば、炭素数2（"eth-"）のアルカンは、"ethane" となる（**表8・2**）。

表8・2　主な直鎖のアルカン

炭素数	名 称		構造式	沸点 (℃)	融点 (℃)
1	メタン	methane	CH_4	−161	−183
2	エタン	ethane	CH_3CH_3	−89	−183
3	プロパン	propane	$CH_3CH_2CH_3$	−42	−189.7
4	ブタン	butane	$CH_3(CH_2)_2CH_3$	−0.5	−138
5	ペンタン	pentane	$CH_3(CH_2)_3CH_3$	36	−129
6	ヘキサン	hexane	$CH_3(CH_2)_4CH_3$	69	−95
7	ヘプタン	heptane	$CH_3(CH_2)_5CH_3$	98	−91
8	オクタン	octane	$CH_3(CH_2)_6CH_3$	126	−56.8
9	ノナン	nonane	$CH_3(CH_2)_7CH_3$	150.8	−51
10	デカン	decane	$CH_3(CH_2)_8CH_3$	174.2	−29.7
11	ウンデカン	undecane	$CH_3(CH_2)_9CH_3$	196	−26
12	ドデカン	dodecane	$CH_3(CH_2)_{10}CH_3$	214〜216	−12
⋮					
20	イコサン[†]	icosane	$CH_3(CH_2)_{18}CH_3$	342.7	36.7
⋮					

[†] "エイコサン eicosane" を用いることが多い。

アルカンは水素が一つ外れて置換基となり、多くの有機化合物の部分構造となる。このアルカンから派生する置換基を**アルキル基**という。アルキル基の IUPAC 名は、アルカンの接尾語 "-ane" を "-yl" に換えて表す。例えば、エタン ethane から派生するアルキル基は "ethyl" となる。

*2　シクロヘキサンの代表的な立体配座（9・8節参照）は、**いす形配座**と**舟形配座**である。

いす形　　　舟形

これらをニューマン投影式で表すと、いす形はすべての結合がねじれ形配座、舟形は全ての結合が重なり形配座になる。

いす形

舟形

舟形は実際には少しねじれたねじれ舟形配座をとっており、エネルギー的にはいす形より高い。シクロヘキサンの最も安定な配座は、いす形配座である。

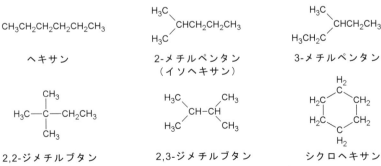

$CH_3CH_2CH_2CH_2CH_2CH_3$

ヘキサン

2-メチルペンタン
（イソヘキサン）

3-メチルペンタン

2,2-ジメチルブタン

2,3-ジメチルブタン

シクロヘキサン

図8・4　C_6H_{14} の異性体とシクロヘキサン*2

炭素数が4以上のものでは、直鎖の炭化水素のほか、枝分れがある異性体が存在する（**図8・4**）。枝のある炭化水素のIUPAC名は、直鎖炭化水素の誘導体として命名する[*3]。分子内の最も長い直鎖の部分を母体化合物とし、枝を置換基として（同じ基が2個以上あるときはその数を表す語を添えて）表す。置換基の位置は母体化合物の炭素原子の位置番号で表すが、この位置番号は最小の数となるように選ぶ。二種以上の置換基がある場合は、接頭語となる部分は位置番号順ではなく、置換基名のアルファベット順とする（**図8・5**）。

炭素数が3以上のものでは環状構造をとることができ、これを**シクロアルカン**という（**図8・4**のシクロヘキサン参照）。

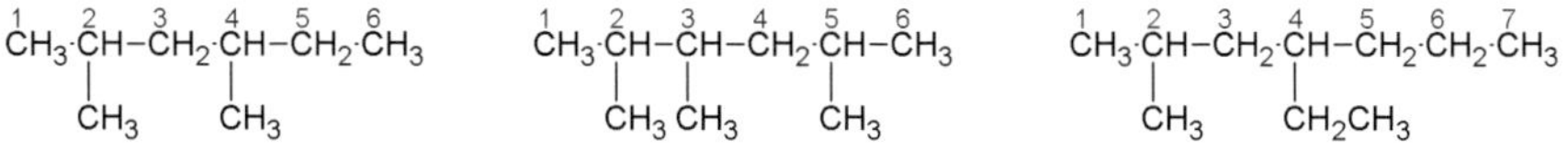

$$\overset{1}{CH_3}\!-\!\overset{2}{CH}\!-\!\overset{3}{CH_2}\!-\!\overset{4}{CH}\!-\!\overset{5}{CH_2}\!-\!\overset{6}{CH_3}$$
$$\qquad | \qquad\qquad |$$
$$\qquad CH_3 \qquad\ \ CH_3$$

2,4-ジメチルヘキサン
（3,5- としない）

$$\overset{1}{CH_3}\!-\!\overset{2}{CH}\!-\!\overset{3}{CH}\!-\!\overset{4}{CH_2}\!-\!\overset{5}{CH}\!-\!\overset{6}{CH_3}$$
$$\qquad | \quad\ \ | \qquad\qquad |$$
$$\qquad CH_3\ CH_3 \qquad\ \ CH_3$$

2,3,5-トリメチルヘキサン
（2,4,5- としない）

$$\overset{1}{CH_3}\!-\!\overset{2}{CH}\!-\!\overset{3}{CH_2}\!-\!\overset{4}{CH}\!-\!\overset{5}{CH_2}\!-\!\overset{6}{CH_2}\!-\!\overset{7}{CH_3}$$
$$\qquad | \qquad\qquad |$$
$$\qquad CH_3 \qquad\ \ CH_2CH_3$$

4-エチル-2-メチルヘプタン
（2-メチル-4-エチル としない）

図8・5 枝分れのあるアルカンのIUPAC命名法

アルカンは一般に反応性に乏しく、安定である。最も簡単なアルカンはメタン CH_4 で、常温常圧で気体である。炭素数が多くなるほど、分子間力が強くなっていくため、沸点や融点は高くなっていく（**表8・2**）。また、枝分れが多いほど分子の表面積が小さくなり、分子間力が小さくなるので沸点は低くなる。融点も同様の傾向を示すが、ネオペンタン（側注3）は対称性が高く、安定な結晶を形成するので融点は高い。

炭素-炭素間の結合に二重結合を持つ炭化水素を**アルケン**[*4]、炭素-炭素間の結合に三重結合を持つ炭化水素を**アルキン**という。アルケンのIUPAC名は、炭素数を表す語に接尾語 "-ene" をつけて表す。アルキンのIUPAC名は、炭素数を表す語に接尾語 "-yne" をつけて表す。例えば、炭素数2（"eth-"）のアルケンは "ethene"（エテン、慣用名エチレン）、アルキンは "ethyne"（エチン、慣用名アセチレン）、となる。

アルケンから派生する置換基を**アルケニル基**、アルキンから派生する置換基を**アルキニル基**という。アルケン、アルキンの接尾語の "-ene"、"-yne" を、それぞれ "-enyl"、"-ynyl" に換えて表す。

最も簡単なアルケンはエテン（エチレン）で、炭素原子が sp^2 混成軌道をとるので平面構造となる。最も簡単なアルキンはエチン（アセチレン）で、炭素原子が sp 混成軌道をとるので直線構造となる。アルケンの二重結合の部分や、アルキンの三重結合の部分には付加反応が起こりやすい。これは、π結合を形成する隣り合った炭素原子のp軌道の重なりがσ結合に比べて小さく、結合軸から離れているため、π電子の自由度

[*3] IUPAC命名法では、

イソブタン
$$H_3C \diagdown$$
$$\qquad CHCH_3$$
$$H_3C \diagup$$

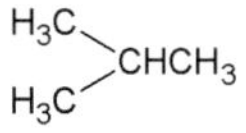

イソペンタン
$$H_3C \diagdown$$
$$\qquad CHCH_2CH_3$$
$$H_3C \diagup$$

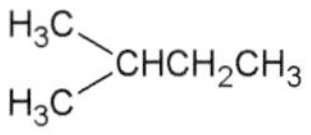

ネオペンタン
$$H_3C \diagdown \quad \diagup CH_3$$
$$\qquad\ C$$
$$H_3C \diagup \quad \diagdown CH_3$$

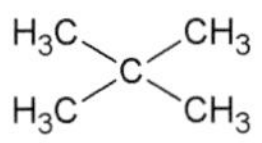

イソヘキサン（図8・4）を許容名としている。また、直鎖のものには "n-"（normal）をつけて区別することがある。

[*4] オレフィンとも呼ばれる。

が高く分極しやすいので、求電子性の試薬に攻撃されやすいからである。

　単結合が二重結合にはさまれた形を**共役ジエン**（共役二重結合）という。共役ジエンを持つ最も簡単な化合物は 1,3-ブタジエン（ブタン-1,3-ジエン、$CH_2=CH-CH=CH_2$）である。共役ジエン化合物では、sp^2 混成軌道をとる四つの炭素原子は同一平面上に並び、π 結合を形成する炭素原子の p 軌道は全てこの平面の垂直方向に延びる。π 電子は炭素 1 と 2 の間と炭素 3 と 4 の間のそれぞれで π 軌道を形成することになるが、実際には、平面上に並ぶ四つの p 軌道が重なり合った **π 電子雲**をつくり（すなわち炭素 2 と炭素 3 の間にも π 電子が分布する）、π 電子は分子全体に**非局在化**する。すなわち、1,3-ブタジエンの構造は**図 8・6** の **(A)** のように二重結合が固定しているのではなく、[　] 内に示した極限的な構造の間の状態にあり（これを**共鳴**という）、構造式としては **(B)** のようになる。このため、共役ジエンは、非共役系の二重結合とは異なる反応性を示す。また、共役系が長いほど長波長の光を吸収することができる[*5]。

*5　ニンジンやカボチャに含まれる β-カロテン（β-カロチン）、トマトやニンジン、スイカに含まれるリコペン（リコピン）はいずれも分子内に 11 個の共役二重結合を持ち、β-カロテンは青〜緑青色の可視光をよく吸収するので赤橙色に、リコペンは緑青〜青緑色の可視光をよく吸収するので赤色に見える。

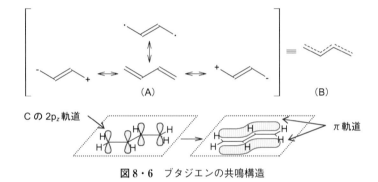

C の 2p_z 軌道　　　　　　　　π 軌道

図 8・6　ブタジエンの共鳴構造

*6　ヘムから生成したビリルビン（間接ビリルビンという）は水に溶けないので、血液中ではアルブミンに結合して肝臓に輸送される。肝臓でグルクロン酸抱合を受け、水溶性になる（直接ビリルビンという）。血中で間接型が高値のときは溶血性貧血などが、直接型が高値のときは胆管・胆道系の閉塞などが疑われる。

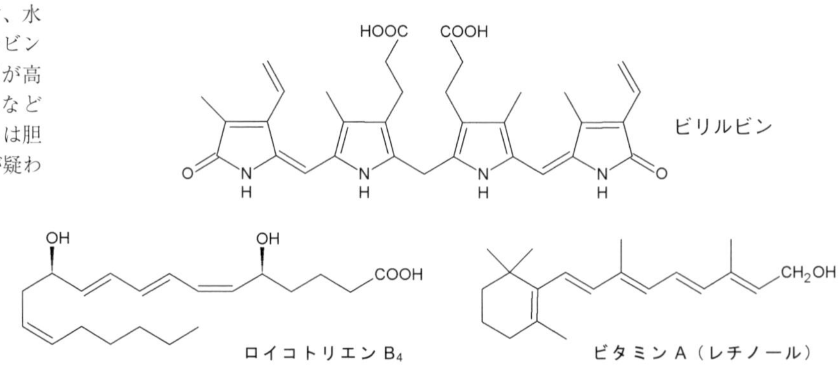

　生体関連化合物には二重結合を多数もつ**ポリエン化合物**がいくつか存在する（**図 8・7**）。**ビリルビン**は緑色の胆汁色素で**ヘム**の代謝産物であり、血中で増加すると**黄疸**になる[*6]。**ロイコトリエン**と呼ばれる一連の化合

ビリルビン

ロイコトリエン B_4　　　　　　ビタミン A（レチノール）

図 8・7　ポリエン化合物

物は高度不飽和脂肪酸のアラキドン酸から合成され、炎症反応に関わる生理活性物質である（11・5・2項参照）。**ビタミン A（レチノール）**は緑黄色野菜などに豊富な赤橙色色素の β-カロテンから作られるビタミンで、暗所視力や上皮細胞の維持などに機能している（8・8・1項参照）。ロイコトリエンやビタミン A の二重結合は**共役系**である。

8・3　芳香族化合物

　単結合と二重結合が交互に並んで環状になったベンゼンは、**芳香族化合物**の代表例である。有機化合物が次の条件（**ヒュッケル則**）を満たすとき、π 電子が環状の安定した **π 電子雲**を形成し（**図8・8**）、一般的な二重結合とは反応性が異なるなどの特有の性質（**芳香族性**）を示す[*7]。

ヒュッケル　Hückel, E.

*7　一般的な二重結合にはBr$_2$ は付加反応を起こすが、ベンゼンには付加反応は起こらず、置換反応（**求電子置換反応**）が起こる（10・2・3項参照）。

ケクレ　Kekulé, A.

*8　アウグスト・ケクレは、二重結合と単結合が交互に並んだベンゼンの六員環構造を、ヘビが自分のしっぽを噛んで輪状になっている夢を見て思いついたといわれている（後から創った話だという説もある）。

*9　図中の : は非共有電子対を表す。縮合多環式芳香族化合物は、有機化合物の不完全燃焼や熱分解によって生じ、発癌性があったり発癌性が疑われたりするものがある（本章コラム参照）。
　複素環式芳香族化合物は、生体成分や医薬品の構造中によくみられる。生体成分ではピリミジンとプリンは核酸塩基、イミダゾールはヒスチジン、インドールはトリプトファン、プテリジンは葉酸の部分構造である。また、医薬品ではイミダゾールはイミダゾール系抗真菌薬、チアゾールは第三世代セファロスポリン系抗生物質の部分構造である。キノリンやイソキノリンの誘導体である医薬品も多い。

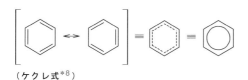

（ケクレ式[*8]）

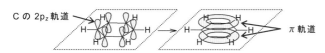

C の 2p$_z$ 軌道　　　　　　　　　　　π 軌道

図8・8　ベンゼンの共鳴構造

縮合多環式芳香族化合物

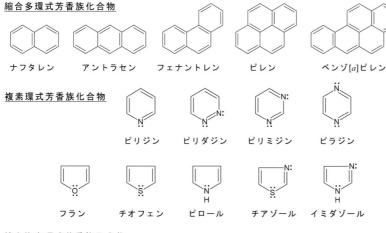

ナフタレン　　アントラセン　　フェナントレン　　ピレン　　ベンゾ[*a*]ピレン

複素環式芳香族化合物

ピリジン　　ピリダジン　　ピリミジン　　ピラジン

フラン　　チオフェン　　ピロール　　チアゾール　　イミダゾール

縮合複素環式芳香族化合物

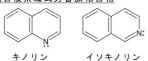

キノリン　　イソキノリン　　プテリジン　　インドール　　プリン

図8・9　主な芳香族化合物[*9]
　環構造に C 以外の元素を含む化合物を複素環式化合物という。ここにあげた複素環式化合物の名称は、IUPAC 命名法で慣用名として認められている。

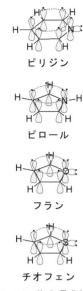

ピリジン

ピロール

フラン

チオフェン

図8・10　複素環式芳香族化合物の分子軌道
N、O、S はいずれも sp^2 型である。ピロール、フラン、チオフェンでは、それぞれ N、O、S の非共有電子対の電子と C の π 電子が共役し、分子平面の上下に電子雲ができる。

*10　芳香族化合物の一般名は、日本語では "allene"（アレン、$\mathrm{>C=C=C<}$）および "allyl"（アリル、$\mathrm{CH_2=CHCH_2-}$）と区別するため、長母音を入れて "アレーン"、"アリール" とする。

R−CH$_2$−OH

第一級アルコール

$\mathrm{{R_1 \atop R_2}>CH-OH}$

第二級アルコール

$\mathrm{R_2-\underset{\underset{R_3}{|}}{\overset{\overset{R_1}{|}}{C}}-OH}$

第三級アルコール

① 分子が環状で平面構造である。

② 平面構造の上下に非局在化した環状の π 電子雲を持つ。

③ この共役ループ内の電子数が $4n+2$ $(n=0, 1, 2, \cdots)$ を満たす数である。

　図8・9 に主な芳香族化合物を示す。共役ループの電子は π 電子に限らない。非共有電子対（孤立電子対）の電子やイオン化による電子の授受でヒュッケル則の $4n+2$ を満たせば、芳香族性を持つ（**図8・10**）。

　芳香族化合物の一般名をアレーン（arene）、芳香族化合物から派生する基をアリール（aryl）基という*10。ベンゼンとベンゼンの置換体の一部の名称は IUPAC 命名法で保存されている（**図8・11**）。

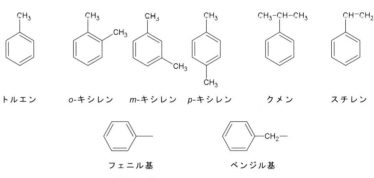

トルエン　　　o-キシレン　　　m-キシレン　　　p-キシレン　　　クメン　　　スチレン

フェニル基　　　　　　　　ベンジル基

図8・11　ベンゼンの置換体と基
ベンジル基はベンゼンから派生する基ではなく、トルエンから派生する基であることに注意。ベンゼンから派生する基はフェニル基という。これらの名称はすべて IUPAC 命名法で認められている。o-, m-, p- については 10・3 節参照。

8・4　酸素を含む有機化合物

8・4・1　アルコールとフェノール

　炭化水素の水素原子をヒドロキシ基（−OH）で置換したものを**アルコール**という。アルコールの IUPAC 名は、炭化水素の末尾に "-ol" をつけて（母音が重なるときには炭化水素の "-e" をとる）表す（置換命名法）。または、炭化水素の置換基名のあとに "alcohol" をつける（官能種類命名法）。例えば、エタン ethane から派生するアルコールは、置換命名法では "ethanol"、官能種類命名法では "ethyl alcohol" となる（**表8・3**）。ヒドロキシ基が 1 個のアルコールを一価アルコール、2 個のものを二価アルコール、3 個のものを三価アルコールというように分類する。また、炭化水素の枝の分かれ方により第一級アルコール、第二級アルコール（"sec-" をつける）、第三級アルコール（"tert-" をつける）のような分

表8・3 主なアルコール類

名　称	構造式	沸点 (℃)	融点 (℃)	水への溶解度 (g 100 mL^{-1}、20 ℃)
メタノール	CH$_3$OH	65	−98	混和する
エタノール	CH$_3$CH$_2$OH	79	−117	混和する
1-プロパノール	CH$_3$CH$_2$CH$_2$OH	97	−127	混和する
2-プロパノール (イソプロピルアルコール)	CH$_3$-CH-OH / CH$_3$	83	−90	混和する
1-ブタノール	CH$_3$CH$_2$CH$_2$CH$_2$OH	117	−90	7.7
2-ブタノール (sec-ブチルアルコール)	CH$_3$CH$_2$-CH-OH / CH$_3$	100	−115	12.5
2-メチル-2 プロパノール (tert-ブチルアルコール)	CH$_3$-C-OH / CH$_3$, CH$_3$	83	25	混和する
1,2-エタンジオール (エチレングリコール)	HO-CH$_2$CH$_2$-OH	198	−13	混和する
1,2,3-プロパントリオール (グリセロール)	HO-CH$_2$CHCH$_2$-OH / OH	290	18	混和する

類を用いる[*11]。

　ベンゼンの水素原子をヒドロキシ基（-OH）で置換したものを、**フェノール**という（**表8・4**）。二価フェノールには**カテコール**など、三価フェノールには**ピロガロール**などがあり、これらをまとめて**ポリフェノール**という（**図8・12**）。

　アルコールやフェノールはヒドロキシ基の分極のため、分子同士で**水素結合**を形成する。そのため、同じ炭素数のアルカンに比べて融点や沸点が極めて高い（**表8・3**、**表8・4**）。また、ヒドロキシ基は水素結合によ

[*11] *sec-* ＝ secondary、*tert-* ＝ tertiary。ヒドロキシ基が結合する炭素原子に結合する炭素数を表す。

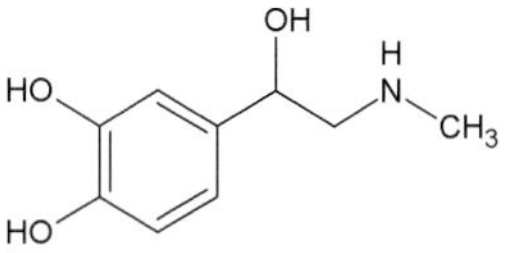

アドレナリン
（ホルモン、神経伝達物質として機能するカテコールアミン）

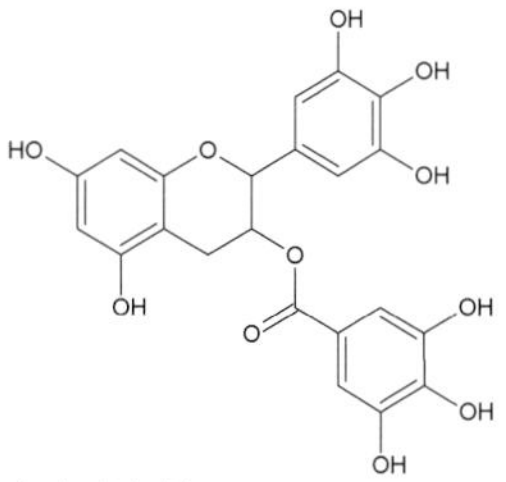

没食子酸エピガロカテキン
（茶に最も豊富に含まれるカテキン）

図8・12 動植物に存在するポリフェノール

表8・4 主なフェノール類

名　称	構造式	沸点 (℃)	融点 (℃)	水への溶解度 (g 100 mL^{-1}、20 ℃)
フェノール	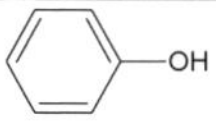	182	43	8
m-クレゾール	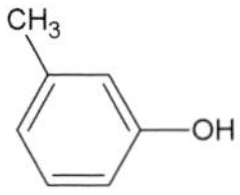	202	11 〜 12	2.4
カテコール	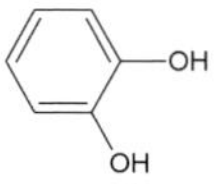	245.5	105	43
ピロガロール	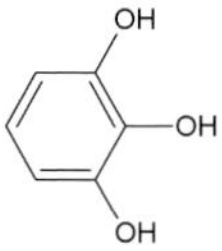	309	131 〜 134	60

り水分子を結合できるため、アルキル基が小さいものでは水に溶解する。しかし、アルキル基の大きさがブチル基以上になると、アルキル基の疎水性が高くなり、水に溶解しにくくなる。フェノールもフェニル基の疎水性が高く、あまり水に溶解しない。枝分れがあるアルキル基は、直鎖のアルキル基に比べて炭化水素間の相互作用が小さいので、同じ炭素数では枝分れがあるものの方が水に溶けやすい[*12]。

酸の触媒下にアルコールを加熱すると、分子間脱水か分子内脱水が起こる。例えば、エタノールに濃硫酸を加えて約130 ℃で加熱すると分子間脱水によりエトキシエタン（ジエチルエーテル）を生じ、約170 ℃で加熱すると分子内脱水によりエテン（エチレン）を生じる（**図8・13**）。

*12　アルコール、フェノール類のいくつかは消毒薬として使われる。エタノール（80 %）、2-プロパノール（50 %）、フェノール（3 %）、クレゾール（*m*- および *p*-クレゾール混合物 0.5〜1 %を含むクレゾール石けん液として）などがある。

$$CH_3CH_2\text{-}O\text{-}CH_2CH_3 \xleftarrow{\quad 130\ ℃ \quad} CH_3CH_2\text{-}OH \xrightarrow{\quad 170\ ℃ \quad} CH_2=CH_2$$

分子間脱水　　　　　　分子内脱水

図8・13　アルコールの分子間脱水反応と分子内脱水反応

第一級アルコールは酸化されるとアルデヒドになり、さらに酸化されるとカルボン酸になる。第二級アルコールは酸化されるとケトンになるが、第三級アルコールはほとんど酸化されない。

アルコールの水溶液は中性であるが、フェノールの水溶液は弱酸性（約 pH 6.0）であり、ヒドロキシ基が電離している。アルコールのヒドロキシ基がプロトン（H^+）を放出した状態を考えてみると、負電荷はヒドロキシ基の酸素原子の部分にとどまるのみで高いエネルギー状態であり、不安定である。したがって、酸の電離指数（酸解離指数、6・2・2項参照）も大きな値（1-ブタノールで $pK_a = 16$）である。しかし、フェノールのヒドロキシ基はプロトンを放出しても、負電荷はヒドロキシ基が結合するベンゼン環の共役ループに分散し、共鳴安定化する（**図8・14**）。したがって、電離で生じた負電荷はベンゼン環の π 電子雲へ分散して非局在化するので、エネルギー的に安定な状態になる。フェノールの酸の電離指数は $pK_a = 10$ である[*13]。

*13　同じヒドロキシ基でも、アルコールとフェノールでは性質が異なるので、アルコールのヒドロキシ基をアルコール性ヒドロキシ基（アルコール性水酸基）、フェノールのヒドロキシ基をフェノール性ヒドロキシ基（フェノール性水酸基）と呼んで区別することがある。

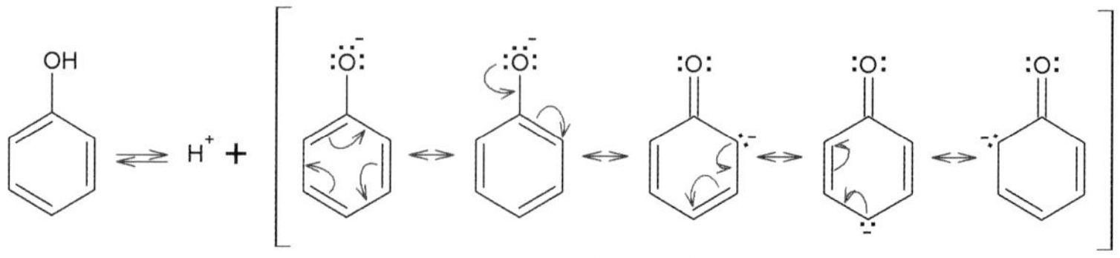

フェノキシドアニオン

図8・14　フェノールの電離とフェノキシドアニオンの共鳴安定化
色矢印は電子の動きを表す（10・1節参照）。

8・4・2 エーテル

アルキル基やアリール基の二つの基が酸素原子で結合されたものを、**エーテル**という。エーテルの IUPAC 名は、炭素数の少ない基の末尾に "-oxy" をつけて（ただし、methyl、ethyl、propyl、butyl、phenyl はそれぞれ短縮形の methoxy、ethoxy、propoxy、butoxy、phenoxy とする）、RO- を一つの置換基とみなして表す（置換命名法）。または、二つの基をアルファベット順に並べたあとに "ether" をつける（官能種類命名法）。例えば、メタン methane とエタン ethane から派生するエーテルは、置換命名法では "methoxyethane"、官能種類命名法では "ethyl methyl ether" となる（**表 8・5**）。二つの同じ基をもつエーテルの官能種類名は、"diethyl ether" のようになるが、"di-" は省略して "ethyl ether" としてもよい。環の一部になっている炭素原子 2 個、または鎖の炭素原子 2 個に直接ついている酸素原子は "epoxy-" を接頭語としてつけて表す[*14]（**図 8・15**）。

*14 1,2-エポキシエタン（IUPAC 許容名：オキシラン）は、分子の立体的ひずみにより反応性が高い。微生物の有機成分をアルキル化することで死滅させることができるので、医療現場ではガス滅菌に用いられる（EOG 滅菌）。低い温度で気体の状態で用いることができるため、プラスチック機器や複雑な形状の機器の滅菌に適している。

表8・5 主なエーテル

名 称	構造式	沸点 (℃)	融点 (℃)	水への溶解度 (g 100 mL^{-1}、20 ℃)
メトキシメタン（ジメチルエーテル）	CH₃-O-CH₃	−23.6	−141.5	7.1
エトキシエタン（ジエチルエーテル）	CH₃CH₂-O-CH₂CH₃	35	−116	6.9
1,2-エポキシエタン（エチレンオキシド、オキシラン）	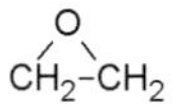 CH₂-CH₂	11	−111	混和する
テトラヒドロフラン		66	−108.5	混和する
18-クラウン-6（原子数 18、酸素数 6 のクラウンエーテル）	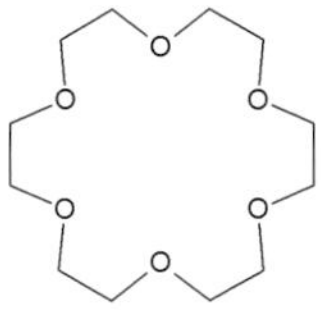	116 (0.2 mmHg)	40	7.5 （予測値）

H₃C—O—CH₂·CH₃

メトキシエタン（エチルメチルエーテル）

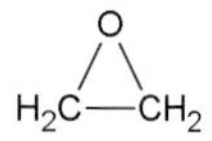

1,2-エポキシエタン（エチレンオキシド、オキシラン）

図8・15 鎖状エーテルと環状エーテル

エーテルはアルコールと異なり、酸素原子の部分で分子間の水素結合ができないので、沸点は同じ炭素数のアルコールより低く、アルカンに近くなる（**表 8・5**）。しかし、酸素原子の部分には水分子が**水素結合**でき、水には同じ炭素数のアルコールと同程度の溶解性を持つ。**環状エーテル**では酸素原子が炭化水素から遠ざかり、水分子を結合しやすくなるので、鎖状エーテルより水に対する溶解性は高い。また、酸素原子が炭化水素鎖ではさまれているので、反応性は低い。

1,2-エタンジオール（エチレングリコール、HO-CH₂-CH₂-OH）から導かれる大環状ポリエーテルを**クラウンエーテル**と呼ぶ[*15]（**表 8・5**）。

*15 クラウンエーテルは中心の空洞に金属イオンを配位することができ、水に不溶の有機化合物と有機溶媒に不溶の試薬を反応させるための相間移動触媒として利用される。クラウンエーテルの開発と応用でノーベル化学賞を受けたチャールズ・ペダーセン（Pedersen, C. J.; 父はノルウェー人、母は日本人）は、ノーベル賞受賞者としては珍しく博士の学位を持っていなかった。

8・4・3 アルデヒドとケトン

炭化水素の炭素原子に酸素原子が二重結合で結合したもの（>C=O）を**カルボニル化合物**という。このうち、R-CHO の形のものを**アルデヒド**、R-CO-R' の形のものを**ケトン**という。アルデヒドの IUPAC 名は、炭化水素の末尾に "-al" をつけて（母音が重なるときには炭化水素の "-e" をとる）表す。ケトンの IUPAC 名は、炭化水素の末尾に "-one" をつけて（母音が重なるときには炭化水素の "-e" をとる）表す。例えば、プロパン propane から派生するアルデヒドは "propanal"、ケトンは "propanone" となる[*16]（**表8・6**）。

*16 簡単な構造のカルボニル化合物には慣用名が保存されている。例えば、HCHO（メタナール）はホルムアルデヒド、CH₃CHO（エタナール）はアセトアルデヒド、CH₃COCH₃（プロパノン）はアセトンなどである。

*17 アルデヒドやケトンには特有の香りをもつものが多い。

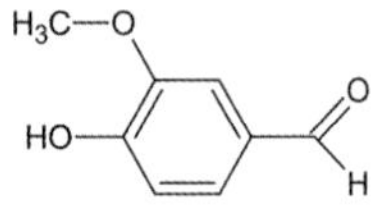

バニリン
（バニラの香り成分）

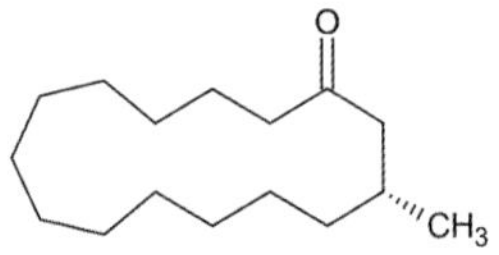

ムスコン
（ジャコウジカのムスクに含まれる官能的な香り成分）

表8・6　主なアルデヒドとケトン[*17]

名　称	構造式	沸点 (℃)	融点 (℃)	水への溶解度 (g 100 mL⁻¹, 20℃)
メタナール（ホルムアルデヒド）	HCHO	−20	−92	非常によく溶ける
エタナール（アセトアルデヒド）	CH_3CHO	20.2	−123	混和する
プロパナール	CH_3CH_2CHO	49	−81	20
ブタナール	$CH_3CH_2CH_2CHO$	74.8	−99	7
ベンズアルデヒド	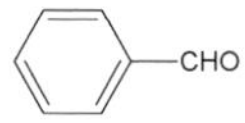 —CHO	179	−26	溶けにくい
プロパノン（アセトン）	CH_3COCH_3	56	−95	混和する
ブタノン	$CH_3CH_2COCH_3$	80	−86	29
3-ペンタノン	$CH_3CH_2COCH_2CH_3$	102	−42	4
1-フェニルエタノン（アセトフェノン）	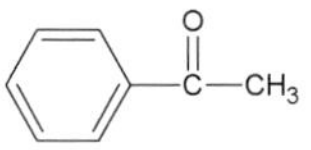 —CO—CH₃	202	20	溶けにくい

カルボニル基の炭素は sp² 混成軌道をとるため、カルボニル基とカルボニル基の炭素原子に結合する原子は同一平面上に並ぶ。カルボニル基の酸素は電気陰性度が高く、炭素原子と酸素原子の間の π 結合を形成する π 電子は酸素の方に偏って分極している（**図8・16**）。

O の 2 組の非共有電子対

C-O 間の π 軌道

活性水素

図8・16　カルボニル基の構造と活性水素

カルボニル化合物は、双極子—双極子相互作用（3・5・1項参照）のため、沸点は炭化水素やエーテルより高いが、アルコールより低い（**表8・6**）。水やアルコールと**水素結合**できるため、これらには比較的溶解できるが、炭素数4以上のものでは部分的にしか溶けない。

カルボニル基の炭素原子の部分的正電荷（δ＋）の影響は、カルボニル基の炭素原子に結合する先のC−H間の結合にも及び、水素原子は電子欠乏状態になる。そのため、この水素は塩基によってプロトンとして容易に引き抜かれる。この水素を**活性水素**という（**図8・16**）。活性水素の引き抜きで生じた**エノラートアニオン**の負電荷は、カルボニル基の π 結合と共役する。このエノラートアニオン共鳴混成体からプロトン化によってケト形およびエノール形の二つの異性体を生成する（**図8・17**）。これらは、プロトンを失うと共通のエノラートアニオンを生じ、相互変換することができる。このような相互変換を**互変異性**といい、互変異性で生じる互いの異性体を**互変異性体**という[*18]。**ケト-エノール互変異性**は塩基触媒ではエノラートアニオンを経て起こるが、酸触媒でもプロトン化された中間体を経て起こる（**図8・17**）。塩基および酸触媒によるケト-エノール互変異性は、溶液中では速い動的平衡にあるが、一般にケト形の方向に大きく傾いている。例えば、プロパノンとプロペン-2-オールの互変異性では、通常はほぼ前者のみが存在する[*19]。

*18 互変異性は共鳴とは異なる。互変異性体は互いに異なる化合物で、原子の配置が異なる構造をとり、別の化合物として単離できる。共鳴構造をとる化合物では、電子の分布を一つの構造式で表すことができないので、異なるいくつかの構造式で一つの化合物を表している。

*19

平衡は左に大きく傾いている。

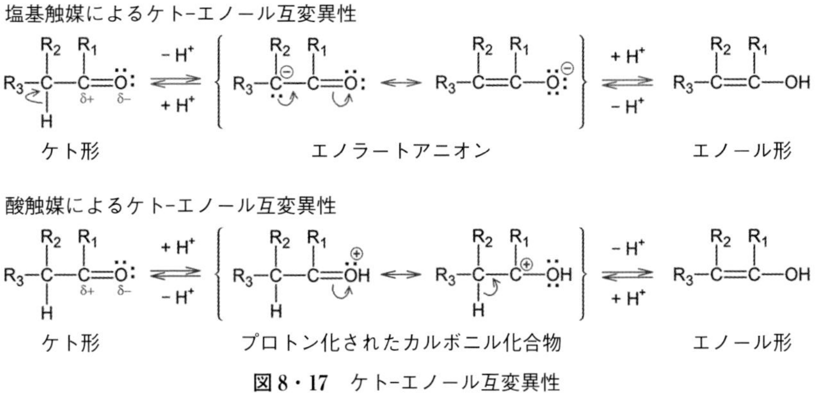

塩基触媒によるケト-エノール互変異性

ケト形　　　　　　　　エノラートアニオン　　　　　　エノール形

酸触媒によるケト-エノール互変異性

ケト形　　　　プロトン化されたカルボニル化合物　　　エノール形

図8・17　ケト-エノール互変異性

生体内でみられる互変異性として、解糖系の中間体の一つであるジヒドロキシアセトンリン酸とD-グリセルアルデヒド-3-リン酸が、トリオースリン酸イソメラーゼと呼ばれる酵素によって相互変換する反応がある。この反応は、エンジオール中間体を経て起こる（**図8・18**）。

反応性の高いカルボニル基に水素が付加（還元）すると、アルデヒドでは第一級アルコールを生じ、ケトンでは第二級アルコールを生じる。また、アルデヒドは容易に酸化され、相手の化合物を還元する（**還元性**

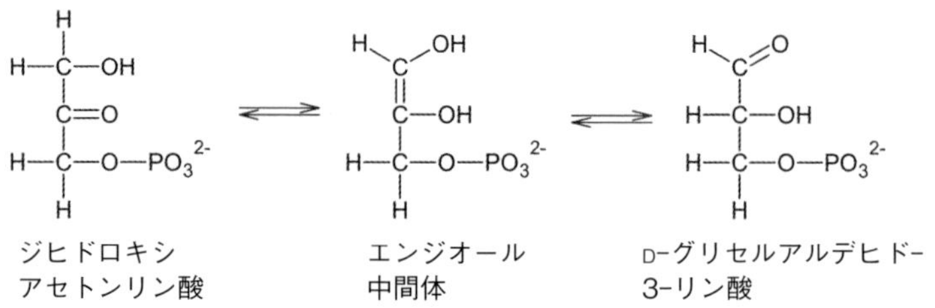

図8・18　解糖系中間体の相互変換

が、ケトンは酸化されにくい。アルデヒドは酸化されるとカルボン酸になる。

　カルボニル基は、アルコールなどとの付加反応も起こしやすい。アルデヒドは酸触媒下にアルコールと付加反応して、**ヘミアセタール**を生じる（**図8・19**）。ヘミアセタールにさらにアルコールが付加すると**アセタール**を生じる。ヘミアセタールは一般に不安定であるが、アルドースの環状構造では、安定なヘミアセタール構造をとっている。

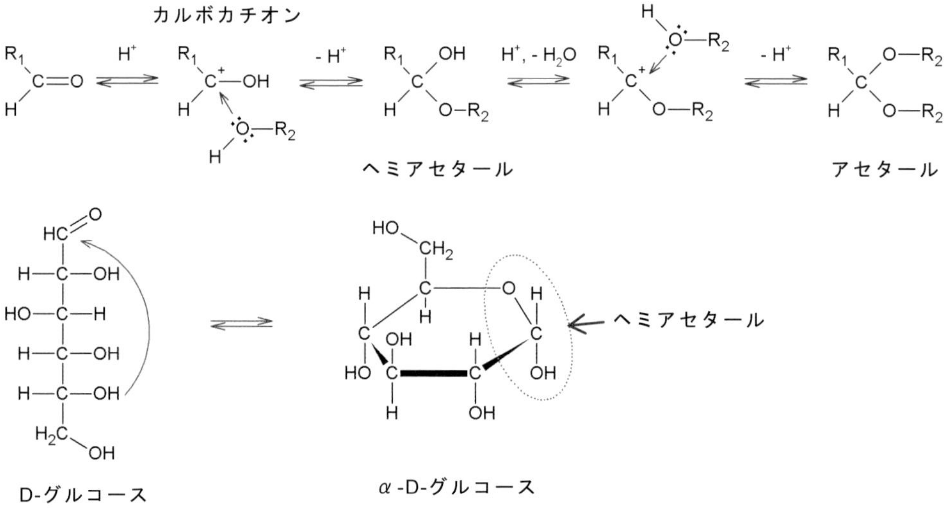

図8・19　ヘミアセタール、アセタールの生成

8・4・4　カルボン酸

　炭化水素のカルボニル基にヒドロキシ基が結合したもの（$-C{\langle}^O_{OH}$）を**カルボン酸**という（**表8・7**）。カルボン酸の IUPAC 名は、$\langle^O_{OH}$ を一つの基とみなし、炭化水素の末尾に "-oic acid" をつけて（母音が重なるときには炭化水素の "-e" をとる）表す。例えば、エタン ethane から派生するカルボン酸は、"ethanoic aicd" となる。また、環状化合物などでは、$-C{\langle}^O_{OH}$ を置換基（**カルボキシ基**）として表す方法がある。例えば、ベンゼン benzene から派生する C_6H_5-COOH は "benzenecarboxylic acid"

表8・7 主なカルボン酸[†]

名　称	構造式	沸点 (℃)	融点 (℃)	水への溶解度 (g 100 mL⁻¹、20 ℃)
メタン酸 (ギ酸)	HCOOH	101	8	混和する
エタン酸 (酢酸)	CH₃COOH	118	16.7	混和する
プロパン酸 (プロピオン酸)	CH₃CH₂COOH	141	−21	非常によく溶ける
ブタン酸 (酪酸)	CH₃CH₂CH₂COOH	164	−7.9	混和する
安息香酸	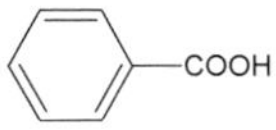 ⬡—COOH	249	122	0.29
エタン二酸 (シュウ酸)	HOOC–COOH		190 (分解)	9〜10
プロパン二酸 (マロン酸)	HOOC–CH₂–COOH		135 (分解)	139
ブタン二酸 (コハク酸)	HOOC–CH₂CH₂–COOH	235	189	6
cis-ブテン二酸 (マレイン酸)	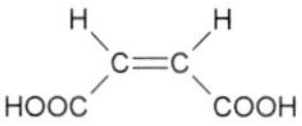	135 (分解)	131	78
trans-ブテン二酸 (フマル酸)	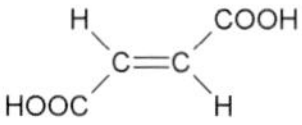	(昇華)	287	0.63
1,2-ベンゼン ジカルボン酸 (フタル酸)	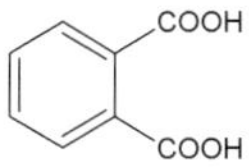		230	0.63

[†] 炭素数 16〜22 の脂肪酸は、脂質の項 (表 11・1) 参照。

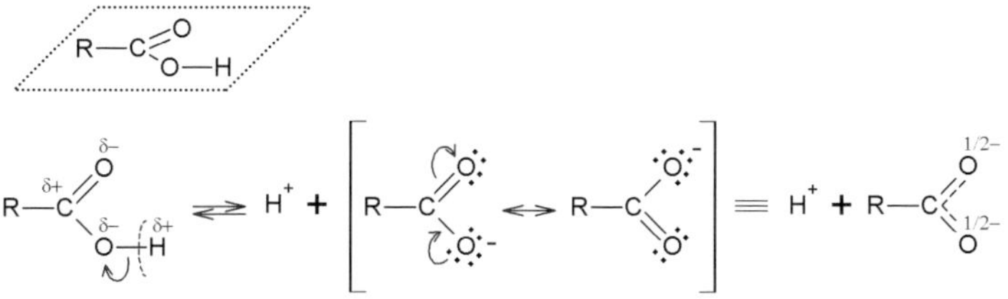

図8・20 カルボキシ基の電離と共鳴安定化

となる。IUPAC では、多くのカルボン酸について慣用名を認めており、例えば脂質を構成する**脂肪酸**などでは慣用名が用いられることの方が多い[20]（「11・2 脂肪酸」を参照）。

　カルボキシ基の炭素原子は sp^2 混成軌道をとるため、炭素原子と酸素原子は平面上にある。酸素原子は電気陰性度が高いため、C＝O 間、O−H 間で分極している。このため、H^+ を放出すると共鳴安定化できるので、カルボキシ基を持つ化合物は**酸性**を示す（**図8・20**）。さらに、この分極のため、**水素結合**が可能で、カルボン酸の沸点はカルボン酸同士の水素結合（**図8・21**）のため高く、また、水分子やアルコール分子と水素結合を形成できるので、炭素数 1〜4 程度のカルボン酸は水と自由に混ざり合うことができる（**表8・7**）。

*20　カルボン酸は酸味料となる。食酢の酢酸、柑橘類のクエン酸、ワインの酒石酸、飲料の乳酸、日本酒のコハク酸などがある。

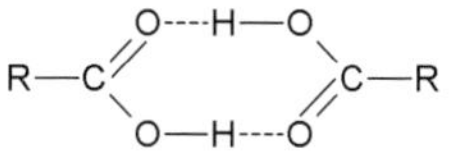

図8・21 水素結合で形成されたカルボン酸の二量体

表8・8　カルボン酸の酸性度

名　称	構造式	pK_a[†]
塩酸	HCl	−7
トリクロロ酢酸	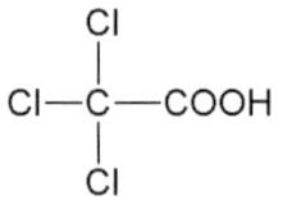 $Cl-\underset{\underset{Cl}{\vert}}{\overset{\overset{Cl}{\vert}}{C}}-COOH$	0.70
ジクロロ酢酸	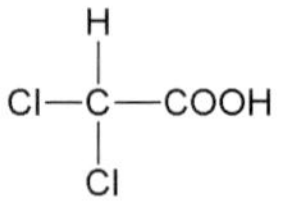 $Cl-\underset{\underset{Cl}{\vert}}{\overset{\overset{H}{\vert}}{C}}-COOH$	1.48
モノクロロ酢酸	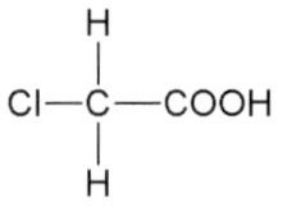 $Cl-\underset{\underset{H}{\vert}}{\overset{\overset{H}{\vert}}{C}}-COOH$	2.85
メタン酸（ギ酸）	HCOOH	3.75
エタン酸（酢酸）	CH_3COOH	4.76
プロパン酸 （プロピオン酸）	CH_3CH_2COOH	4.88

[†] pK_a（酸の電離指数）が小さいほど、酸性度が大きい。

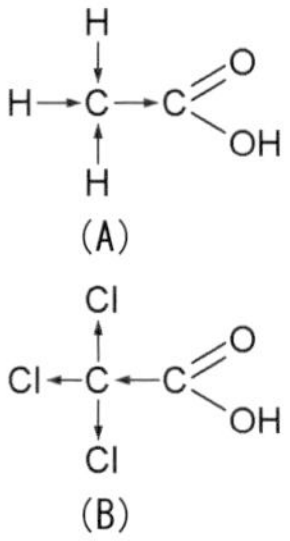

図8・22　酢酸（A）とトリクロロ酢酸（B）の電子の偏り

*21　脂肪は、三価のアルコールであるグリセロールと、炭素数が16〜24程度の脂肪酸のエステルである。タンパク質は、構成アミノ酸のアミドである。

*22　分子内のカルボキシ基とヒドロキシ基が脱水縮合して生成する環状エステルをラクトンという。ビタミンC（L-アスコルビン酸）はγ-ラクトン構造を持つ（本章側注37、図12・19参照）。

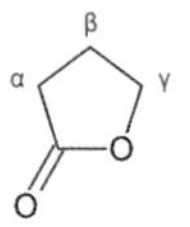

γ-ラクトン

カルボン酸 R-COOH の酸性度は、R の性質に大きく影響される。例えば、酢酸 CH_3COOH の酸性度に比べて、モノクロロ酢酸 $ClCH_2COOH$ の酸性度は大きい（**表8・8**）。これは、クロロ酢酸の Cl は電気陰性度が高く、カルボキシ基から電子を引き寄せる性質（**電子求引性**）が強いため、カルボキシ基の電子がより分散されるためである。また、アルキル鎖が大きくなるほど、酸性度が小さくなる。これは、アルキル鎖が大きくなるほど、電子を押しやる性質（**電子供与性**）が強くなるため、カルボキシ基に電子が押し付けられるからである（**図8・22**）。

カルボン酸の誘導体には、**酸ハロゲン化物**、**酸無水物**、**エステル**、**アミド**などがある（**図8・23**）。エステル、アミドは、生体関連物質によく見られるカルボン酸誘導体である*21。

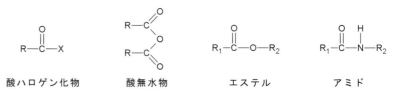

酸ハロゲン化物　　　　酸無水物　　　　　エステル　　　　　アミド

図8・23　カルボン酸の誘導体

エステルは、カルボン酸とアルコールが脱水縮合したもの（**図8・24上**）で*22、エステルの IUPAC 名は、アルコールのアルキル基の名称の後にカルボン酸の "-ic acid" を "-ate" に換えて表す。例えば、酢酸 acetic acid とエタノール ethanol から派生するエステルは "ethyl ace-

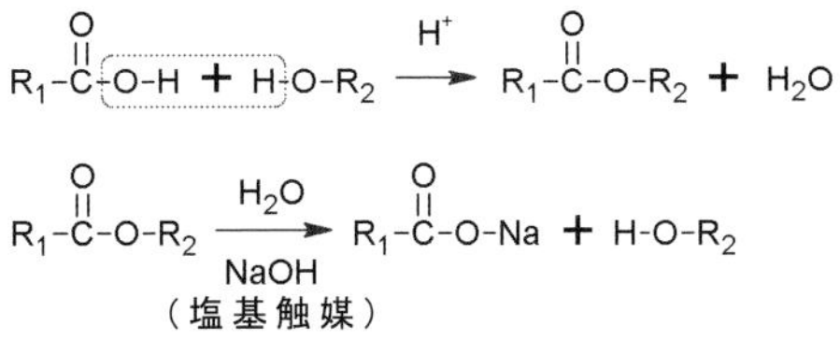

$$R_1\text{-}\overset{\displaystyle O}{\overset{\|}{C}}\text{-}\underline{O\text{-}H} \; + \; \underline{H}\text{-}O\text{-}R_2 \xrightarrow{\;H^+\;} R_1\text{-}\overset{\displaystyle O}{\overset{\|}{C}}\text{-}O\text{-}R_2 \; + \; H_2O$$

$$R_1\text{-}\overset{\displaystyle O}{\overset{\|}{C}}\text{-}O\text{-}R_2 \xrightarrow[\text{NaOH}]{\;H_2O\;} R_1\text{-}\overset{\displaystyle O}{\overset{\|}{C}}\text{-}O\text{-}Na \; + \; H\text{-}O\text{-}R_2$$

（塩基触媒）

図 8・24 エステルの生成（上段）とけん化（下段）

tate"（日本語では、酢酸エチル）となる。エステルは、塩基性条件下で加水分解すると、アルコールとカルボン酸の塩に分解する（**図 8・24 下**）。この操作を**けん化**という。

　カルボン酸のカルボキシ基からヒドロキシ基がはずれた形 RCO- を、**アシル基**という。

8・5 　窒素を含む有機化合物

8・5・1 　アミン

アンモニア NH_3 の H をアルキル基やアリール基に置き換えた化合物

表 8・9 主なアミンとその塩基性度

名　称	構造式	沸点（℃）	融点（℃）	水への溶解度（g 100 mL^{-1}、20 ℃）	pK_b[†]
アンモニア	NH_3	−33	−78	54	4.75
メチルアミン	CH_3NH_2	−6	−93	非常によく溶ける	3.36
ジメチルアミン	$H_3C\diagdown_{H_3C}NH$	7	−92.2	354	3.28
トリメチルアミン	$H_3C\text{-}\underset{CH_3}{\overset{CH_3}{N}}$	3	−117	非常によく溶ける	4.30
エチルアミン	$CH_3CH_2NH_2$	16.6	−81	混和する	3.25
ジエチルアミン	$H_3CH_2C\diagdown_{H_3CH_2C}NH$	55.5	−50	混和する	3.02
トリエチルアミン	$H_3CH_2C\text{-}\underset{CH_2CH_3}{\overset{CH_2CH_3}{N}}$	89	−115	17	3.24
n-プロピルアミン	$CH_3CH_2CH_2NH_2$	48	−83	混和する	3.33
n-ブチルアミン	$CH_3CH_2CH_2CH_2NH_2$	78	−50	混和する	3.38
シクロヘキシルアミン	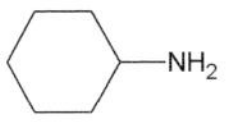 ⬡−NH$_2$	134.5	−17.7	混和する	3.35
アニリン	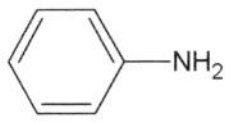 ⬡−NH$_2$	184	−6	3.4	9.42
N-メチルアニリン	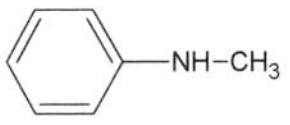 ⬡−NH-CH$_3$	194〜196	−57	不溶	9.15

[†] pK_b（塩基の電離指数）が小さいほど、塩基性度が大きい。

をアミンという。置換された数により、第一級アミン、第二級アミン、第三級アミンがあり、アンモニウムイオン（NH₄⁺）型のアミンを第四級アンモニウムイオンという。アミンの IUPAC 名は、第一級アミンでは、アルキル基やアリール基の名称の後に"-amine"をつけて表す（**表 8・9**）。対称に置換された第二級アミンや第三級アミンでは、置換基の数を表す接頭語"di-"や"tri-"を置換基名の前につけ、置換基名の後に"-amine"をつけて表す。非対称の場合には、最も大きい置換基を母体の第一級アミンと考え、それ以外の置換基名の前に"N-"をつけて表す[*23]。

アミンの窒素原子は酸素原子ほど電気陰性度が大きくないため、アミン間の水素結合はヒドロキシ基より小さいので、沸点は炭化水素とアルコールの中間ぐらいである（**表 8・9**）。窒素原子に結合する水素原子がなく、水素結合ができない第三級アミンは、第一級アミンや第二級アミンより沸点が低い。

アミンの窒素原子は非共有電子対を持つため、プロトンを**配位結合**することができ、**塩基性**を示す（**図 8・25**）。アミンの塩基性度は、カルボン酸の酸性度と同様に置換基の影響を大きく受ける。アルキル基を置換基に持つ第一級、第二級および第三級アミンは、アンモニアよりもやや強い塩基性を示す。これは、アルキル基が電子供与性を持つので電子を窒素原子に押しやり、プロトンの正電荷が安定化するためである[*24]。また、アリール基では塩基性が弱くなる。これは、プロトンの配位結合に関わる窒素原子の非共有電子対がベンゼン環の π 電子雲側に非局在化することによる。さらに、芳香環の一部となったアミンでは、ピリジンでは弱いながらも塩基性を示すが、ピロールは塩基性を示さない[*25]。ピロールの窒素原子の非共有電子対は、炭素原子の π 電子とともに芳香環の π 電子雲の形成に用いられており、プロトンを結合できないからである（**図 8・10**、**図 8・26**）。

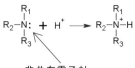

非共有電子対
図 8・25　アミンへのプロトンの配位

*23　アミンには、悪臭（アンモニア臭、魚臭、腐敗魚臭）を放つものが多い。芳香族アミンではインドールは大便臭（非常に低濃度では花の香り）、ピリジンは特有の不快臭を放つ。

*24　アンモニア、メチルアミン、ジメチルアミンではこの順に塩基性が強くなる。トリメチルアミンは、N 原子に結合する三つのアルキル基による立体障害のため H⁺ が N 原子に近づきにくく、メチルアミンやジメチルアミンより塩基性が弱い。

*25　アンモニア、ピリジン、アニリンではこの順に塩基性が弱くなる。

ピロール　イミダゾール　ピリジン　ピリミジン　インドール　プリン

図 8・26　芳香環の一部となったアミンと塩基性
塩基性を示す窒素原子を Ⓝ で示した。

アミンは結晶になりにくく、液体状態では酸化を受けやすい。しかし、酸と反応して生じる塩は水溶性の結晶で、安定である。そのため、特に医薬品などでは、塩酸塩、硫酸塩などの形で取り扱われることが多い。

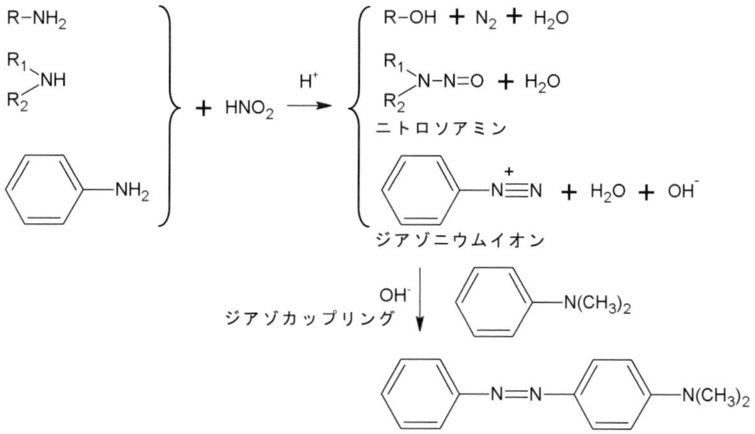

図8・27　アミンと亜硝酸の反応

　アミンと亜硝酸 HNO_2 を酸性条件下で反応させると、脂肪族第一級アミンからはアルコールが、第二級アミンからは**ニトロソアミン**が生じる[*26]。芳香族第一級アミンからは**ジアゾニウムイオン**が生成し、これは塩基性条件下でフェノール類や芳香族アミンと反応（**ジアゾカップリング**）して**アゾ色素**を生じる（**図8・27**）。

　アミンとカルボニル基が脱水縮合すると**イミン（シッフ塩基）**[*27] を生じ、アミンとカルボン酸が脱水縮合すると**アミド**を生じる（**図8・28**）。

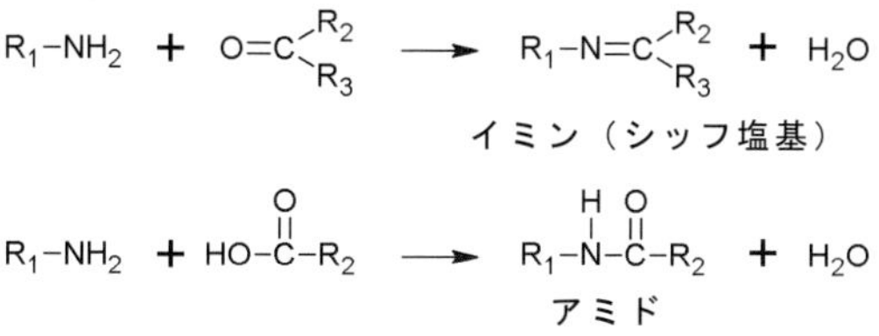

図8・28　アミンからのイミンとアミドの生成

8・5・2　アミド

　カルボキシ基とアミノ基が脱水縮合した構造 –CO–NH– を**アミド**という[*28]。カルボン酸とアミンの脱水縮合は起こりにくく、実際にはカルボン酸無水物などの活性が高い誘導体を用いて生成する。アミドでは、窒素原子の非共有電子対が隣のカルボニル基の π 電子と非局在化するため、塩基性を示さない。しかし、アミドは極性が高いため、分子間水素結合により結晶性がよく、水分子と水素結合するので水に溶けやすい。

　アミノ酸間のアミド結合は、特に**ペプチド結合**と呼んでいる（13・2節参照）。

*26　ニトロソアミンは強力な発癌性物質である。

シッフ　Schiff, H.

*27　イミンはカルボニル基の酸素原子が =NR で置換された構造の化合物である（**図8・28上**）。イミンの窒素原子は非共有電子対を持ち、ルイス塩基として働くので（6・1・3項参照）、シッフ塩基と呼ばれる。

*28　分子内のカルボキシ基とアミノ基が脱水縮合して生成する環状アミドをラクタムという。β-ラクタム環はペニシリンなどの β-ラクタム系抗生物質の部分構造として重要である。

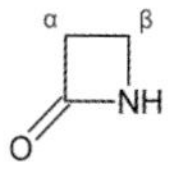

β-ラクタム

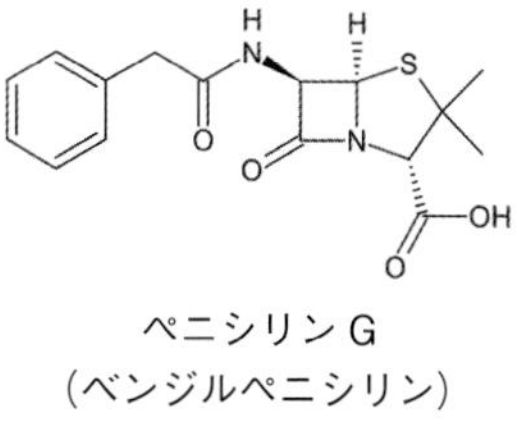

ペニシリンG
（ベンジルペニシリン）

8・6　硫黄を含む有機化合物 —チオールとジスルフィド—

アルコールの O を S に換えた化合物 R-SH を**チオール**、エーテルの O を S に換えた化合物 R-S-R′ を**スルフィド**という。チオールの IUPAC 名は、アルコールの命名法と同様に、炭化水素の末尾に "-thiol" をつけて表す。例えばエタン ethane から派生するチオールは "ethane-thiol" となる。スルフィドの IUPAC 名は、エーテルの官能種類命名法と同様に、S に結合するアルキル基の名称の後に "sulfide" をつけて表す。例えば、メタンとベンゼンから派生するスルフィドは "methyl phenyl sulfide" となる。

S は O に比べて電気陰性度が低いため、チオール基の分極はヒドロキシ基より小さく、チオールの水素結合能はアルコールより小さい。そのため、チオールは相当するアルコールより沸点は低く、水にも溶けにくい（**表8・10**）。一般に、低分子のチオール化合物は悪臭を持つ[*29]。

*29　天然ガスには匂いがないので、ガス漏れ感知のため、2-メチルプロパン-2-チオール（tert-ブチルメルカプタン）などで付臭される。

H₃C-C(CH₃)(CH₃)-SH

2-メチルプロパン-2-チオール（tert-ブチルメルカプタン）

表8・10　主なチオール

名　称	構造式	沸点 (℃)	融点 (℃)	水への溶解度 (g 100 mL⁻¹、20 ℃)
メタンチオール（メチルメルカプタン）	CH_3SH	6	−123	2.3
エタンチオール（エチルメルカプタン）	CH_3CH_2SH	35	−144.4	0.68
チオフェノール（フェニルメルカプタン）	⟨◯⟩-SH	168	−15	不溶
ジメチルスルフィド	CH_3-S-CH_3	37.3	−98	不溶

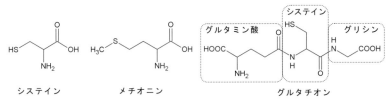

システイン　　　メチオニン　　　グルタチオン

*30　生体内では、チオール化合物であるグルタチオンが、抗酸化剤（還元剤）として機能している。タンパク質の中には、システイン残基のチオール基間でジスルフィド結合を形成して構造を維持しているものがある（**図8・29**）。

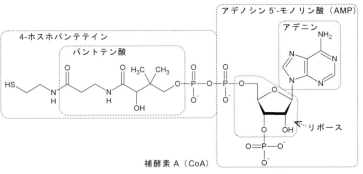

補酵素 A（CoA）

図8・29　生体内のチオール、スルフィド[*30]

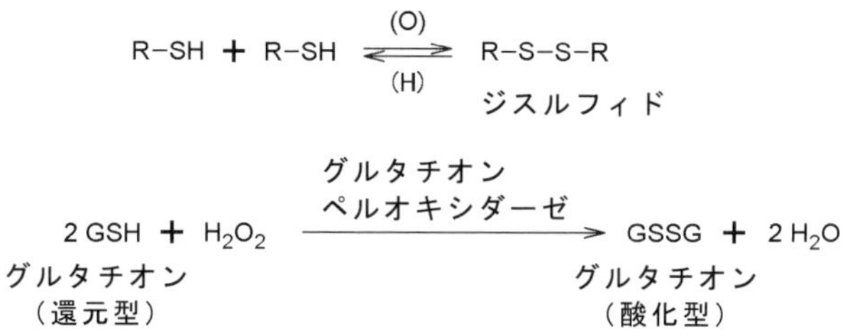

$$R\text{-}SH + R\text{-}SH \underset{(H)}{\overset{(O)}{\rightleftharpoons}} R\text{-}S\text{-}S\text{-}R$$

ジスルフィド

$$2\,GSH + H_2O_2 \xrightarrow[]{\text{グルタチオン}\atop\text{ペルオキシダーゼ}} GSSG + 2\,H_2O$$

グルタチオン　　　　　　　　　　グルタチオン
（還元型）　　　　　　　　　　　（酸化型）

図8・30　チオールの酸化還元
チオールを酸化するとジスルフィドに、ジスルフィドを還元す
るとチオールになる（上段）。生体内で、過酸化水素はグルタチ
オンペルオキシダーゼという酵素の働きで、還元型グルタチオ
ン（チオール型）が酸化型グルタチオン（ジスルフィド型）にな
る反応に共役して、還元反応で水に分解される（補遺A「活性
酸素・活性窒素と生体反応」A・2節参照）。

　チオールは非常に酸化されやすい。チオール同士が酸化されて縮合し
た R-S-S-R′ の形を持つ化合物を**ジスルフィド**といい、-S-S- 結合を**ジ
スルフィド結合**という。逆に、ジスルフィドは容易に還元されて、チオー
ル化合物を生じる（**図8・30**）。

　チオールは、アルコールと同様にカルボン酸と脱水縮合して**チオール
エステル**（チオエステル）R-CO-S-R′ を形成する[*31]。

　チオールが過激に酸化されると、**スルホン酸** $R\text{-}SO_3H$ を生じる。

8・7　ハロゲンを含む有機化合物 ―医学に関連する化合物―

　有機ハロゲン化合物は水に溶けにくく、毒性が高いものが多い。代表
的な有機ハロゲン化合物を**図8・31**にあげる。

　生体内化合物では、甲状腺ホルモンであるチロキシン、トリヨードチ
ロニンがヨウ素を含んでいる。体内に取り入れられたヨウ素は、これら
の甲状腺ホルモンの合成のため、甲状腺に蓄積する[*32]。

　クロロホルムは古くは吸入麻酔薬として用いられたが、毒性が強く、
現在は使用されない。また、歯科では根管充填剤の溶解に用いられてき
た。トリクロロ酢酸はタンパク変性作用が強く、臨床検査では血清など
の除タンパク剤として用いられ、皮膚科ではケミカルピーリング（皮膚
に化学薬品を塗り、皮膚を剥がすことで起こる現象や効果を利用した治
療）に用いられることがある。DDT（殺虫剤として用いられた）とダイ
オキシン（廃棄物の焼却等で生成）は、残留性の高い環境汚染物質で、内
分泌攪乱化学物質である（15・4節参照）。

[*31] コエンザイム A
（CoA）のチオール基と酢酸
とのチオールエステルである
アセチル-CoA は、糖質・脂
質・アミノ酸代謝の中間体で
ある。脂肪酸の分解過程は
CoA のチオール基と脂肪酸
とのチオールエステルである
アシル-CoA の形で、また、
脂肪酸の合成過程はアシル輸
送タンパク質（acyl carrier
protein, ACP）のチオール基
と脂肪酸とのチオールエステ
ルの形で進行する。

[*32] 原子炉事故などで問題
になる ^{131}I は、甲状腺に取り
込まれ、甲状腺癌の原因にな
る。ヨウ素剤を飲んで ^{131}I の
取り込みを抑えれば、発癌リ
スクは低くなる。

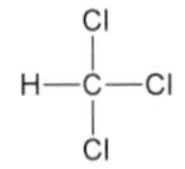

クロロホルム
[かつて麻酔薬として使用；肝毒性]

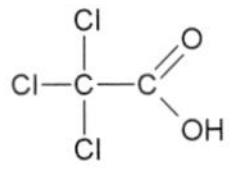

トリクロロ酢酸、
[タンパク変性剤、皮膚科領域で
ケミカルピーリングに使用]

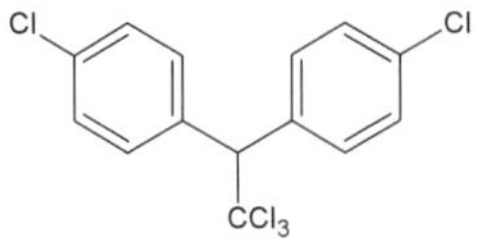

DDT（ジクロロジフェニルトリクロロエタン）
[かつて農薬として使用；発癌性]

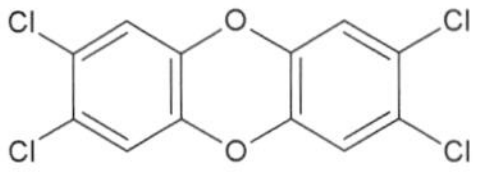

2,3,7,8-テトラクロロジベンゾ-1,4-ジオキシン
[代表的なダイオキシン；急性毒性、催奇形性、
発癌性など]

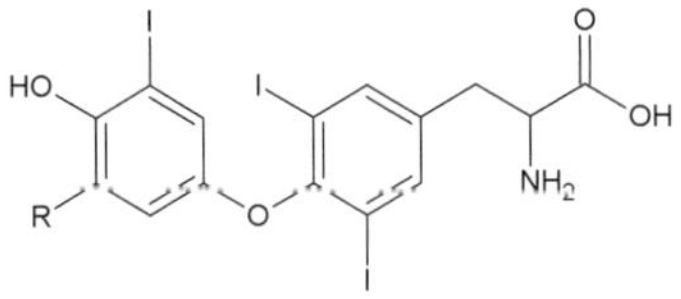

R = H, トリヨードチロニン（T$_3$）
R = I,　チロキシン（T$_4$）
[甲状腺ホルモン；基礎代謝の亢進など]

図8・31　有機ハロゲン化合物

8・8 生理活性を持つ有機化合物

8・8・1　ビタミン

　ビタミンは、生体内で微量ではあるが欠くことのできない有機化合物で、生体内では合成できないか合成量に制限があるため、体外から取り入れる必要があるものをいう。**水溶性ビタミン**（B 群と C）と**脂溶性ビタミン**（A, D, E, K）の二つのグループに大別できる。水溶性ビタミン間での化学構造的な類似性はないが、脂溶性ビタミンはいずれもイソプレン単位（図8・1参照）の繰り返し構造に由来するイソプレノイド誘導体である。ビタミンはいずれも欠乏すると欠乏症を発症する。一方、ビタミンを過剰摂取した際には、過剰な水溶性ビタミンは尿中に排泄されるが、過剰な脂溶性ビタミンは体内に蓄積されやすく、ビタミン A と D では過剰症が発症する。

1）水溶性ビタミン

　ビタミン B 群には、ビタミン B$_1$, B$_2$, B$_6$, B$_{12}$[*33]、ナイアシン（ニコチン酸）[*34]、パントテン酸、ビオチン、葉酸[*35]などが属する（**図8・32**）。これらの多くは、生体内においてリン酸化やヌクレオチド化などによって物質代謝に関与する**補酵素**に変換され、特定の酵素反応に必須の因子として生理機能を発揮している[*36]。**表8・11**に、ビタミン B 群の補酵素名、作用する代表的な酵素および主な欠乏症をまとめた。

　ビタミン C は、壊血病（scurvy）に対抗する因子として見いだされ

*33　ビタミン B$_{12}$ は、胃から分泌される内因子と結合して回腸から吸収される。胃全摘術を行って無治療でいると、のちに貧血を起こす（ビタミン B$_{12}$ は肝臓に多量に蓄えられているため、約5年後に貧血症状が現れる）。

*34　ナイアシンは、必須アミノ酸であるトリプトファンから生合成することができる。転換率は重量比で1/60程度である。

*35　葉酸は二分脊椎、無脳症、脳腫瘍などの発症リスクを低減するとされ、妊娠前および妊娠早期に葉酸サプリメントを摂取することが推奨されている。

*36　補酵素や金属イオン（補因子）を要求する酵素は、その酵素のみでは活性を持たない。この状態の酵素をアポ酵素という。アポ酵素に補酵素などの補因子が結合することではじめて活性を持つ酵素となる。この状態の酵素をホロ酵素という。

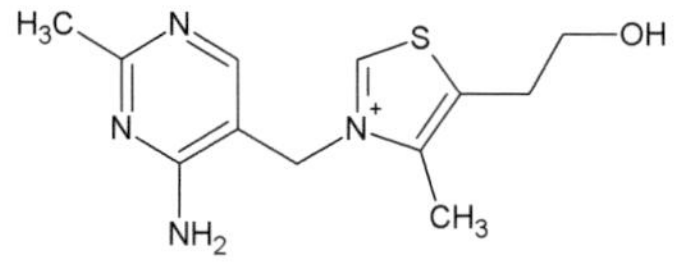

ビタミン B₁（チアミン）

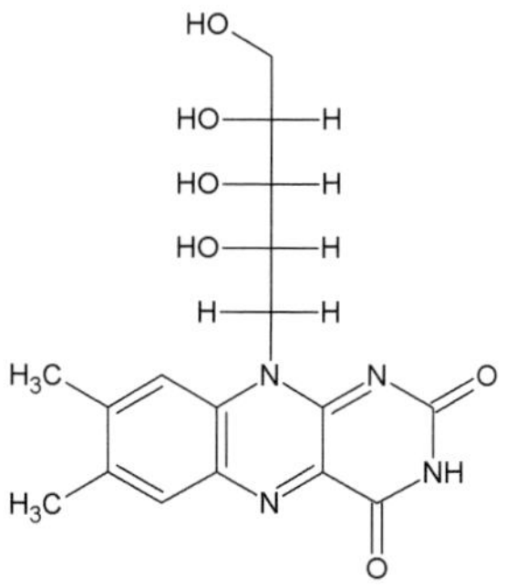

ビタミン B₂（リボフラビン）

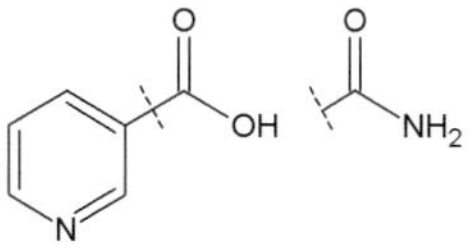

ナイアシン（ニコチン酸、ニコチンアミド）

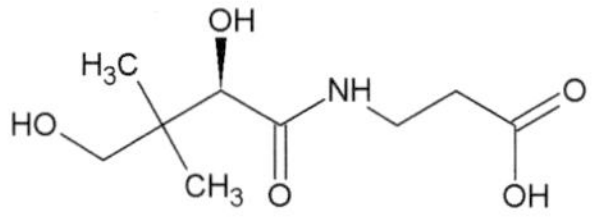

パントテン酸

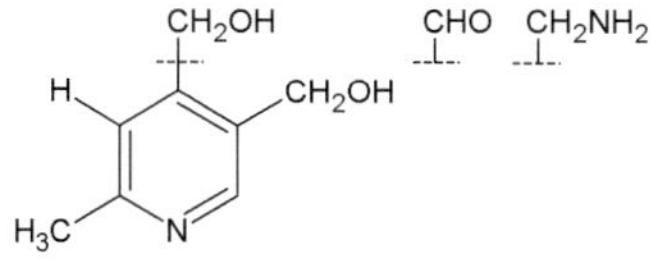

ビタミン B₆（ピリドキシン、ピリドキサール、
ピリドキサミン）

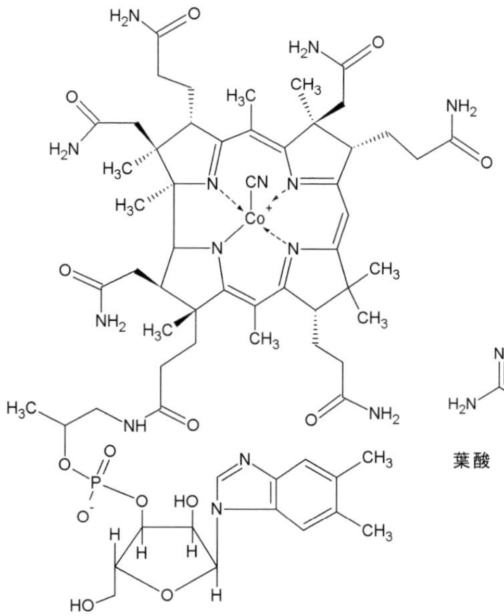

ビオチン

葉酸

ビタミン B₁₂（シアノコバラミン）

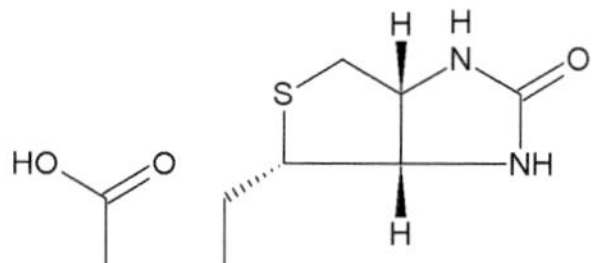

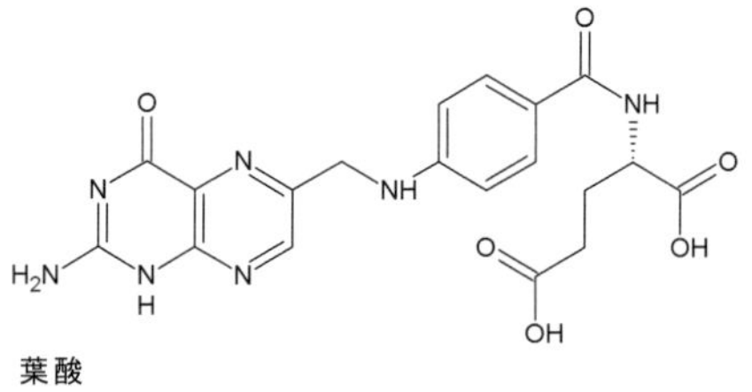

図8・32　ビタミン B 群の構造

た[37]。これは、生体内の結合組織を構成するコラーゲンの合成に必要な酵素がビタミン C を要求するからである。ビタミン C が不足するとコラーゲンが合成できない。ビタミン C は強い**還元作用**を持ち、生体内で水溶性の抗酸化物質としても作用している（図12・19参照）。生体内でビタミン C とビタミン E は連携して作用していると考えられている。

[37]　そのため、ビタミン C はアスコルビン酸（ascorbic acid）と呼ばれる。

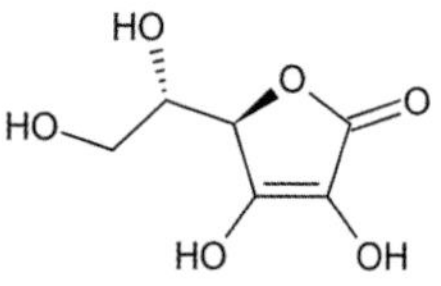

表8・11　ビタミンB群の補酵素

ビタミン	補酵素名	補酵素として働く酵素の作用	欠乏症
B$_1$	チアミンピロリン酸 (TPP)	脱炭酸酵素、脱水素酵素	脚気
B$_2$	フラビンモノヌクレオチド (FMN)、フラビンアデニンジヌクレオチド (FAD)	フラビン酵素 (酸化・還元)	成長障害、粘膜・皮膚の炎症
B$_6$	ピリドキサールリン酸 (PLP)	アミノ酸分解酵素、アミノ基転移酵素	成長停止、体重減少、てんかん様痙攣、皮膚炎
B$_{12}$	アデノシルコバラミン	異性化、メチル化、脱離などの炭素移動	巨赤芽球性貧血
ナイアシン	ニコチンアミドアデニンジヌクレオチド (NAD)、ニコチンアミドアデニンジヌクレオチドリン酸 (NADP)	脱水素酵素 (酸化・還元)	ペラグラ (光過敏性皮膚炎、下痢、認知症が進行し、死に至る。)
パントテン酸	補酵素A (CoA)	酢酸、コハク酸、脂肪酸の活性化	エネルギー代謝障害
ビオチン	ビオチン†	カルボキシ基転移	体重減少、皮膚炎
葉酸	テトラヒドロ葉酸 (THFA)	ホルミル基やメチル基などの炭素一つから成る部分の転移	巨赤芽球性貧血

† ビオチンはそのままの形で働く。

*38 ヒトでは尿酸オキシダーゼが欠損し、血漿中の尿酸濃度が上昇すると同時にアスコルビン酸合成酵素が欠損している。これは、尿酸が水溶性の抗酸化物質として部分的にアスコルビン酸の代用となるためと考えられている。この結果、ヒトでは、ほかの動物に比較して血中尿酸濃度が高くなっており、少しの刺激で結晶化するので、痛風が発症するようになった。

生体膜内に存在するビタミンEが膜内に生じた酸化物質を還元し、自らは酸化される (図8・37参照)。その酸化されたビタミンEをビタミンCが還元して元に戻す。酸化されたビタミンCは、酵素的に還元され (アスコルビン酸還元酵素)、また元のビタミンCへと戻ることができる。このように、還元する酵素を持たないビタミンEの再生にビタミンCが用いられている。ビタミンCを体内で合成できないのは、ヒト、サルの一部、モルモットなどであり、ほかの多くの動物にとってアスコルビン酸はビタミンではない*38。

2) 脂溶性ビタミン

　ビタミンAは化学名を**レチノール**といい、β-カロテン (ニンジンなどの黄色い色素) に由来する**ポリエン化合物**である (**図8・33**)。構造中の炭化水素鎖の末端はアルコールの形であるが、アルデヒドの形のものを**レチナール**、カルボン酸の形のものを**レチノイン酸**といい、これらすべ

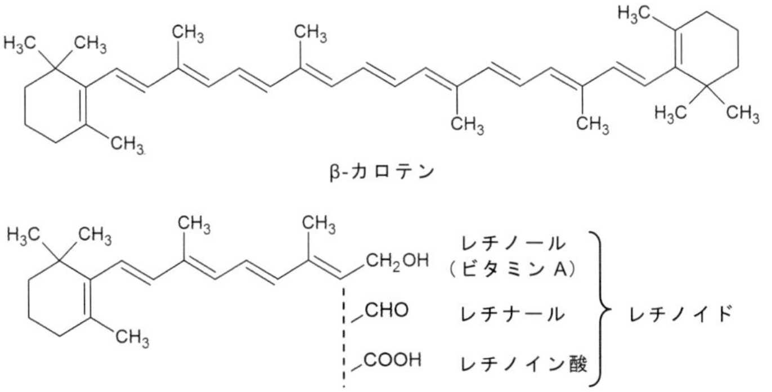

β-カロテン

レチノール (ビタミンA)
レチナール
レチノイン酸
レチノイド

図8・33 β-カロテンとレチノイド

てを合わせて**レチノイド**と呼ぶ。炭化水素鎖の二重結合は**共役二重結合**である[*39]。

網膜桿体細胞では、**オプシン**というタンパク質と結合した 11-*cis*-レチナールが光を吸収して all-*trans*-レチナールに異性化し、オプシンの立体構造を変化させることで光感知が行われている（**図8・34**）。このほか、ビタミンAは上皮細胞の維持に必要である。また、レチノイン酸は遺伝子発現の調節に関わっている。さらに、ビタミンAは癌の進行を抑制すると考えられている[*40]。

all-*trans*-レチナール　　オプシン　　ロドプシン　　光　　11-*cis*-レチナール

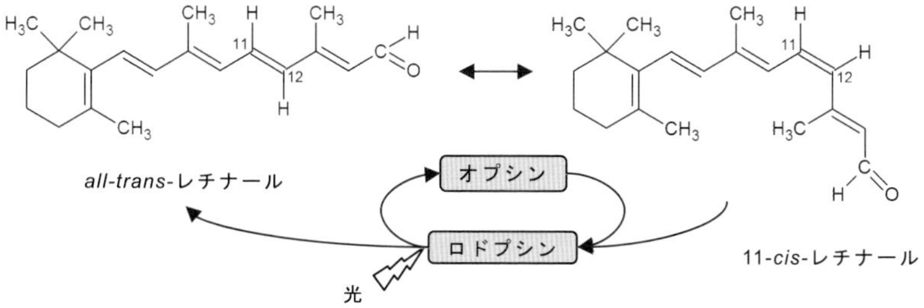

図8・34 視サイクルにおけるレチナール

ビタミンDには動物性のビタミンD₃（**コレカルシフェロール**）と植物性のビタミンD₂（**エルゴカルシフェロール**）があり、それぞれ7-デヒドロコレステロールとエルゴステロールから合成される[*41]。いずれもステロイド骨格のB環が光と熱によって開環した構造を持つ（**図8・35**）。体内で実際に機能するのはA環の1位と側鎖の25位がヒドロキシ化された活性型ビタミンD（1α,25-ジヒドロキシビタミンD、カルシトリオール）で、小腸からのカルシウムの吸収や骨の改造（リモデリング；既存の骨が溶解され、そこに新しい骨が形成される現象）を促進する。

ビタミンEはトコフェロールとトコトリエノールの総称で、それぞれ

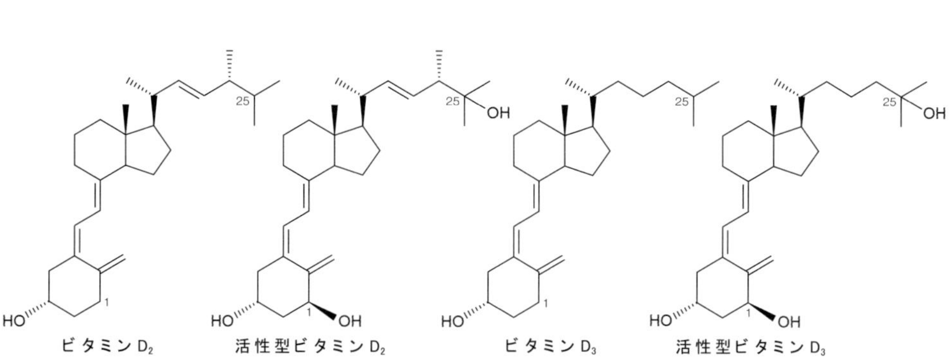

ビタミンD₂　　活性型ビタミンD₂　　ビタミンD₃　　活性型ビタミンD₃

図8・35 ビタミンDと活性型ビタミンD

[*39] 共役二重結合は、共役系が長いほど長波長の光を吸収することができる。β-カロテンが黄色く見えるのは、11個の二重結合が共役しているからである。

[*40] 脂溶性ビタミンの過剰量は体内に蓄積し、場合によっては過剰症を起こす。ビタミンAでは過剰症として皮膚剥離、頭痛、悪心、肝障害が知られているほか、奇形が発症することがあるので、特に妊婦や妊娠の可能性のある女性は注意が必要である。

[*41] ビタミンD₃は、体内でもコレステロール合成経路の最終中間体である7-デヒドロコレステロールから、少量ながら生合成することができる。

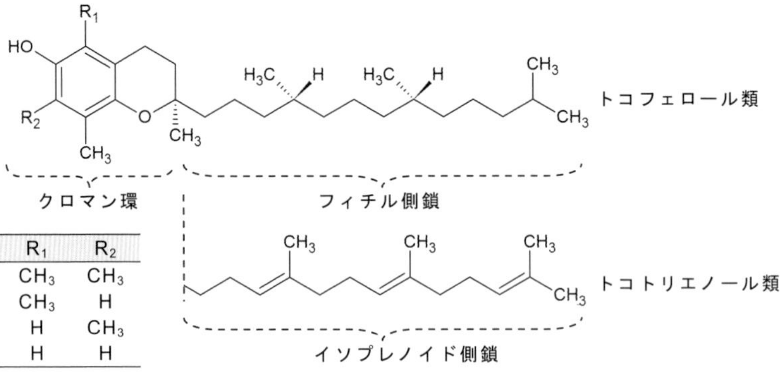

同族体	R_1	R_2
α	CH_3	CH_3
β	CH_3	H
γ	H	CH_3
δ	H	H

図8・36　ビタミンE

に四種類の同族体が存在する（**図8・36**）。トコフェロールは、クロマン環と二重結合のないフィチル側鎖からなる。トコトリエノールは、クロマン環と二重結合が三つあるイソプレノイド側鎖からなる。このうち、体内で最も多いのは***α*-トコフェロール**である。

ビタミンEは**抗酸化作用**が高く、生体膜の多価不飽和脂肪酸の酸化を防止する。クロマン環のヒドロキシ基でのラジカル捕捉能は非常に高く、特に生体内では脂質ペルオキシラジカルを捕捉して非ラジカル体に変え、ラジカル連鎖反応を止める（**図8・37**）。

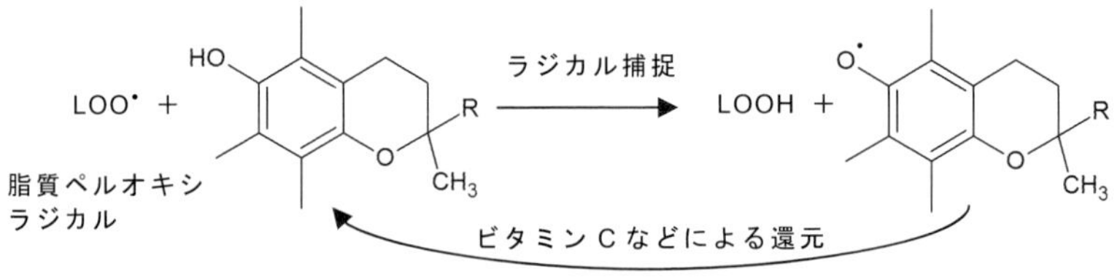

図8・37　ビタミンEによるラジカルの捕捉

ビタミンKは2位にメチル基をもつナフトキノン環を共通の構造とし、3位のイソプレノイド側鎖の違いにより、数種の化合物がある＊42。ビタミンK_1は**フィロキノン**（植物性）、ビタミンK_2は**メナキノン**（細菌性）で、側鎖のないビタミンK_3（**メナジオン**、合成品）も生理活性を持つ（**図8・38**）。

＊42　ビタミンKの名称は、血液凝固の「凝固」（ドイツ語 Koagulation）の頭文字をとって名付けられた。

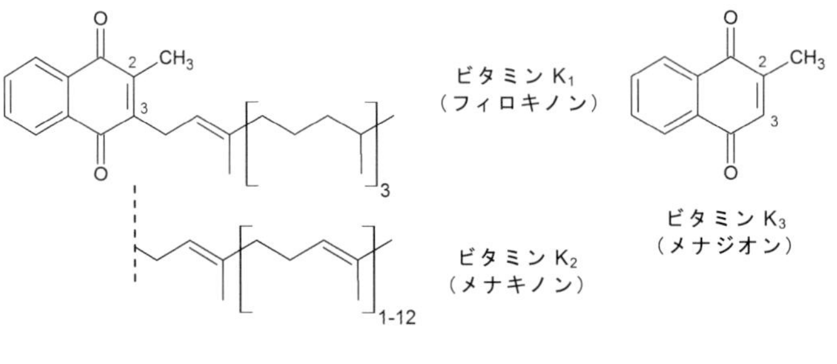

図8・38　ビタミンK

ビタミン K は、血液凝固因子（プロトロンビン、血液凝固第Ⅶ・Ⅸ・Ⅹ因子）や、骨基質タンパク質であるオステオカルシンなどが持つ特殊なアミノ酸残基 **γ-カルボキシグルタミン酸**残基（Gla）の合成（グルタミン酸残基の γ-カルボキシ化[*43]）に必要で、欠乏すると出血傾向が現れる[*44]。脂溶性ビタミンの欠乏症と過剰症を**表8・12** にまとめた。

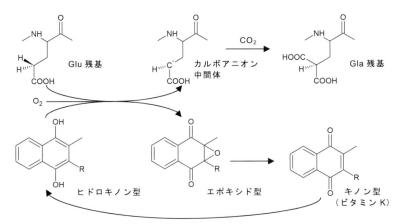

図8・39　ビタミン K によるグルタミン酸残基の γ-カルボキシ化

表8・12　脂溶性ビタミンの欠乏症と過剰症

ビタミン	欠乏症	過剰症
A	夜盲症、皮膚乾燥症	皮膚剥離、食欲不振、頭痛、吐き気、肝障害
D	くる病、骨軟化症	高カルシウム血症、軟組織の石灰化、腎障害
E	神経障害	—
K	出血傾向、血液凝固遅延	—

8・8・2　ホルモン

ホルモンは、生体内の特定の器官で合成され、血中に分泌されて（**内分泌**）輸送され、特定の器官で作用する有機化合物である。極めて微量で作用し、細胞間の情報伝達を担っている。ホルモンを化学構造的に分類すると、**アミノ酸誘導体ホルモン**、**ペプチドホルモン**、**ステロイドホルモン**の三種類に分類できる[*45]。

1）アミノ酸誘導体ホルモン

アミノ酸やタンパク質中のアミノ酸残基から生成されるホルモンで、アドレナリンやノルアドレナリン[*46]などのカテコールアミン、甲状腺ホルモンのチロキシン、松果体ホルモンのメラトニンなどがある（**表8・13**）。カテコールアミンは、チロシンが酵素の働きで 3,4-ジヒドロキシフェニルアラニン（DOPA、ドーパ）となり、ドーパミン[*47]、ノルアド

[*43]　グルタミン酸残基の γ-カルボキシ化の際には、ビタミン K はキノン部分が還元されてヒドロキノン型になる。このヒドロキノンと酸素がグルタミン酸残基の γ 位の炭素からプロトンを引き抜いてカルボアニオン中間体を形成し、カルボキシ化を容易にする。このときビタミン K はエポキシド型になるが、酵素的にキノン型を経てヒドロキノン型にリサイクルされる（**図8・39**）。

[*44]　ビタミン K は腸内細菌が産生するため、欠乏症はまれである。しかし、生まれたばかりの新生児では腸内細菌叢が充分にできておらず、しばしばビタミン K 欠乏症を起こす。そのため、出生後1日後、5日後、1か月検診時のような頃合いでビタミン K シロップを投与するのが一般的である。

[*45]　ホルモンを溶性で分類することもある。
・水溶性ホルモン
　カテコールアミン、ペプチドホルモン
・脂溶性ホルモン
　チロキシン・トリヨードチロニン、ステロイドホルモン
　水溶性ホルモンの受容体は細胞膜に、脂溶性ホルモンの受容体は細胞内（細胞質・核）に存在する。

[*46]　交感神経の神経伝達物質でもある。

[*47]　カテコールアミンの一つで、脳内の神経伝達物質である。

ドーパミン

表8・13　アミノ酸から生じるホルモン

由来	ホルモン	分泌器官	機能	構造
チロシン	アドレナリン	副腎髄質	心拍数や血圧上昇、グルコース血中濃度の上昇、瞳孔拡張	
チロシン	ノルアドレナリン	副腎髄質・神経細胞	心拍数の増加、脂肪からのエネルギー放出	
チログロブリンのチロシン残基	チロキシン	甲状腺	酸素消費量・熱産生・心拍数の増加、糖新生、脂肪分解促進	
トリプトファン	メラトニン	松果体	概日リズム（サーカディアンリズム）の調節、抗酸化作用	

レナリンと変換され、アドレナリンとなって生成する。チロキシンは、甲状腺にあるチログロブリンというタンパク質中のチロシン残基がヨード化されてから、その2分子が会合して生じる。メラトニンは、トリプトファンが5-ヒドロキシトリプトファンを経て5-ヒドロキシトリプタミン（セロトニン[48]）になり、これがさらにアセチル化とメチル化を受けて生じる。

2）ペプチドホルモン

アミノ酸がペプチド結合（アミド結合）したペプチドであるホルモンが多数ある。**表8・14**に代表的なペプチドホルモンの名称と生産部位、主な機能などをまとめた。

*48　脳内の神経伝達物質であり、炎症のケミカルメディエーターでもある（第11章側注9参照）。

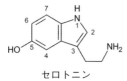

セロトニン

表8・14　代表的なペプチドホルモン

ペプチドホルモン	生産部位	機能	構成アミノ酸数
グルカゴン	膵臓（α細胞）	血糖上昇	29
インスリン	膵臓（β細胞）	血糖低下	51
オキシトシン	下垂体	子宮収縮	9
バソプレッシン	下垂体	抗利尿作用	9
副腎皮質刺激ホルモン（ACTH）	下垂体	副腎皮質刺激・コルチコイドの分泌促進	39
ガストリン	幽門腺	胃塩酸分泌	17
セクレチン	小腸	膵液水分、HCO_3^- の分泌	27
コレシストキニン	十二指腸	胆嚢収縮・膵液の分泌促進	33

3）ステロイドホルモン

コレステロールを材料に合成されるホルモンで、副腎皮質ホルモンで

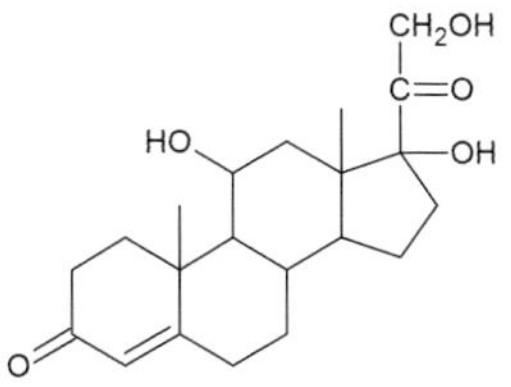

コルチゾール
（グルココルチコイド、C21）

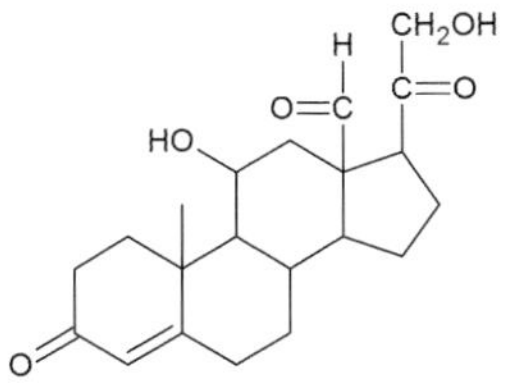

アルドステロン
（ミネラルコルチコイド、C21）

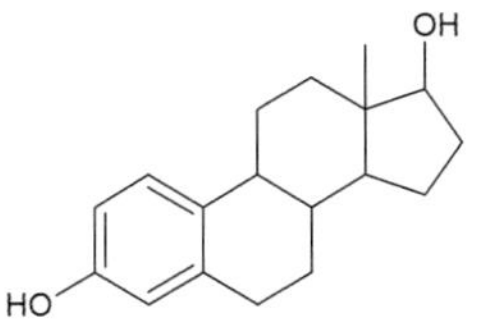

エストラジオール
（エストロゲン、C18）

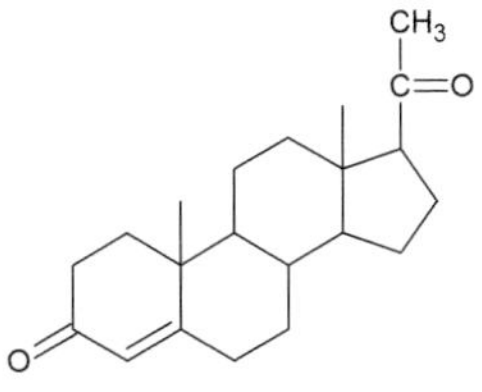

プロゲステロン
（ゲスタゲン、C21）

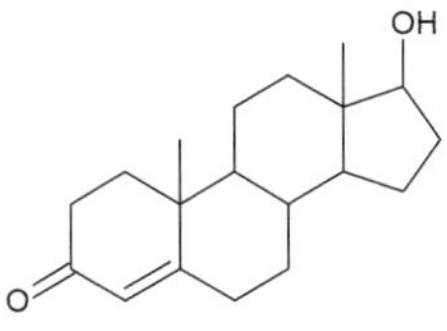

テストステロン
（アンドロゲン、C19）

図 8・40　代表的なステロイドホルモン

ある**グルココルチコイド**（コルチゾールなど）と**ミネラルコルチコイド**（アルドステロン）、卵胞ホルモンである**エストロゲン**（エストラジオールなど）、黄体ホルモンである**ゲスタゲン**（プロゲステロン）、精巣ホルモンである**アンドロゲン**（テストステロンなど）のグループがある。

いずれもコレステロールに由来するステロイド骨格を持つが、エストラジオールでは炭素数が 18 で A 環が芳香環になっている。テストステロンは炭素数 19、プロゲステロン、アルドステロン、コルチゾールは炭素数 21 である（**図 8・40**）。

グルココルチコイドは肝臓における糖新生を亢進して血糖値を上昇させる作用や抗炎症作用を持ち、天然型および構造類似体は医薬品（ステロイド性抗炎症薬）としても使われている＊49。ミネラルコルチコイドは電解質代謝に、性ホルモンは第二次性徴と性周期に関わる。

＊49　ステロイド性抗炎症薬は、ホスホリパーゼ A_2 を阻害してリン脂質の *sn*-2 位に結合したアラキドン酸などの遊離を抑え、炎症に関わるプロスタグランジンの合成を抑制する。

Column　多環芳香族炭化水素

　多環芳香族化合物（PAHs：polycyclic aromatic hydrocarbons）とは二つ以上の芳香環が結合した有機化合物で、炭素と水素以外の原子や置換基を含まないものをいう。急性毒性が強く、発癌性や遺伝毒性があること、あるいは発癌性が疑われることが報告されている。これらの化合物は、有機物質の不完全燃焼や熱分解によって生じ、化石燃料燃焼プラント、コークスとアルミニウムの製造プロセス、石油精製、カーボンブラック生産、コールタールおよび関連製品の製造などの工業プロセスで発生する。また、自動車・航空機の排ガス、たばこの煙、肉・魚介類の燻製・網焼き、植物油、穀物製品などにも多く含まれている。最もよく知られている PAHs の一つがベンゾ [a] ピレンである。ベンゾ [a] ピレンは、国際がん研究機関（IARC：International Agency for Research on Cancer）による主要な PAHs の評価で「ヒトに対して発癌性がある」とする最上位のグループ1に評価されている。生体内では、酵素反応を受けてベンゾ [a] ピレン-7,8-ジオール-9,10-エポキシドに変化し、これが DNA のグアニン塩基に結合して発癌性を現す（図 a）。

　日本人では PAHs の暴露は、環境からの暴露より食品や喫煙からの暴露が大きいと考えられている。食品中の PAHs は、ヨーロッパ連合（EU）（食用油脂、乳幼児用食品、燻製など）では四種の PAHs（ベンゾ [a] ピレン、ベンゾ [a] アントラセン、ベンゾ [b] フルオランテン、クリセン）（図 b）の総量の基準値を設定しており、カナダ（オリーブポーマスオイル）、韓国（食用油脂、燻製魚など）、中国（食用油脂）などではベンゾ [a] ピレンの基準値が定められている。2012 年には、韓国でかつお節から基準値を超えるベンゾ [a] ピレンが検出され、そのかつお節を使っている即席ラーメンなどが自主回収された。日本では食品中の PAHs の基準値は設定されていないが、このとき日本もこれに対応して輸入業者に自主回収を要請したことがある。

ベンゾ [a] ピレン　　酵素反応　　ベンゾ [a] ピレン-7,8-ジオール-9,10-エポキシド　　DNA 鎖　　DNA 付加体

図a　ベンゾ [a] ピレンの発癌機構

ベンゾ [a] アントラセン　　ベンゾ [b] フルオランテン　　クリセン

図b　EU の PAHs 総量基準値の対象となったベンゾ [a] ピレン以外の PAHs

演 習 問 題

1. 次の化合物の IUPAC 名を記せ。

(1) CH₃CHCH₂CHCH₂CH₂CH₃
      │   │
     CH₃   CH₂CH₃

$$\text{CH}_3\text{CHCH}_2\text{CHCH}_2\text{CH}_2\text{CH}_3$$

(2)
$$\underset{\underset{\text{CH}_2\text{CH}_3}{|}}{\text{CH}_3\text{CH}_2}-\overset{\text{CH}_3}{\underset{|}{\text{CH}}}-\overset{\text{O}}{\overset{\|}{\text{C}}}-\text{H}$$

(3)
$$\underset{\text{H}_2\text{C}-\text{CH}_2}{\overset{\text{O}}{\diagup\diagdown}}$$

(4)
$$\text{CH}_3\text{CH}_2\text{CH}_2-\overset{\text{O}}{\overset{\|}{\text{C}}}-\text{O}-\text{CH}_2\text{CH}_2\text{CH}_2\text{CH}_3$$

(5)
ベンゼン環に $-\underset{\underset{\text{H}}{|}}{\text{CH}_2-\text{N}}-\text{CH}_2\text{CH}_3$

(6) HS-CH₂CH₂CH₂CH₂-SH

(7)
$$\text{HO-CH}_2\text{CH}_2\overset{\text{CH}_3}{\underset{|}{\text{CH}}}\text{NH}_2$$

2. プロパンの沸点は −42℃、ジメチルエーテルの沸点は −24℃であるのに対し、エタノールの沸点は 79℃と極めて高い理由を説明せよ。

3. 芳香族性に関する法則を説明し、ベンゼン、ピリジン、ピロールが芳香族性を持つ理由について構造式をあげて述べよ。

4. ギ酸、酢酸、トリクロロ酢酸、プロピオン酸の構造を示し、酸性度の高い順に並べよ。また、酸性度がその順になる理由を説明せよ。

5. アルデヒド R-CHO とアルコール R′-OH からヘミアセタールができる反応式を記せ。また、このとき、アルコールの酸素がカルボニル基の炭素に結合できる理由を説明せよ。

6. アンモニア、メチルアミン、ジエチルアミン、アニリン、ピロールの構造を示し、塩基性度の高い順に並べよ。また、塩基性度がその順になる理由を説明せよ。

7. チオールから生じるジスルフィドやチオールエステルが生体内でどのような働きをしているかを説明せよ。

8. 水溶性ビタミンは生体内でどのように機能するかを説明せよ。

9. 脂溶性ビタミンの構造的特徴を述べよ。また、脂溶性ビタミンを四つあげ、それぞれの主な生理的役割を述べよ。

10. アドレナリン、チロキシン、メラトニン、インスリン、グルカゴン、コルチゾール、アルドステロン、プロゲステロン、エストラジオール、テストステロンを化学構造から三種類に分類せよ。

第9章

有機化合物の異性体

異性体とは、同じ分子式を持つ分子が、その結合の仕方の違いで異なる分子となったものであり、有機化合物の構造を理解するうえで欠かすことができない。さらに医療においては、立体異性体ごとでまったく異なる生理作用を持つことが知られており、病気の治療において異性体のことは必ず知っておかなくてはならない。

本章では有機化合物に対象を絞り、異性体全体を理解することを目指し以下のことを学ぶ。① 異性体の分類、② 重要な立体異性体である鏡像異性体（エナンチオマー）、③ 偏光との相互作用である旋光性やほかの鏡像異性体との反応、④ 鏡像異性体を区別するための表記法、⑤ 幾何異性体を含めたジアステレオマー、⑥ 単結合の回転による配座の違いに由来する立体配座異性。

9・1 異性体

分子式が同じで構造が異なるものが**異性体**である。有機化合物の異性体は、原子の結合配列が異なることで生じる**構造異性体**と、結合配列は同じだが立体的な配置の違いで生じる**立体異性体**とに分けることができる。構造異性体には連鎖異性 (chain isomerism)、位置異性 (position isomerism)、官能基異性 (functional isomerism) などがある。例えば、ブタンとイソブタン、1-ブタノールと 2-ブタノール、エタノールとジメチルエーテルなどがそれぞれの例である（**図9・1**）。これらは、同じ分子式であるが、原子の結合配列が異なるため、融点、沸点、密度などの物理的な性質や、ほかの物質との反応性などが異なる。立体異性体は、エナンチオマー (enantiomer) ともいう鏡像異性体（光学異性体）と、鏡像異性体以外であるジアステレオマーに分けられ、さらに回転異性体とも呼ばれる立体配座異性体がそれに加わる。ジアステレオマーには幾何異性体が含まれる。本章では立体異性体に関してくわしく述べる。

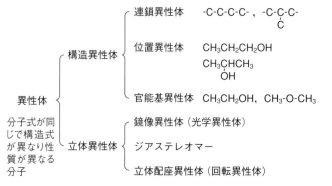

図9・1　異性体の分類

9・2 鏡像異性体 (エナンチオマー)

9・2・1 キラリティー

実物と鏡に写った像とが互いに重ね合わせることができない関係を**キラル** (chiral) であるといい、互いにキラリティー (chirality) を持つという。キラルの語源はギリシャ語で手を意味する $\chi\varepsilon\iota\rho$ (cheir) であり、右手と左手が、互いにこの関係にある代表的なものである。右手と左手は互いに鏡像の関係にあるが、手の面を同じ向きにして重ねることはできない (**図9・2**)。取っ手の付いた水差しも同じである。このように、互いに鏡像が異なるもの同士を**鏡像異性体**、あるいは**エナンチオマー**という。一方、手の甲と手のひらの区別がない軍手を比べてみると、その鏡像同士は互いに重ね合わせることができる。ねじ回しも同じである。両者を比べると、違いはその物質に対称面があるか否かであることがわかる。軍手やねじ回しは対称面を設定できるが、実際の手や水差しでは設定できない。軍手やねじ回しのように鏡像同士が重なり合う関係を**アキラル** (achiral) であるという。

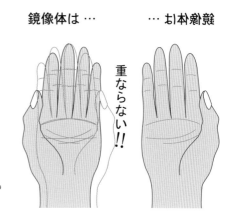

図9・2 キラルな物質とアキラルな物質
手は実物とその鏡像とが重ならないのでキラルである。対称面を持つねじ回しはアキラルだが、対称面のない手や水差しはキラルである。

9・3 不斉炭素

有機化合物でキラルな構造を持つものの代表は、sp³ 混成軌道を用いて生じる正四面体炭素の各置換基が互いに異なるときに生じる。このようなとき、分子の内部に対称面を設定できず、鏡像体は互いに重ね合わせることができない。この四つの異なる基が結合している特別な炭素は**不斉炭素** (あるいはキラル炭素、＊を C に付して表す) と呼ばれる (**図9・3A**)。一方、置換基のうちの二つ以上の基が同じであれば鏡像は互いに重ね合わすことができるのでアキラルとなる (**図9・3B**)[*1]。

*1 不斉炭素がなくてもキラルである化合物も存在する。アレン (allene) 誘導体 (次ページ図9・3の下の図を参照) やビフェニル (biphenyl) 誘導体のように、対称軸となる原子結合鎖に異なる置換体が結合することでキラルとなる化合物がある。これらの分子は、不斉中心を持たないがキラルである。

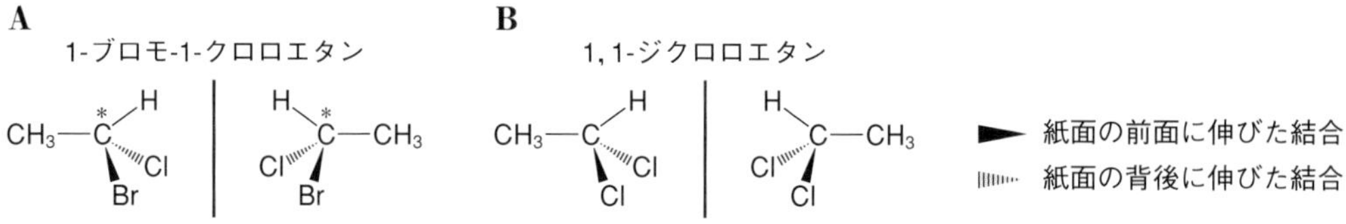

A
1-ブロモ-1-クロロエタン
B
1,1-ジクロロエタン

$CH_3-\overset{*}{C}-\overset{H}{\underset{Br}{|}}Cl$　$\overset{H}{\underset{Br}{|}}C-CH_3$　$CH_3-C-\overset{H}{\underset{Cl}{|}}Cl$　$\overset{H}{\underset{Cl}{|}}C-CH_3$　▶ 紙面の前面に伸びた結合
‖‖‖ 紙面の背後に伸びた結合

図9・3 キラルな分子 (A)、アキラルな分子 (B)

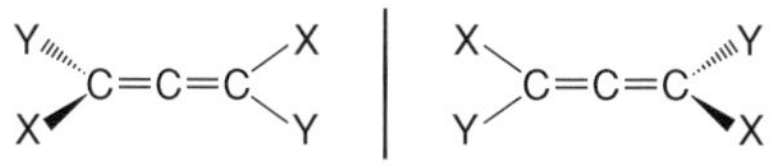

$\overset{Y}{\underset{X}{\diagdown}}C=C=C\overset{X}{\underset{Y}{\diagdown}}$　$\overset{X}{\underset{Y}{\diagdown}}C=C=C\overset{Y}{\underset{X}{\diagdown}}$

アレン誘導体

9・4　鏡像異性体の性質の違い

　鏡像異性体同士は全体の物質量や結合のエネルギーに違いがないので、ほとんどの物理的性質に違いが見られない。密度、融点、沸点、屈折率、溶解度、吸光スペクトルなどは同じである。そのため、両者を区別したり分離するには特別な工夫が必要とされる。それは、相互作用する相手に非対称性を持つものを使うことである。その代表的なものが、非対称な相互作用を感知する光、つまり偏光との相互作用を使う方法と、同じ鏡像異性体との反応を利用する方法である。

9・4・1　旋　光　性

　鏡像異性体を区別する方法として、非対称性を感知できる光である面偏光との相互作用について述べる。自然光は進行方向に垂直な面内の全ての方向で振動している光と考えられる。その光が、特別な方向へ配向した有機物の結晶を埋め込んだガラス板（偏光板という）を通過すると、一つの面で振動している光のみを取り出すことができる（**図9・4**）[*2]。これを面偏光といい、面偏光は左巻きの円偏光と右巻きの円偏光が合成されたもの（ベクトル和）と考えることができる（**図9・4C**）。鏡像異性体はその構造の対称性が異なるゆえに、左右の円偏光のそれぞれと異なる相互作用を持つ。その結果、どちらかの円偏光の速度が遅くなり、それに伴いそのベクトル和である面偏光の偏光面の角度が傾くことになる（**図9・4E**、**図9・5**）。この現象を**旋光**（optical rotatory）といい、そのような性質を示すことを旋光性（光学活性）があるという。

　この回転角度は、もう一つの検出用偏光板（検光子）を用いて再び面偏光が通過して光が見える位置まで回転させ、その角度を測定することで知ることができる（**図9・4E**）。その角度は、試料の濃度と光が試料を通過する長さに依存している。また、使用する光の波長、用いる溶媒、温度によっても変化する。それらの条件を一定のものとしたときに示す

*2　スキーや釣りには偏光サングラスがよく使われる。これは、雪や水面による反射光が、通常横方向の偏光となるため偏光レンズを通さず、反射光による照り返しをカットできるためである。反射光以外の自然光はあらゆる方向の振動面を持つため、一部のみカットされるだけである。

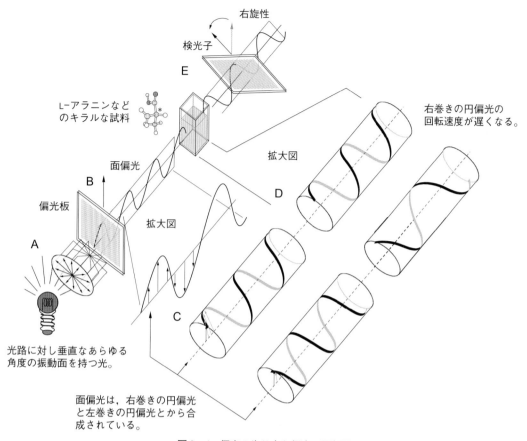

右旋性

検光子

E

L−アラニンなど
のキラルな試料

面偏光

拡大図

B

偏光板

A

拡大図

C

D

右巻きの円偏光の
回転速度が遅くなる。

光路に対し垂直なあらゆる
角度の振動面を持つ光。

面偏光は，右巻きの円偏光
と左巻きの円偏光とから合
成されている。

図 9・4 偏光の生じ方と偏光の回転面
偏光板を通過して面偏光となった光がキラルな試料を通過することで面偏光の角度が変化する。面偏光を左右
の円偏光の合成（C）と考え、図ではキラルな試料との相互作用で右巻きの円偏光の回転速度が遅くなる例で示
されている。

旋光角は、融点などと同じ鏡像異性体に固有の値であり、**比旋光度**とい
う。鏡像異性体同士は旋光角の値が同じで回転する方向が逆となる。回
転角度が光源の方向に向かって右回り（時計回り）であれば、その異性
体を右旋性 (dextrorotatory)[3] といい、d または（＋）の記号で示す。逆
に左回り（反時計回り）であれば、左旋性 (levorotatory)[3] といい、l ま
たは（−）の記号で示す。

*3 それぞれギリシャ語の
dextro（右旋性）、levo（左旋
性）に由来する。

9・4・2 ラセミ体

　右旋性と左旋性の鏡像異性体の同濃度の溶液を同量ずつ混合すると、
この混合溶液は光学活性を示さなくなる。このような鏡像異性体の等量
混合物を**ラセミ体** (racemic body)[4] という。アキラルな分子からキラ
ルな分子を化学的に合成するときは、生成物は一般にはラセミ体となる
が、どちらかの鏡像異性体を特異的に合成する手法（**不斉合成**）も盛ん

*4 キラルな化合物の等量
混合物（ラセミ混合物）と等
量化合物（ラセミ化合物）の
二種類を総合してラセミ体と
呼ぶ。

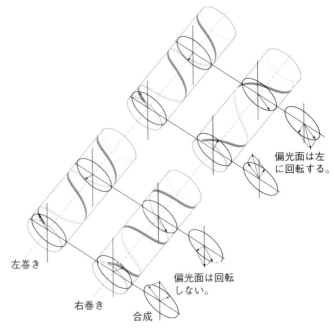

左巻き

右巻き
合成

偏光面は左
に回転する。

偏光面は回転
しない。

図 9・5　鏡像異性体と左右円偏光の相互作用の違い

に研究が進められている。2001 年度のノーベル化学賞は、不斉合成の研究の業績により日本の野依良治に与えられている。

9・4・3　キラルな分子との反応

　鏡像異性体は、偏光には異なる作用を示すが、一般にアキラルな分子との反応性は同じである。例えば、キラルなカルボン酸である $CH_3CH(C_2H_5)COOH$ の（＋）および（−）体がアキラルな分子であるエタノール（CH_3CH_2OH）との間でエステルを作るときは同じ反応性を示し、生成物の性質も旋光性以外は同じである。一方、反応する相手の分子がキラルなとき（例えば（−）-2-ブタノール）は、生成したエステルの沸点、溶解度、極性などの性質が異なる。これは、たとえていえば、右手に右手の手袋をしたときと、左手に右手の手袋をしたときの違いに相当する（**図 9・6**）。右手と左手では、右手の手袋を着けようとするとその着けやすさが異なるように、鏡像異性体のそれぞれとキラルな試薬とでは、一般にその反応のしやすさも異なる。その差が最も大きい例が、生体内での反応である。高分子である酵素あるいは受容体は、その基質あるいは結合する物質（リガンド）との間で高い特異性が知られている。鏡像異性体に関しても、通常一方の異性体とのみ反応する。**図 9・7** に示したように、その表面の結合部位に、鏡像異性体のどちらか一方のみが結合できるように結合部位が用意されているからである。

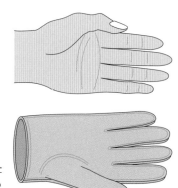

図9・6　左手と右手袋の相互作用
左手に右手袋を装着しようとしてもうまくはまらない。左手と左手袋はぴったりとはまる。手も手袋もキラルな物質であり、それぞれ相互作用の仕方が異なってくる。

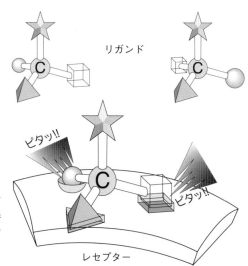

図9・7　酵素の持つ立体特異性
酵素または受容体に、不斉炭素を持つキラルな化合物が結合する状態を模式的に示した。不斉炭素に結合する三つの異なる基に対応する結合部位が酵素または受容体に用意されているので、他方の鏡像異性体は結合できず、したがって反応も起こらない。

9・5　ラセミ体からの鏡像異性体の分割

　ラセミ体がキラルな分子と反応して生じた化合物の性質が異なることを利用して、ラセミ体を分割することができる。このとき、生成物は鏡像異性体とはならない。このように、鏡像異性体でない立体異性体のことを**ジアステレオマー**（diastereomer）という。例えば、ラセミ体の酸（±）A をキラルな試薬である塩基（−）B と反応させて塩を作ると、生じた（＋）A・（−）B と（−）A・（−）B は互いにジアステレオマーであるので、適当な物理的な方法で分離できる。分離したあとで、各塩を塩酸などで処理することで元の酸 A の各鏡像異性体を分割できる。

　　（±）A（酸）＋（−）B（塩基）　⟶　（＋）A・（−）B＋（−）A・（−）B

再結晶などで分別

$$(+)A \cdot (-)B + HCl \longrightarrow (+)A + (-)B \cdot HCl$$

$$(-)A \cdot (-)B + HCl \longrightarrow (-)A + (-)B \cdot HCl$$

　次に、先ほど示した基質特異性が高い酵素を利用して一方の鏡像異性体のみを分解してしまう、生物学的方法といわれる手法がある。この手法の欠点は、どちらか一方の鏡像異性体が失われてしまうことにある。また、ラセミ体の溶液から結晶を析出させるときに、それぞれの鏡像異性体が同量ずつ鏡像関係の結晶形で析出することがある。このときは、それぞれの結晶を別々に取り出し分別することでラセミ体の分割をすることができるが、通常、ラセミ体のまま結晶することが多いため、この手法が使えることはほとんどない。ただ、パスツールが初めて（±）酒石酸アンモニウムナトリウムから（＋）と（−）の酒石酸アンモニウムウムナトリウムを分割することに成功したので、歴史的な意味のある方法である[*5]。現在では、キラルな固定相との相互作用の違いを用いたクロマトグラフィーによるラセミ体の分割がよく行われている。

パスツール　Pasteur, L.

＊5 酒石酸アンモニウムナトリウムは、26℃ 以上ではキラルな形での結晶が生じないことが知られている。エアコンディショナーのない当時のパリにおいて、実験した日の室温がこの温度以下であったということもパスツールの幸運であった。天才とは運をも味方につけた人物なのであろうか。

9・6　鏡像異性体の表記法

9・6・1　フィッシャー投影式

フィッシャー　Fischer, E.

　立体的な配置を二次元の図で表現する方法として、フィッシャー投影式という方法がある。この方法では、慣例的に、横の結合は紙面の手前に出ており、縦の結合は紙面の向こう側へ出ていると決まっている。また、縦には炭素-炭素結合を置き、なおかつ上が酸化の進んだ基を配置することになっている。**図 9・8（上中）**は、（＋）グリセルアルデヒドをフィッシャー投影式で表したものである。中心の不斉炭素は省略されることもある。

9・6・2　D-L 表 記

　鏡像異性体の違いとしては、当初は面偏光に対する性質の違いのみが知られていた。そこで、両者の違いに基づく命名法として（＋）、（−）が使われてきた。その後、キラルの中心の立体配置を変えることなく、化学変化に基づいて化合物の配置を関係づけられることに基づいた命名法が用いられるようになった。その基準物質として選ばれたのは、最も単純な糖であるグリセルアルデヒドの右旋性の鏡像異性体（D 形）である。フィッシャーの投影式で示したときに右に官能基が来る方を D、その逆を L とする。この D, L は旋光性を示す *d, l* とは関係ない。例えば、D-乳

酸の旋光性は *l*（左旋性）である。この D–グリセルアルデヒドの不斉炭素の位置関係を変えることなく導かれる化合物を皆 D 形とした。

　D–L 表記は、アミノ酸や糖の鏡像異性体を示すのに、現在でも一般的に用いられる。フィッシャー投影式で示したときに、カルボキシ基の結合した炭素原子に結合しているアミノ基が右であるアミノ酸が D で、左であるアミノ酸が L となる（**図 9・8 下**）。生体はアミノ酸として L 形を選び、それらを用いてアミノ酸誘導体やタンパク質を構成している。その理由について種々の説が出されているが、現在でも結論が出るに至っていない。D–アミノ酸は細菌の細胞壁[*6]や、ヒトの脳内および内分泌器官[*7]など、特定の場所に存在するのみである。また、糖については、フィッシャー投影式で表したときに、アルデヒド基またはヒドロキシケトン基から最も遠い不斉炭素に結合しているヒドロキシ基が右側であれば D、左側であれば L となる（**図 9・8 右上**）。天然に存在する糖はほとんど D 形のみであるが、その理由も明確ではない。

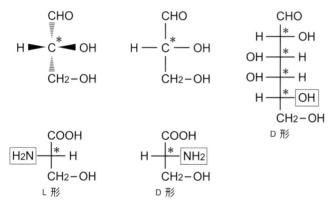

図 9・8　くさび形表記法（上左）とフィッシャー投影式および
アミノ酸・糖の D–L 表示

9・6・3　*RS* 絶 対 配 置

　D–L 表記は、グリセルアルデヒドと構造的に関連づけられない化合物の鏡像異性体には適用できない。そこで、基準物質に依存せずに立体配置を表記する方法が考案された。不斉炭素に結合した四つの原子団の優先順位を決め、優先順位が最も低い原子団の反対側から四面体を眺めたときの、残りの三つの原子団の優先順位を見る。その順位を高い順番にたどったときに時計回りの場合を *R*（*rectus*、ラテン語で右の意味）、反時計回りの場合を *S*（*sinister*、ラテン語で左の意味）と命名するのがこの方法である。以下に優先順位決定の規則をまとめる。

　(1) 不斉炭素に結合する原子の中で原子番号の大きいものを優位とする。（例；I > Br > Cl > OH > NH$_2$ > CH$_3$ > H）

*6　例えば、細菌が外部から身を守る役割を持つ細胞壁のペプチドグリカンには、D–アラニンやその他の D–アミノ酸が含まれている。その含量が多いほど、ペプチドグリカンの分解酵素による分解に対する抵抗性が増すことが知られている。このように、細菌は通常使用されない D–アミノ酸を用いることにより、外敵からの攻撃を効率よく防いでいるのである。

*7　D–アスパラギン酸は、ヒトを含めた哺乳類の内分泌器官や神経内分泌器官に存在し、新規な伝達物質として機能している可能性が考えられている。また、D–セリンも同じく哺乳類の脳内にかなり高濃度存在することが明らかにされており、新たな神経伝達物質として作用することが示されている。現在、統合失調症や筋萎縮性側索硬化症（ALS）との関連や、運動学習との関連も解明されつつある。

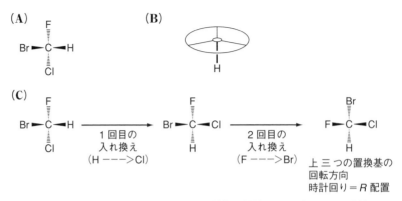

図9・9　フィッシャー投影式で示された鏡像異性体を *R-S* 表示で示す方法

（2）結合しているいくつかの原子団が同じ原子で始まるときには、その原子に結合する次の原子の優先順位を比較する。

（3）同じ原子がいくつか結合しているときには、優先順位が高い原子の数が多い方が優位である。

（4）多重結合で結合しているときには、結合の数だけその原子が結合していると考える。

この手法を用いると、不斉炭素が多数存在する化合物でも、すべての不斉炭素に関してその立体配置を名付けることができる。

図9・9に、ブロモクロロフルオロメタンの立体配置の *R*, *S* を決める例を示す。原子番号による優先順位は Br ＞ Cl ＞ F ＞ H である。図9・9（A）は、フィッシャー投影式に従って左右が手前、上下が後方になるようにエナンチオマーの一つを置いたものである。ここから *R* か *S* かを判断するには、一番優先順位が低い原子または原子団（ここでは H）が下に来るように配置すると、残された三つの原子または原子団はちょうどハンドルを上から見た関係になる（図9・9（B））。その位置に H を持っていくには、各原子を偶数回入れ換えればよい。奇数回入れ換えた場合は元のものの鏡像異性体となる（図9・9（C））。このように配置し直すことによって、フィッシャー投影式で描かれた鏡像異性体が *R* か *S* かを簡単に判断できる。この場合は、残された三つの原子を優先順位が高い順にたどると時計回りとなるので、*R*-ブロモクロロフルオロメタンであることがわかる。

9・7　ジアステレオマー

9・7・1　二つ以上の不斉炭素を持つ化合物
ジアステレオマーとは、立体異性体のうち鏡像異性体でないものをい

う。したがって幾何異性体もジアステレオマーの一つである。不斉炭素を二つ以上持つ化合物では互いに鏡像異性体でない立体異性体を持つ。例えば、2-ブロモ-3-クロロブタンは二つの不斉炭素を持ち、**図9・10**で示す四つの立体異性体が存在する。これらのうち、(a) と (b)、(c) と (d) は互いに鏡像異性体の関係になっていて、比旋光度は同じ数値で ＋ と － が逆である。しかし、(a) と (c) または (d)、(b) と (c) または (d) は鏡像異性体ではなく、比旋光度の数値も異なり、＋ と － の対応関係もない。これらはジアステレオマーの関係にある[*8]。

*8　図9・10の化合物で、どちらの不斉炭素にも同一のBrかClが結合してしている場合 (2,3-ジブロモブタンまたは 2,3-ジクロロブタン)、同じ側に二つの置換基を持つものをエリトロ (erythro) と呼び、両側に一つずつ互い違いに持つ場合をトレオ (threo) と呼ぶ。

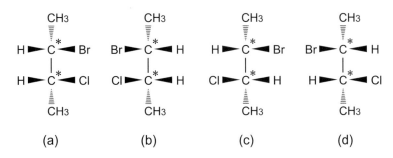

(a)　　　　　　　(b)　　　　　　　(c)　　　　　　　(d)

図9・10　二つの不斉炭素を持つ化合物の立体異性体の関係
a-b、c-d：鏡像異性体の関係。a-c、a-d、b-c、b-d：ジアステレオマーの関係。

9・7・2　幾何異性体

炭素-炭素間の結合が自由回転できないときに生じる異性体である。一つは二重結合の場合、ほかは環状炭化水素の場合に生じる。**図9・11 A** に示す2-ペンテンのような二置換アルケン (水素以外の二つの置換基が二重結合の炭素に結合しているもの) を考えると、メチル基とエチル基が二重結合の同じ側にある場合と違う側にある場合とでは異なる化合物となる。二重結合の回転が起こらないので、二つの2-ペンテンは互いに自発的には変換せず、別々に単離できる。二つの置換基が同じ側にあるときをシス (*cis-*) 異性体といい、互いに反対側にあるときをトランス (*trans-*) 異性体という。同じことが、環状の炭化水素化合物についても成り立つ。**図9・11 B** にあるように、環状炭化水素の二置換体の置換基が環の同じ側にある場合をシス、互いの反対側にある場合をトランス異

A　　　　　　　　　　　　　　　　　　　B

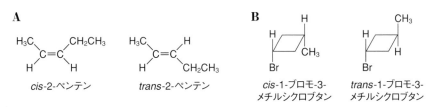

cis-2-ペンテン　　　*trans*-2-ペンテン　　　*cis*-1-ブロモ-3-メチルシクロブタン　　　*trans*-1-ブロモ-3-メチルシクロブタン

図9・11　幾何異性体のシス-トランス表記

*9 ロドプシンは夜間視力に関係し、光に対する感度は高いが、緑青色に当たる波長のみを吸収するので、暗所では視界がモノクロに見える。一方、網膜に存在する他の細胞である錐体細胞にはロドプシンと近縁のフォトプシンというタンパク質が存在し、こちらは最大吸収帯が黄緑、緑、青紫にある三種類からなり、色覚を生じさせることができる。しかし、感度が低く、明るいところでないと働かない。

CH₃   OCH₃
C
Cl   H

E-1-クロロ-2-
メトキシプロペン

図 9・12

ニューマン　Newman, M. S.

性体という。これらも、環を形成する炭素の結合が自由に回転できないことで、互いに異なる化合物となるのである。生体内の反応でも、シス、トランス異性は重要な機能を担っている。目の網膜の桿体細胞中に存在するロドプシンは、タンパク質のオプシンと 11-シス-レチナールというビタミン A 誘導体からなっているが、光によりこのレチナールのシス形がトランス形へ変換することで、ロドプシンの構造変化が起こり、その結果、視覚として感じる脳への神経刺激が引き起こされる*9。通常、立体的な障害のないトランス体の方がシス体より安定である。

一方、二重結合炭素にそれぞれ異なる四つの原子または原子団が結合する場合は、シス、トランスという表記法では表せない。この場合は、二重結合を形成する各炭素原子のそれぞれに結合している原子または原子団について、*R*, *S* 表記のときと同じく優先順位をつけ、優先順位が高い二つが同じ側にある配置を *Z*（ドイツ語 zusammen（一緒に）に由来）、逆側にある場合を *E*（entgegen（反対の）に由来）として表記する。例えば、**図 9・12** に示した 1-クロロ-2-メトキシプロペンの各二重結合炭素に結合した二つずつの原子、原子団を優先順位の高い順を見てみると、-Cl > -H、および -OCH₃ > -CH₃ である。したがって、優先順位が高い二つは二重結合を挟んで反対側に存在することになるので、この化合物は *E* となり、*E*-1-クロロ-2-メトキシプロペンとなる。

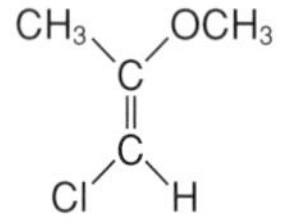

9・8　立体配座異性体

立体配座（コンフォメーション、conformation）とは、単結合の回転によって変換可能な原子の配置のことである。一つの例としてブタンを考える。今、ブタンの C2-C3 の結合を回転させると、両端のメチル基の相対的な位置関係は様々な配置を取り得る。これらは、回転角に応じてまったく違う形であるので、立体配座異性体である。したがって、立体配座は無限に存在する。立体配座の表し方として、回転する結合軸の向きに沿って分子を眺めた図であるニューマン投影式がある。この投影式では、注目する単結合の手前の炭素 C2 に結合する三つの結合を手前に、C3 の三つの結合を円の向こう側に表す（**図 9・13**）。

B、D、F で示される配座をねじれ形配座（staggered form）といい、A、C、E、G を重なり形配座（eclipsed form）という。ニューマン投影式で重なり形配座を示すときには、後方の結合を少しずらして書くことになっている。**図 9・13** のエネルギー図に示してあるように、メチル基が前後で重なるとき（A, G）が、立体的な障害が最も大きくなるためエネルギーが最も高くなり、逆に互いの上下に互い違いとなるねじれ形配座

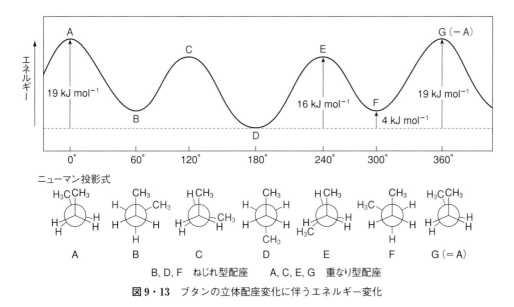

図9・13 ブタンの立体配座変化に伴うエネルギー変化

B, D, F　ねじれ型配座　　A, C, E, G　重なり型配座

Column ## サリドマイド ―ある薬の闇と光―

サリドマイドは 1957 年に西ドイツで開発された睡眠薬であり、当初副作用のない安全な薬として開発・販売されたが、妊娠初期の妊婦が用いた場合に催奇形性があり、四肢の全部あるいは一部が短いなどの奇形を持つ新生児が多数生じた（母胎には大きな影響はなかった）。日本でも 309 名の被害者が出るという、大きな悲劇を生んだ薬としてよく知られている。このサリドマイドは、不斉炭素を分子中に一つ持っていて、R 体と S 体が存在する（図）。その後、催奇形性を示すのは S 体であり、R 体には睡眠作用があるとの報告がなされ、当時ラセミ体でなく鏡像異性体を分離して開発・販売していれば悲劇は防がれたのではないか、とされた。しかし、事態はそう単純ではなく、その後、仮に R 体のみを投与しても比較的早く動物体内で S 体に変化する（ラセミ化する）ことが報告され、完全には悲劇を防ぐこと

はできないとされている。鏡像異性体の生物への作用は、これほど複雑なのである。

その後、サリドマイドは数奇な運命をたどる。まず、1965 年にハンセン病患者の皮膚症状の改善によく効くことが判明し、続いて 1994 年には、「血管新生阻害作用」があることが判明する。血管新生は癌細胞が生育するときに盛んに行われることがわかっており、このことから、血管新生が非常に豊富である多発性骨髄腫への治療が試みられ、抗癌剤として有効であることが判明した。いずれの疾患に関しても、妊婦への使用を厳格に除外したうえで、現在治療薬として認可されている。2010 年には、日本のグループによって催奇形性の仕組みも解明された。このようにサリドマイドは、闇からスタートしながらも、その後の展開で人類に光を与えている大変珍しい化合物である。

図　サリドマイドの構造と不斉炭素

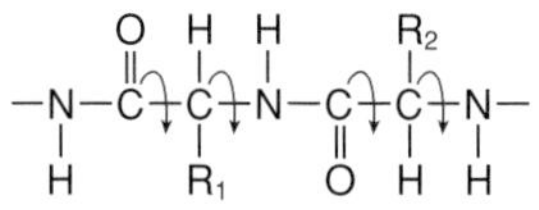

図 9・14　ペプチド結合で自由回転が可能な
　　　　　単結合を ⤵ で示す。

(D) が立体的な反発が最も小さく、低いエネルギーとなる。ただ、この
エネルギー差は室温で得られるエネルギーで充分乗り越えることができ
る程度であり、両者を分離することは室温では不可能である。しかし、
存在比としては、安定なねじれ形配座が多くを占める。一般に立体配座
異性体では、立体障害などの理由により回転に必要なエネルギーが室温
での熱エネルギーを超える場合（約 $100\,\mathrm{kJ\,mol^{-1}}$ 以上）や、化合物を低
温にした場合でのみ、立体配座の異なる分子同士を異性体として分離す
ることができる。タンパク質の構造を考えると、ペプチド結合の単結合
の回転を変化させることで側鎖（**図 9・14**, R_1, R_2）の立体配座がそれぞ
れ変わり、タンパク質分子全体では大変多様な立体構造が可能となる。
しかし、個々の単結合ごとに、側鎖の示す立体障害などにより最もエネ
ルギー的に安定な配座が存在し、その総体としてタンパク質は、一般的
に、最もエネルギー的に安定な特定の立体構造をとる。そこで、そのよ
うなタンパク質が取り得る立体構造のことも立体配座（コンフォメー
ション）と呼ばれている[*10]。

*10　タンパク質が最終的に
とる立体構造は、そのアミノ
酸の配列情報のみで自発的ま
た一義的に決定されること
が、1950 年代のアンフィンゼ
ン（Anfinsen, C.）らによる試
験管内の実験で証明された。
しかしその後、生体内には
シャペロンと呼ばれるタンパ
ク質があり、一部のタンパク
質が正常な構造を形成するの
を助けることで品質管理をし
ていることが明らかになっ
た。

演 習 問 題

1. 身近なものからキラルな物とアキラルな物を探し、その相互作用について考えよ。

2. 次の言葉を説明せよ。
   (a) 不斉炭素　　(b) ラセミ体　　(c) 円偏光　　(d) 光学活性

3. 次にアミノ酸をフィッシャー投影式にて示す。その立体配置を D, L で示せ。また、D, L を決めた不斉炭素と
   は別の不斉炭素の配置を *RS* 表示で示せ。

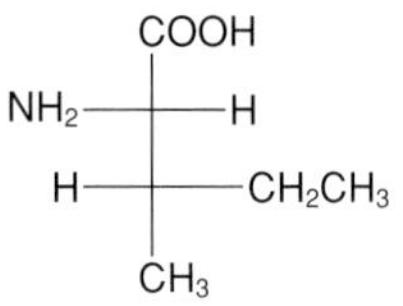

4. 問題 3 のアミノ酸のジアステレオマーの一つをフィッシャー投影式で示せ。

5. 下記の幾何異性体の *E, Z* 表示をせよ。

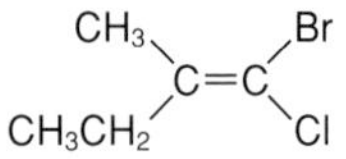

6. ブタンの C 2–C 3 間の回転に伴うエネルギー変化を考えたときに、最もエネルギーが高い立体配座と、最
   もエネルギーが低い立体配座をニューマン投影式で示し、それぞれの名称も述べよ。

第10章 有機化学反応

　有機化合物は、有機化学反応によって合成されたり分解されたりして、種々の化合物に変化する。有機化学反応はラジカル反応とイオン反応に大別される。多くの有機化学反応はイオン反応で、求核反応と求電子反応に区別される。これらの有機化学反応には、置換反応（一分子置換反応と二分子置換反応）、芳香族求電子置換反応、脱離反応（一分子脱離反応と二分子脱離反応）、付加反応、転位反応、酸化還元反応などがある。有機化学反応の反応機構は、生体内における多くの成分（糖質、脂質、タンパク質、核酸など）の酵素の触媒作用による代謝（有機化学反応）の過程を理解するうえで重要である。

　本章で種々の有機化学反応を学び、生体内で見られる種々の代謝における生体成分（有機化合物）の変化を理解するのに役立たせる。

10・1　化学反応

10・1・1　ラジカル反応とイオン反応

　有機化学反応のほとんど全ては、共有結合の開裂と生成を含む。共有結合の開裂には二種類ある。一つは、2個の結合電子が両方の原子に均等に1個ずつ移る**均等開裂**（ホモリシス）で、もう一つは、2個の結合電子が同時に片方の原子に移る**不均等開裂**（ヘテロリシス）である[*1]。

$$\text{均等開裂} \quad A \overset{\frown\frown}{:} B \longrightarrow A\cdot + \cdot B$$

$$\text{不均等開裂} \begin{cases} A \overset{\frown}{:} B \longrightarrow :A^- + B^+ \\ A \overset{\frown}{:} B \longrightarrow A^+ + :B^- \end{cases}$$

*1　片羽の矢印は電子1個の移動を、両羽の矢印は電子対の移動を表す。

　均等開裂は、光（可視光、紫外線）、放射線、電気、熱などにより外からエネルギーを化合物に与えたときに起こる。均等開裂によって生ずる結合電子を1個ずつ持つ A・ や B・ は、**ラジカル（フリーラジカル）**または**遊離基**と呼ばれる。ラジカルは不対電子を持つため反応性は高く、そのために新たな反応を引き起こす。均等開裂を経由する反応を**ラジカル反応**という。ラジカル反応としてアルカンのハロゲン化がよく知られている。このハロゲン化の例としては、光照射下におけるメタンと塩素の反応がある。この反応は三段階から成り立っている。

　1．開始段階：塩素分子が光を吸収して二つの原子（ラジカル）に開裂する。

$$:\overset{..}{\underset{..}{Cl}} \overset{\frown\frown}{-} \overset{..}{\underset{..}{Cl}}: \xrightarrow{\text{光}} 2 :\overset{..}{\underset{..}{Cl}}\cdot$$

2．成長段階：塩素原子がメタン分子から水素原子を引き抜き、塩化水素とメチルラジカルを生ずる。

$$:\ddot{C}l\cdot \quad H-CH_3 \longrightarrow H-\ddot{C}l: + \cdot CH_3$$

メチルラジカルは塩素分子を攻撃して塩化メチルと塩素原子（ラジカル）を生じ、この塩素原子（ラジカル）は次のメタンを攻撃することによって連鎖反応を続ける[*2]。

$$\cdot CH_3 \quad :\ddot{C}l-\ddot{C}l: \longrightarrow CH_3-\ddot{C}l: + \cdot \ddot{C}l:$$

3．停止段階：ラジカル同士がどれでも二つ結合すると連鎖反応は停止する。

$$H_3C\cdot + \cdot CH_3 \longrightarrow CH_3-CH_3$$

$$H_3C\cdot + \cdot \ddot{C}l: \longrightarrow CH_3-\ddot{C}l:$$

$$:\ddot{C}l\cdot + \cdot \ddot{C}l: \longrightarrow :\ddot{C}l-\ddot{C}l:$$

*2 四塩化炭素（CCl_4）を動物に投与すると、肝臓において CCl_4 はシトクロム P450 により代謝されてトリクロロメチルラジカル（$CCl_3\cdot$）を生じる。この生成したラジカルは脂質、タンパク質、核酸などの生体成分と反応し、肝臓を傷害する。また、$CCl_3\cdot$ は酸素分子（O_2）と反応し、より反応性の高いトリクロロメチルペルオキシラジカル（$CCl_3O_2\cdot$）となり、脂質過酸化反応を促進して肝臓を傷害する。このように、生体内でもラジカル反応が起こる。

25 ℃、光照射下における n-ブタンと塩素分子とのラジカル反応では、1-クロロブタンと2-クロロブタンの両方が生ずるが、前者と後者の生成割合はそれぞれ 28 % および 72 % である。この生成割合は、ラジカル反応で生成するブタンラジカルの安定性に基づいている。

$$CH_3CH_2CH_2CH_3 \xrightarrow[\text{光}]{Cl_2} CH_3CH_2CH_2CH_2Cl\,(28\,\%) + CH_3CH_2CHClCH_3\,(72\,\%)$$

n-ブタン　　　　　　　1-クロロブタン　　　　　　2-クロロブタン

不均等開裂は、溶液中で起こる有機化学反応の大部分を占める反応である。有機化合物 A−B の不均等開裂で A$^+$ と B$^-$ のイオンが生じるのは、A よりも B の電気陰性度が大きい場合である。A と B の電気陰性度が逆の場合には、A$^-$ と B$^+$ のイオンが生じる。不均等開裂を経由する反応は、**イオン反応**あるいは**極性反応**と呼ばれる。

10・1・2　一分子反応と二分子反応

出発物質の分子 A が生成物の分子 B に変化する反応（A→B）では、A が一人で勝手に B に変化するようなものである。このように、一分子的に反応が進行する場合を**一分子反応**という。

それに対し、出発物質の分子 A と B が反応して生成物の分子 C になる反応（A＋B→C）では、A と B の二分子が衝突しなくては反応が進

行しない。このように、二分子的に反応が進行する場合を**二分子反応**という。

10・1・3　試薬と基質

　AとBが反応するとき、片方を**試薬**、片方を**基質**といい、試薬が基質を攻撃する。A、Bどちらが試薬になるかはある程度任意である。しかし、一般には ① 小さいもの、② 炭素、水素以外の原子を含むもの、③ イオンなど、が試薬となることが多い（**図10・1**）[*3]。

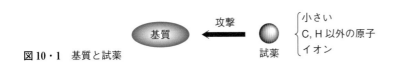

図10・1　基質と試薬

*3　分子内での反応部位は、たいていの場合、官能基であることが示唆されている。ブタノールの場合はヒドロキシ基（−OH）であり、ここが反応部位となる。官能基が反応部位となるのは、その官能基が分子中のそれ以外の部位と異なり、ヒドロキシ基と結合した炭素原子（求電子中心）が $\delta+$、ヒドロキシ基中の酸素原子（求核中心）が $\delta-$ となり、分極した結合を持っているからである。

10・1・4　求核反応と求電子反応

　試薬が基質の正に荷電した部分を攻撃するとき、この攻撃を求核攻撃という。求核攻撃を行う試薬は**求核試薬**（求核剤）といい、非共有電子対（孤立電子対）を持つ分子、または陰イオン（アニオン）で、一般に Nu：もしくは Nu⟮↑↓⟯ で表される。この求核攻撃が見られる反応は**求核反応**という（**図10・2**左側）。

　それに対し、試薬が基質の負に荷電した部分を攻撃するとき、この攻撃を求電子攻撃という。求電子攻撃を行う試薬は**求電子試薬**（求電子剤）といい、電子不足部位（$\delta+$）を持つ分子、あるいは陽イオン（カチオン）で、一般に E^+ で表される。この求電子攻撃が見られる反応は**求電子反応**という（**図10・2**右側）。

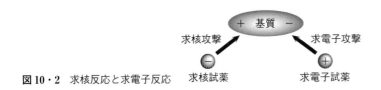

図10・2　求核反応と求電子反応

10・2　置換反応

　置換反応には、求核置換反応の一分子置換反応（S_N1 反応）と二分子置換反応（S_N2 反応）や芳香族置換反応がある。

10・2・1　一分子置換反応（S$_N$1 反応）

$$R_3C-X + Y \longrightarrow R_3C-Y + X$$

　上の、炭素原子がアルキル基（R）と置換される X で飽和された化合物（R$_3$C−X）の置換反応において、反応速度式として速度 ＝ k_1[R$_3$CX] で示され、一分子的、求核的に進行する反応が**一分子置換反応**（S$_N$1 反応）である[*4]。その反応の律速段階は、R$_3$C−X から C−X 結合の開裂により X が離脱し、R$_3$C$^+$ と X$^-$ が生成する過程である。

　S$_N$1 反応では、**図 10・3** に示す二つの遷移状態 TS1 と TS2 を経て置換反応が進行し、遷移状態 TS1 が律速段階である。

$$R_3C-X \xrightarrow[\text{遅い}]{\text{律速段階}} R_3C^+ + X^-$$

$$R_3C^+ + Y^- \xrightarrow[\text{速い}]{} R_3C-Y$$

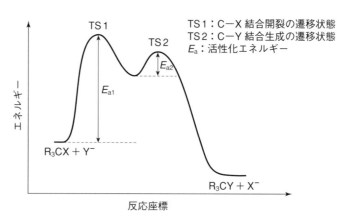

TS1：C−X 結合開裂の遷移状態
TS2：C−Y 結合生成の遷移状態
E_a：活性化エネルギー

図 10・3　S$_N$1 反応のエネルギー関係図

　図 10・4 において、化合物 **1** は炭素につく 4 個の置換基 P、Q、R、OH がすべて異なるので炭素は不斉炭素であり（＊を付す）、光学活性を示す（9・3 節参照）。化合物 **1** が S$_N$1 反応し、OH 基が塩素と置換されると、生成物として **4** と **5** が生じ、その生成比は 1：1 になる。生成物 **4** と **5** は共に不斉炭素を持つ光学活性体で、互いに光学異性体（鏡像異性体）の関係であり、しかも **4** と **5** が 1：1 の割合で存在するので、生成物は光学不活性の**ラセミ混合物**となる。

10・2・2　二分子置換反応（S$_N$2 反応）

$$R_3C-X + Y^- \longrightarrow R_3C-Y + X^-$$

　上の置換反応において、反応速度式として速度 ＝ k_2[R$_3$CX][Y$^-$] で

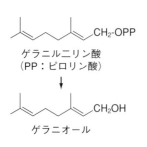

*4　生化学的な S$_N$1 反応の例としては、ゲラニル二リン酸がゲラニオール（バラに含まれ、香水に用いられる芳香族アルコール）に変化する反応がある。その反応では、二リン酸の解離によって安定なアリルカルボカチオンが生じ、求核体の水と反応し、その後、プロトンが移動し、ゲラニオールが生成する。

ゲラニル二リン酸
（PP：ピロリン酸）

ゲラニオール

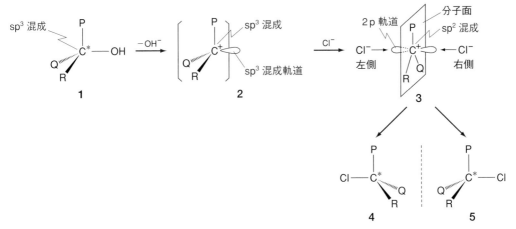

図 10・4 光学活性な化合物における S_N1 反応の反応機構

示され、R_3C-X 結合が部分的に開裂し、R_3C-Y 反応が部分的に生成しているような遷移状態をとって求核的に起こる反応が**二分子置換反応**（S_N2 反応）である[*5]。

S_N2 反応では、**図 10・5** に示す一つの遷移状態 TS を経て置換反応が進行する。

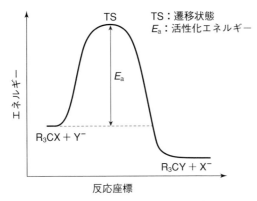

図 10・5 S_N2 反応のエネルギー関係図

S_N2 反応は、**図 10・6** に示す反応機構によって起こる。出発物質に求核試薬 Y^- が攻撃する際、Y^- は脱離基 X の裏側から、X を押し出すように攻撃する。反応の遷移状態では中間体として陰イオンが生成し、その中間体陰イオンの中心炭素は sp^2 混成で平面状である。そして 2p 軌道の両端に求核試薬 Y と脱離基 X が結合し、炭素としては 5 個の置換基が結合した 5 配位となっている。中間体陰イオンから脱離基 X が陰イオンとしてはずれ、生成物が生ずる。生成物に導入された置換基 Y は、

*5　生化学的な S_N2 反応の例としては、ノルエピネフリン（ノルアドレナリン）が S-アデノシルメチオニンによってメチル化され、エピネフリン（アドレナリン）が生合成される反応がある。ノルエピネフリンの求核的なアミノ窒素原子が S_N2 反応で S-アデノシルメチオニンのメチル炭素原子を攻撃する。そして、S-アデノシルホモシステインが脱離基として外れる。

ノルエピネフリン

S-アデノシルメチオニン

S-アデノシルホモシステイン

エピネフリン

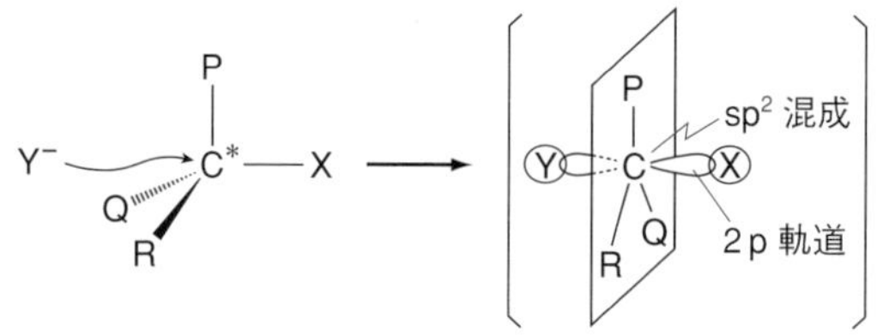

図 10・6　S_N2 反応の反応機構

出発物質に入っていた置換基 X の逆側に入る。このように、S_N2 反応では中心炭素原子の立体配置の反転がみられ、この反転を**ワルデン反転**という。また、S_N2 反応では、出発物質が光学活性体であれば、生成物も光学活性体である。

ワルデン　Walden, P.

10・2・3　芳香族求電子置換反応

　求電子置換反応（S_E 反応）は、陽イオンである求電子試薬 E^+ が芳香族化合物のベンゼンなどを攻撃することによって起こる置換反応である。この反応は、芳香族化合物をアルケンと区別する反応である。

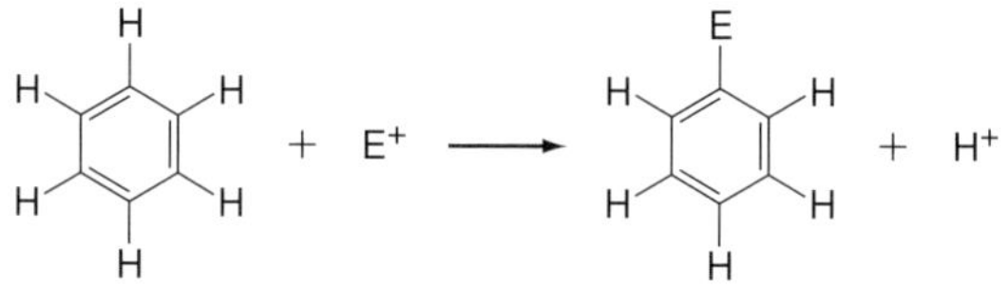

　芳香族求電子置換反応は、**図 10・7** に示す反応機構で起こる。反応は、求電子試薬 E^+ が π 電子に富んだ（求核的な）ベンゼン環を求電子攻撃することにより始まり、ウィーランド中間体あるいは σ 錯体として知られる**陽イオン中間体**（カルボカチオン[*6]）のアレニウムイオンを生成する。陽イオン中間体では、正電荷が環上で非局在化され、共鳴安定化している。陽イオン中間体からプロトンが脱離すると置換生成物となる。

ウィーランド
　Wieland, H. O.

[*6]　カルボカチオンとは炭素原子上に正電荷を持つカチオンのことである。カルボカチオンには、炭素原子から結合が取れて配位数が 3 になったものと、強酸中で炭素原子にプロトン（H^+）が配位して配位数が 5 になったものがある。

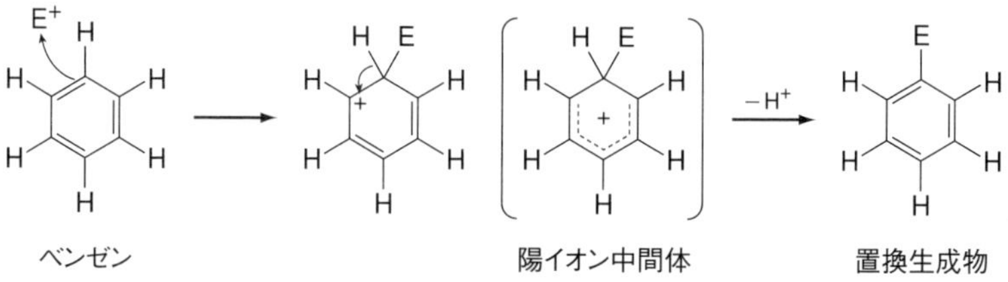

図 10・7　芳香族求電子置換反応の反応機構

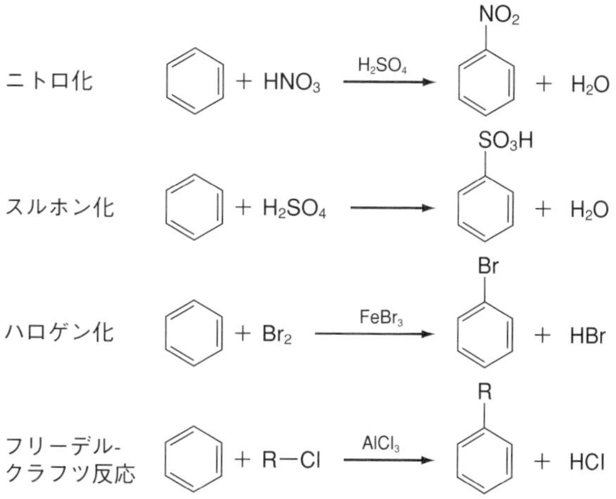

図 10・8 芳香族求電子置換反応の種類

芳香族求電子置換反応には、**図 10・8** に示す**ニトロ化、スルホン化、ハロゲン化、フリーデル-クラフツ反応**（アルキル化、アシル化）などがある。

ニトロ化反応では、ベンゼンに硫酸存在下で硝酸を作用させるとニトロベンゼンが生じる。硫酸は硝酸よりも強い酸で、硝酸をプロトン化し、脱水することによりニトロニウムイオン（NO_2^+）を生じさせる。NO_2^+ がニトロ化の求電子試薬として働く[*7]。

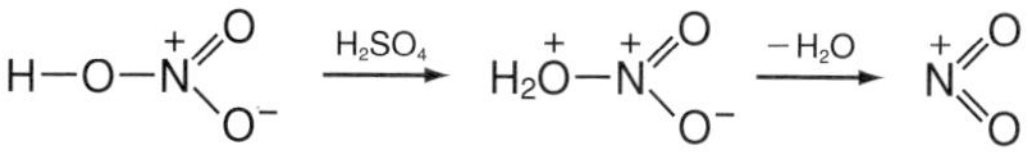

スルホン化反応では、ベンゼンに硫酸を作用させるとベンゼンスルホン酸が生じる。硫酸はヒドロキシ陰イオン（OH^-）とスルホン酸陽イオン（HSO_3^+）に電離し、HSO_3^+ がスルホン化の求電子試薬として働く。

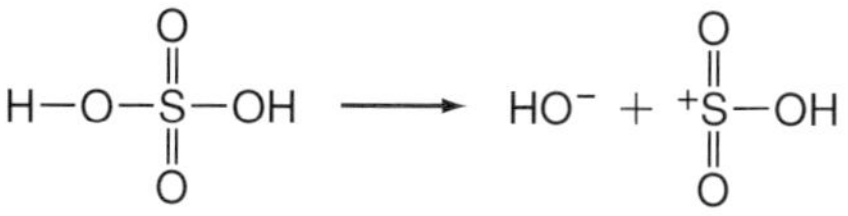

ハロゲン化反応では、ベンゼンにルイス酸である $FeBr_3$ 存在下、臭素分子（Br_2）を作用させると臭化ベンゼンが生じる。Br_2 と $FeBr_3$ との反応で臭素陽イオン（Br^+）が生じ、この Br^+ が求電子試薬として働く。$FeBr_3$ のほかにも $FeCl_3$、$AlCl_3$ などのルイス酸触媒存在下で臭素化、塩素化などのハロゲン化反応が起こる。

$$Br_2 + FeBr_3 \longrightarrow Br^+ + FeBr_4^-$$

フリーデル-クラフツ反応では、ベンゼンに $AlCl_3$ 存在下、塩化アルキル（$R-Cl$）を作用させるとアルキルベンゼンが生ずる。$R-Cl$ と $AlCl_3$

フリーデル　Friedel, C.
クラフツ　Crafts, J. M.

[*7] タンパク質中に存在する芳香族アミノ酸のチロシンやトリプトファンは、生体内で一酸化窒素（NO·）とスーパーオキシドラジカル（O_2^-·）とが反応して生成するペルオキシナイトライト（$ONOO^-$）によりニトロ化される。このニトロ化では、チロシンでは3-ニトロチロシンが生成し、トリプトファンでは6-ニトロトリプトファンが生成する（補遺 A「活性酸素・活性窒素と生体反応」参照）。

との反応でアルキル陽イオン（R$^+$）が生じ、R$^+$ が求電子試薬として働く。また、ベンゼンに AlCl$_3$ 存在下、ハロゲン化アシル（RCOCl）を作用させるとアシルベンゼンが生ずる。この場合には、アシル陽イオン（RCO$^+$）が求電子試薬として働く。

$$R-Cl + AlCl_3 \longrightarrow R^+ + AlCl_4{}^-$$

10・3　置換反応の配向性

　芳香族求電子置換反応で第二の置換基が入り二置換体の位置異性体が生成する場合、位置異性体の生成は求電子試薬（第二の置換基）が付加する位置で決まり、基質上の電子分布や立体障害の影響を受ける。このうち、置換基の電気的性質に由来した位置選択性を**配向性**という。求電子試薬 E$^+$ が一置換体のオルト（o-）位、メタ（m-）位およびパラ（p）位に付加して二置換体が生成し、位置異性体としてオルト（o-）、メタ（m-）およびパラ（p-）異性体がある。

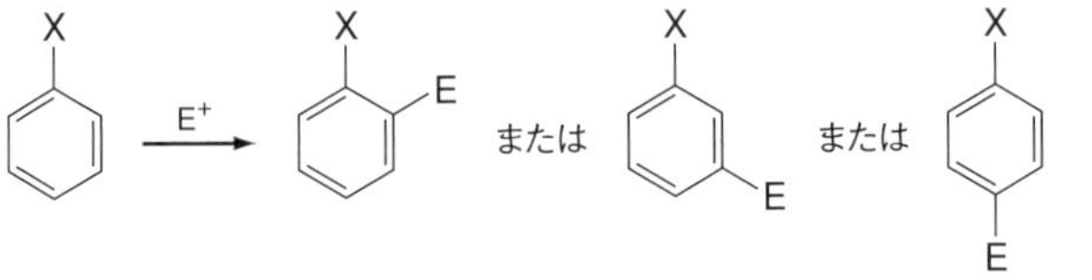

ベンゼンに置換基として電子供与基が付加した一置換体では、そのオルト位とパラ位の電子密度が共鳴効果により高まっているため、オルト置換体とパラ置換体がメタ置換体よりも優位に生成する。このオルト位

オルト-パラ配向性置換基（X）：-OH, -NH$_2$, -NNR, -NR$_2$, -SH, -OR, -SR, -NHCOR, アルキル基（-CH$_3$ など）, -Ph（フェニル基）, -CH$_2$Cl, -CH=CH$_2$, ハロゲン（I, Br, Cl, F）など

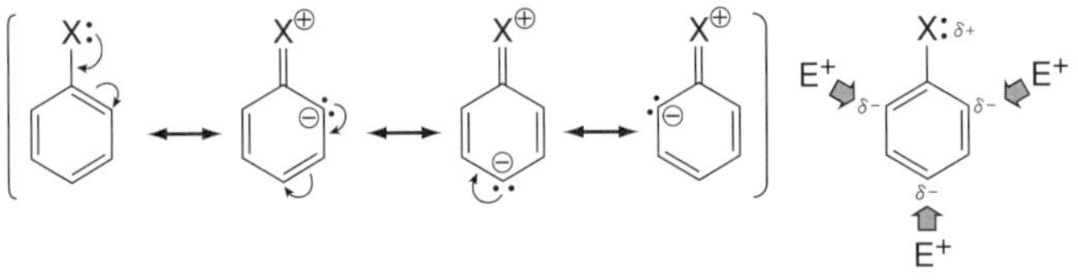

メタ配向性置換基（Y）：-NO$_2$, -$\overset{+}{N}$R$_3$, -CCl$_3$, -C≡N, -SO$_3$H, -CHO, -COOH, -COR, -COOR, -CONH$_2$ など

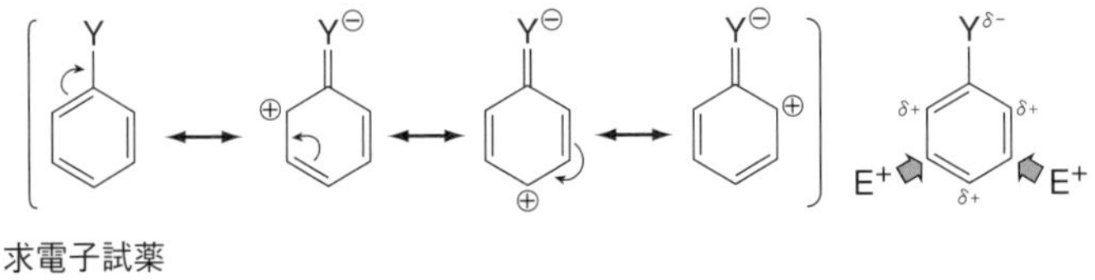

E$^+$：求電子試薬

図 10・9　オルト-パラおよびメタ配向性置換基と配向性

とパラ位に付加される置換基の位置選択性を**オルト-パラ配向性**という（**図10・9上**）。さらに求電子試薬や置換基のサイズが大きい場合には、立体障害により求電子試薬のオルト位よりもパラ位への付加が優先する。逆に、ベンゼンに置換基として電子求引基が付加した一置換体で共鳴効果によりオルト位とパラ位の電子密度が下げられる場合、メタ位に求電子反応が起こってメタ置換体が生成する。このメタ位に付加される置換基の位置選択性を**メタ配向性**という（**図10・9 下**）。求電子試薬に関係なくオルト位とパラ位への置換反応を起こさせる置換基はオルト-パラ配向性置換基といい、メタ位への置換反応を起こさせる置換基はメタ配向性置換基という（**図10・9**）。

10・4 脱離反応

10・4・1 一分子脱離反応（E1反応）

　大きな分子の一部分が小さな分子として一分子的に脱離する反応を**一分子脱離反応**（E1反応）という[*8]。生成物は単結合で脱離反応が起これば二重結合、二重結合で脱離反応が起これば三重結合となる。

$$R-\underset{\underset{R}{|}}{\overset{\overset{X}{|}}{C}}-\underset{\underset{R}{|}}{\overset{\overset{H}{|}}{C}}-R \xrightarrow{-HX} \underset{R}{\overset{R}{}}C=C\underset{R}{\overset{R}{}}$$

　E1反応では二種類の生成物が生じ、両生成物はシス体とトランス体で、**シス-トランス異性体**の関係にある。

　E1反応の反応機構は**図10・10**のように考えられている。大きい分子から小さい分子の脱離基 X が陰イオンとして脱離する。その結果、中間体の陽イオン（カルボカチオン）が生ずる。脱離した陰イオン X⁻ がこの中間体の H を攻撃し、HX として外れてシス体の生成物が生じる。また、脱離した陰イオン X⁻ が中間体の H を C−C 結合が回転した状態で

*8　脱離反応には、E1反応、E2反応のほかに E1cB 反応が知られている。この E1cB 反応では、C−H 結合がまず切れ、カルボアニオン中間体を生成し、X⁻ を失ってアルケンを生成する。

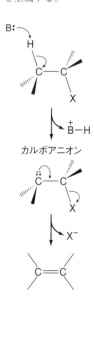

カルボアニオン

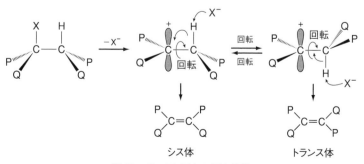

シス体　　　　　トランス体

図10・10　E1反応の反応機構

攻撃し、HX として外れてトランス体の生成物が生ずる。シス体とトランス体がどのような比で生ずるかは各々の安定性に依存する。

10・4・2　二分子脱離反応（E2反応）

＊9　塩基 B⁻ のプロトンへの攻撃と X⁻ の脱離が同時に起こる脱離反応を協奏脱離反応という。

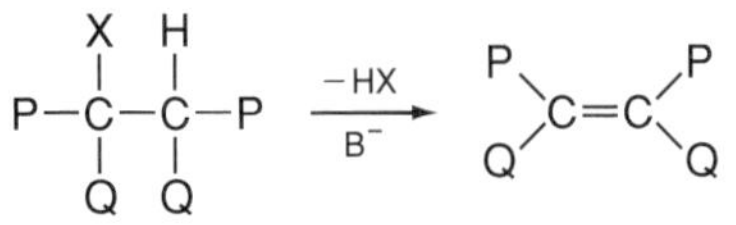

出発物質と触媒的に加えた塩基 B⁻ の二分子が関与する協奏脱離反応[9]を**二分子脱離反応**（E2反応）という。

E2反応は**図 10・11** に示す反応機構で起こる。E2反応では、単結合の出発物質の H と X が反対側に存在した状態で、触媒的に加えた塩基 B⁻ が H を攻撃し、H を解離させると、それと同時に反対側に存在する X が解離（**アンチ脱離**）し、HX と出発物質から H と X が脱離した二重結合の生成物が一段階で生ずる。E2反応でのアンチ脱離をニューマン投影式で示すと、脱離していく二つの基、H と X が同一平面上にあって、分子の反対側に並んでいる。このような配置を**アンチペリプラナー配置**という。

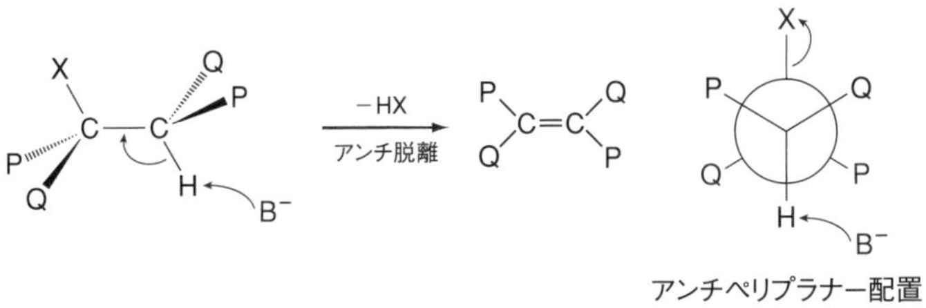

図 10・11　E2反応におけるアンチ脱離とアンチペリプラナー配置

ザイツェフ　Saytzeff, A.
ホフマン　Hofmann, R.

アルケンの E2反応による脱離反応生成物のでき方に関しては、二つの経験則、**ザイツェフ則**（セイチェフ則ともいう）と**ホフマン則**が知られている。ザイツェフ則は、「アルキル基が2個あるいは3個結合した化合物で、それらの置換基が結合している炭素（α炭素）の隣にある炭素（β炭素）から、水素が塩基によって脱離する場合、最も少なく水素が結合しているβ炭素上の水素が優先して脱離し、多置換基アルケンが主に生成する」という規則である。ホフマン則は、「オニウム塩（-N⁺R₃など）[10]の立体的に大きい置換基とともにアルキル基が2個あるいは3個結合した化合物では、それらの置換基が結合している炭素の隣にあるβ炭素から水素が塩基によって脱離し、置換反応生成物のアルケンが生ずる場合、最も多くの水素が結合しているβ炭素上の水素が優先して脱

＊10　中性のヘテロ原子に正電荷をもつ一価のアルキル基（カルボカオチン）が配位することにより、原子価を一つ増して正に帯電した化学種の総称をオニウムイオンといい、オニウムイオンを含む塩をオニウム塩という。

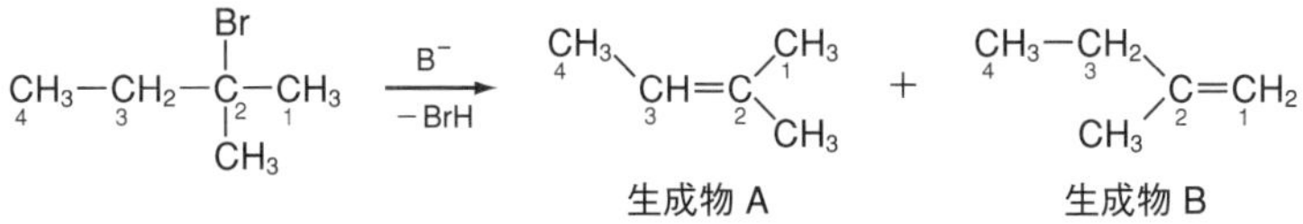

B^-	生成物 A	:	生成物 B	
$CH_3-CH_2-O^-$	70		30	ザイツェフ則
$CH_3-\overset{\displaystyle CH_3}{\underset{\displaystyle CH_3}{C}}-O^-$	27		73	ホフマン則

図 10・12　ザイツェフ則とホフマン則に従う E2 反応

離する」という規則である。また、ホフマン則に従い、$(CH_3)_3CO^-$ のような立体的に大きい塩基が3個のアルキル基が結合した化合物に作用して脱離反応が起こる場合、それらの置換基が結合している炭素の隣にある最も多くの水素が結合している β 炭素上の水素が優先して脱離してアルケンが生ずる。図 10・12 にザイツェフ則とホフマン則に従う E2 反応の例を示す。

10・5 付加反応

二重結合、三重結合などの不飽和結合に2個の基が付加し、それぞれ単結合、二重結合になる反応を**付加反応**という。付加反応ではシス体とトランス体が生成するが、シス体が生成するシス付加反応よりもトランス体が生成するトランス付加反応が一般的である。

10・5・1　シス付加反応

白金やパラジウムを表面積の大きい活性炭素上にコーティングした白金黒やパラジウム黒を触媒として用い、不飽和結合を有する化合物に接触水素添加あるいは接触還元によって2個の水素を同じ側に結合させ、シス体を生成する。

10・5・2　トランス付加反応

エチレン誘導体に臭素を反応させると、図 10・13 に示すように2個の臭素原子が分子面を挟んで互いに反対側に付加したトランス体が生成する。このような付加反応を**トランス付加反応**という。この付加反応は、ブロモニウムイオンと呼ばれる陽イオン中間体が生成されて進行する。

トランス付加反応は図 10・14 に示す反応機構で進行する。反応は臭素分子の開裂により進行する。臭素分子はイオン的に開裂して臭素陽イオ

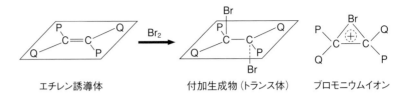

図 10・13　トランス付加反応とブロモニウムイオン

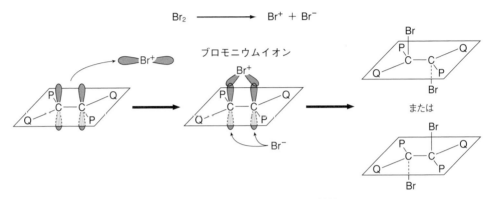

図 10・14　トランス付加反応の反応機構

ンと陰イオンになる。臭素陽イオンでは、6 個の価電子のうち 2 個は 4s 軌道に、残りの 4 個は 2 本の 4p 軌道に入り、1 本の 4p 軌道は空軌道となっている。臭素陰イオンでは、8 個の価電子が 4s 軌道と 3 本の 4p 軌道に入り、両軌道は満杯となる。臭素陽イオンは、4p 軌道は空軌道の羽根をひらひらさせた蝶のようにしてエチレン誘導体の二重結合の π 結合に止まり、攻撃する。その結果、分子面の片側がふさがれたブロモニウムイオン（一般にハロニウムイオンという）と呼ばれる中間体が形成される。したがって、臭素陰イオンは分子面の空いている反対側からエチレン誘導体の二重結合の π 結合を攻撃することになるので、トランス付加体が生ずる[*11]。

　左右非対称なアルケンにハロゲン化水素が付加する反応では、二重結合上の二つの炭素のうち置換基の多い方にハロゲンが付加した生成物が選択的に生ずる。この法則（経験則）は**マルコフニコフ則**と呼ばれる。マルコフニコフ則に従う付加反応は**図 10・15** に示す反応機構で進む。HBr がイオン的に開裂して H^+ と Br^- が生ずる。生じた H^+ はアルケンの二重結合の π 結合を攻撃するが、その攻撃には **a** 経路と **b** 経路の二通りがある。しかし、生ずる陽イオン中間体の安定性に関しては、**a** 経路よりも **b** 経路で生ずる陽イオン中間体の方が、陽イオン炭素 C^+ に付いているアルキル基（電子供与基）の数が多いので安定である。その結果、**b**

*11　細胞のミトコンドリアに存在するクエン酸サイクルにおいて、クエン酸がイソクエン酸に異性化する反応の中間体として *cis*-アコニット酸が生成する。この *cis*-アコニット酸からイソクエン酸への変化は、アコニターゼによる酵素反応で行われる。この酵素反応で、*cis*-アコニット酸に水（H_2O）が求電子的にトランス付加してイソクエン酸が生成する。

マルコフニコフ
Markovnikov, V. V.

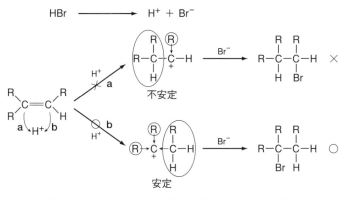

図 10・15　マルコフニコフ則に従う付加反応の反応機構

経路のアルキル基が多い陽イオン中間体に Br$^-$ が付加した生成物が生ずる。

　マルコフニコフ則が成り立つのは、親電子的付加反応の場合のみである。一般的に、非対称形の反応剤が非対称形のアルケンに付加するときには、二重結合の 2 個の炭素のうち水素原子数の多い方の炭素に反応剤の電気的に陽性な部分が結合する、という規則に拡大できる。例えば、プロペン（CH$_3$CH=CH$_2$）に酸触媒で水（H$_2$O）が付加すると、2-プロパノール（CH$_3$CH(OH)CH$_3$）が選択的に生成し、1-プロパノール（CH$_3$CH$_2$CH$_2$OH）は生成しない。また、ハロゲン化水素付加の場合、過酸化物（ペルオキシド構造（−O−O−）を有する物質）存在下のラジカル付加反応が起こる条件では、超共役効果[*12]によってより安定なラジカル中間体が生成する経路を経由し、マルコフニコフ則と逆の生成物を与える。この規則を**逆マルコフニコフ則**という。

10・6 転位反応

　転位反応は、分子内で一つの官能基がある原子からほかの原子に移動、あるいは炭素骨格の配列に変化が生ずる反応をいう。

$$R-\underset{\underset{R}{|}}{\overset{\overset{R}{|}}{C}}-\underset{\underset{Y}{|}}{\overset{\overset{H}{|}}{C}}-H \xrightarrow{X} R-\underset{\underset{R}{|}}{\overset{\overset{X}{|}}{C}}-\underset{\underset{H}{|}}{\overset{\overset{R}{|}}{C}}-H + Y$$

　転位反応には、カルボカチオンの転位、電子不足窒素原子への転位、非イオン型の転位などがある。

カルボカチオンの転位

　アルキル基あるいはアリール基[*13]が電子対を持ったまま電子不足の炭素原子（カルボカチオンなど）に転位する反応。

*12　メチル基（−CH$_3$）は電気陰性度があまり大きく違わない C と H の結合でできており、非共有電子対を持たないが、電子供与基として働く。このメチル基の電子供与基の働きを説明するために、超共役という概念が提唱された。メチル基を構成する水素原子は一部分プロトン（H$^+$）化して電離していると考えることができる。その結果、メチル基はあたかも非共有電子対を持っているように振舞う。つまり、メチル基は π 電子を通して、共役二重結合における電子の移動の伝達（メソメリー効果）のように電子を送りだすことができる電子供与基として働き、この働きは超共役効果と呼ばれる。超共役効果は C−H 結合が 3 個あるメチル基では認められるが、それが 2 個しかないメチレン基ではうんと弱くなり、それが 1 個しかないメチン基では無視できる。

*13　アリール基は、芳香族炭化水素の水素が 1 個脱離して生ずる置換基の総称である（8・3 節参照）。

電子不足窒素原子への転位

アルキル基あるいはアリール基が電子対を持ったまま、電子不足の窒素原子（R_2N^+ またはナイトレイト $R-CO-\ddot{N}$）に転位する反応。

非イオン型の転位

ある種のエーテルで見られる、熱によって炭素-酸素結合が切れて、同時にアルキル基が転位する反応。例えば、芳香族アリルエーテルを加熱すると、アリル基（$CH_2=CHCH_2-$）がベンゼン環のオルト位へ転位して o-アリルフェノールが生ずる。

10・7　酸化還元反応

有機化合物では、分子中の酸素の数が増加するか、あるいは水素の数が減少する反応を酸化反応、逆に酸素の数が減少するか、あるいは水素の数が増加する反応を還元反応といい、両者の反応を合わせて**酸化還元反応**という（第 6 章参照）。例えば、アルコールからアルデヒド、アルデヒドからカルボン酸が生成する反応は酸化反応、逆にカルボン酸からアルデヒド、アルデヒドからアルコールが生成する反応は還元反応である[*14]。

アルケンの酸化反応には、オゾン酸化、モノヒドロキシ化、ジヒドロキシ化、エポキシ化などがある。

オゾン酸化

$-70\,℃$ で速やかにアルケンの炭素-炭素二重結合にオゾン（O_3）を付加してオゾニドを生成させ、オゾニドに酸性条件下で亜鉛末と水を作用させると、原料アルケンの構造によりアルデヒド RCHO かケトン $RR'C=O$ が得られる。また、オゾニドに亜鉛末と過酸化水素を作用させると、ケトンとカルボン酸 RCOOH が得られる。

[*14]　生体内の酸化還元反応は酸化還元酵素によって行われるが、ニコチンアミドアデニンジヌクレオチド（NAD）、ニコチンアミドアデニンジヌクレオチドリン酸（NADP）、フラビンモノヌクレオチド（FMN）、フラビンアデニンジヌクレオチド（FAD）などの補酵素が必要である。これらの補酵素を介して電子の授受が行われる。

モノヒドロキシ化

アルケンをボロンハイドライド（BH₃）で還元すると中間体が生じ、その中間体を過酸化水素で酸化的に分解するとモノヒドロキシ体であるアルコール誘導体を生成する。

中間体

ジヒドロキシ化

アルケンを過マンガン酸カリウム（KMnO₄）で酸化すると中間体を経由し、ジヒドロキシ体である二価のアルコール誘導体を生成する。

中間体

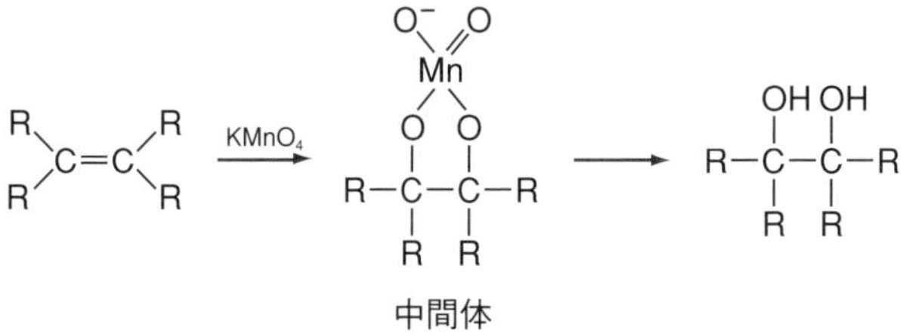

エポキシ化

アルケンを過酸（オキソ酸のヒドロキシ基（−OH）をヒドロペルオキシド基（−O−OH）に置き換えた構造の物質）で酸化すると、中間体を経由し、過酸から生ずるカルボン酸とともに、三員環の一角に酸素が入ったエポキシ化された化合物（エポキシドまたはオキシランという）を生成する*15。

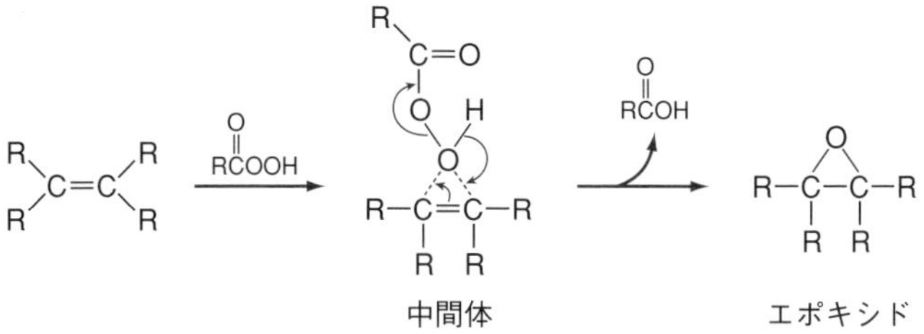

中間体　　エポキシド

*15　生体内のコレステロール生合成過程で、中間体のスクアレンは FAD を補酵素とするスクアレンエポキシダーゼ（モノオキシダーゼ、一原子酸素添加酵素）により (3S)-2,3-オキシドスクアレンに変換される。分子状酸素（O₂）がエポキシド酸素原子の源で、その酸素分子の一つがエポキシド生成に使われる。

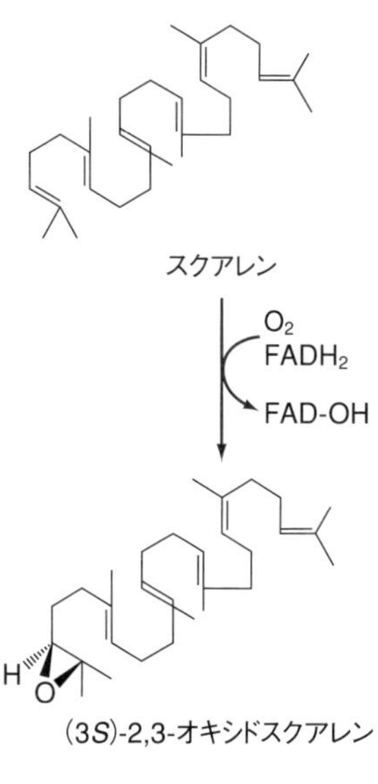

スクアレン

O_2
$FADH_2$

$FAD\text{-}OH$

(3S)-2,3-オキシドスクアレン

10・8　生体で見られる有機化学反応

　生体成分の糖質、脂質、タンパク質、核酸などの有機化合物は、生体内で種々の有機化学反応によって変化（合成・分解）している。この生体で見られる多くの有機化合物の変化は、酵素の触媒作用によって起こる。それらの反応には、酸化還元反応、転移反応、加水分解反応、脱離反応（除去付加反応）、異性化反応、合成反応などがある。また、生体内では

フリーラジカル（ラジカル）反応も見られる。

酸化還元反応

この反応には、脱水素反応（酸化反応と還元反応が同時に進行する反応）、酸化反応（脱水素された水素が酸素と反応して過酸化水素や水が生ずる反応）、酸素添加反応（一原子酸素添加反応と二原子酸素添加反応）、過酸化物分解反応（過酸化水素が水と酸素に分解する反応）などがある。これらの反応には酸化還元酵素（オキシドレダクターゼ）が関与する。

転移反応

有機化合物中のある特定の官能基が別の有機化合物に転移する反応である。その代表的な反応はアミノ基転移反応で、アミノ酸のアミノ基が α-ケト酸[*16] に転移し、アミノ酸が α-ケト酸に、α-ケト酸はアミノ酸に変化する反応である。この反応には転移酵素（トランスフェラーゼ）が関与する。

加水分解反応

有機化合物中のリン酸エステル結合、O-グリコシド結合、ペプチド結合などが加水的に分解する反応である。この反応には加水分解酵素（ヒドラーゼ）が関与する。

脱離反応（除去付加反応）

除去反応は、非加水分解的あるいは非酸化的に有機化合物からある官能基が取り去られ、二重結合を有する化合物が生成する反応である。逆に付加反応は、有機化合物が二重結合を有する有機化合物に付加する反応である。これらの反応には脱離酵素（リアーゼ）が関与する。リアーゼはシンターゼとも呼ばれ、シンターゼは ATP 非依存的に合成を行う反応に関与する。

異性化反応

この反応は、有機化合物中の官能基が分子内転位する反応である。この反応では、異性体（鏡像異性体、幾何異性体および構造異性体）が生成する。この反応には異性化酵素（イソメラーゼ）が関与する。

合成反応

この反応には、二つの小分子の有機化合物が ATP 依存的に結合する反応と、ATP に依存しないで結合する反応とがある。この反応には合成酵素が関与するが、合成酵素は ATP 依存性の場合はシンテターゼと呼ばれる。また、合成酵素は結合酵素（リガーゼ）と総称される。

フリーラジカル反応

有機化合物に生体内で酸素分子、多価不飽和酸を有する脂質などから生ずるフリーラジカルが作用する反応である。この反応は連鎖的に進行し、種々の反応性が高い化合物が生じる。

[*16] ケト酸は分子内にケトン基とカルボキシ基を含む有機酸で、ケトカルボン酸ともいう。ピルビン酸のように、ケトン基が α 炭素にあるケト酸を α-ケト酸（2-オキソ酸）という。ケト酸には、α-ケト酸のほかに、アセト酢酸のようにケトン基が β 炭素にある β-ケト酸（3-オキソ酸）、レブリン酸のようにケトン基が γ 炭素にある γ-ケト酸（4-オキソ酸）などがある。

Column 複雑な有機化合物の合成とカップリング反応

カップリング反応は二つの化学物質を選択的に結合させる反応で、天然物合成などに多用される。結合する二つのユニットの構造が等しい場合はホモカップリング（R-X + R-X → R-R）といい、異なる場合はクロスカップリング（R-X + R'-Y → R-R'）という。クロスカップリング反応という方法は新しい有機化合物を作るための「万能のり」的な方法で、この方法により複雑な構造の物質を簡単に合成できるようになった。

2010年、クロスカップリング反応に関する研究により、米国のリチャード・ヘック（Heck, R.）博士とともに日本の根岸英一博士と鈴木 章 博士がノーベル化学賞を受賞した。1977年に根岸博士が報告した根岸カップリングとは、有機亜鉛化合物と有機ハロゲン化物とをパラジウムまたはニッケル触媒のもとにクロスカップリングにより縮合させ、炭素-炭素結合生成物を得るための方法である。1979年に鈴木博士が報告した鈴木カップリング（または鈴木-宮浦カップリング）とは、パラジウム触媒と塩基などの求核試薬の作用により、有機ホウ素化合物とハロゲン化アリールとをクロスカップリングさせて、非対称ビアリール（ビフェニル誘導体）を得るための方法である。

根岸カップリング：R－Zn（または Ni）X ＋ R'－Y ⟶ R－R'

鈴木カップリング：Ar－X ＋ R－B(OH)₃ $\xrightarrow[\text{塩基}]{\text{Pd（触媒）}}$ Ar－R

Ar：アリール基

演 習 問 題

1. 置換反応（S_N1 反応と S_N2 反応）、脱離反応（E1反応とE2反応）、転位反応、トランス付加反応、酸化還元反応における一般反応式を示し、それらの反応について説明せよ。

2. S_N1 反応と S_N2 反応について、それらの反応過程における自由エネルギー変化と反応の様式との関係を説明せよ。

3. 以下の化合物 A と B にそれぞれエトキシアニオン（$C_2H_5O^-$）を作用させたとき、ザイツェフ則とホフマン則のどちらに従って主生成物が生じるかを記せ。また、化合物 A と B の反応における主生成物の生成過程と主生成物の構造を示せ。

A
H₃C−C−C−C−H
（with H,H,H on top; H,Br,H on bottom）

B
H₃C−C−C−C−H
（with H,H,H on top; H, +N(CH₃)₃, H on bottom）

4. プロペンにHBrを極性溶媒中で付加した場合と過酸化物存在下で付加した場合、生ずる生成物の構造とその生成機構を示せ。また、これらの反応が起こる経験則名を記せ。

5. ベンゼン誘導体の求電子置換反応におけるオルト-パラ配向性とメタ配向性による二置換体の生成について、例をあげ、生成機構も含めて説明せよ。

第11章 脂　質—生体をつくる分子①—

　脂質はほかの生体物質とは異なり、疎水性が高いため水にほとんど溶けず、クロロホルムなどの非極性溶媒によく溶ける性質を持つ物質群である。中性脂肪、油、ろう、リン脂質、ステロイドなどやこれに関連する化合物が含まれ、生体内ではそれぞれ固有の生理的役割を果たしている。また、体内での脂質動態の異常（脂質代謝異常）は、肥満、糖尿病、動脈硬化などの生活習慣病をはじめ、種々の疾患にも関連している。

　この章では、各脂質の構造と性質を理解することで、脂質の栄養学的、生化学的あるいは生理学的な役割や、脂質関連の疾患などを理解するうえで必要となる基礎知識を学ぶ。

11・1　脂質の種類

　生体内には種々の脂質が存在するが、構造や性質からいくつかのグループに分類できる。一般には、構造から**単純脂質**、**複合脂質**、**誘導脂質**の三つの大きなグループに分けることが多い（**図 11・1**）。

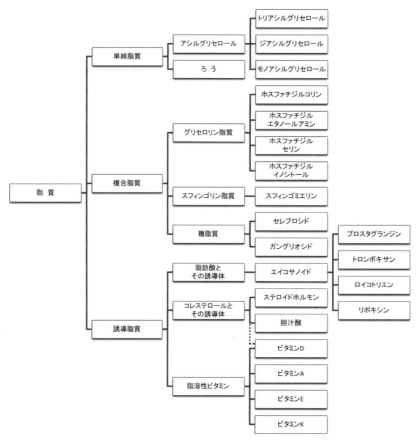

図 11・1　主な脂質の分類

単純脂質は脂肪酸とアルコールのみを構成成分とする脂質で、トリアシルグリセロール（トリグリセリド）などが該当する。**複合脂質**は脂肪酸とアルコール以外にリン酸や糖を含んでおり、リン脂質や糖脂質が該当する。**誘導脂質**は単純脂質や複合脂質から生じる脂質やイソプレン誘導体で、脂肪酸や、脂肪酸から合成されるエイコサノイド、ステロイド化合物、脂溶性ビタミンなどがある。また、アシルグリセロールやコレステロールのように電荷を持たない脂質を**中性脂質**と呼ぶ。さらに、アシルグリセロールを**中性脂肪**とも呼ぶ[*1]。

*1 生体内のアシルグリセロールはほとんどがトリアシルグリセロールであることから、中性脂肪とトリアシルグリセロールはほぼ同義で用いられている。

11・2 脂 肪 酸

脂肪酸[*2]は炭化水素鎖にカルボキシ基を持つカルボン酸の一種で、炭化水素鎖がすべて単結合のものを**飽和脂肪酸**、二重結合を含むものを**不飽和脂肪酸**[*3]という。生体内では遊離の形で存在するものは微量で、ほとんどがアルコール類（例えばグリセロール）やチオール類（例えばCoA）などとエステルの形で存在している。エステルを構成する脂肪酸部分（R-CO-）を**アシル基**という。

脂肪酸は系統的命名ではカルボン酸の命名規則に従い、炭化水素の名称の末尾に"酸"を付けて命名される。炭素番号はカルボキシ炭素を1とし、順次2, 3…とする。また、カルボキシ基が結合する炭素を α とし、順次 β, γ …と表記することもある。カルボキシ基の反対側の末端炭素はそれぞれ n または ω とする。不飽和脂肪酸の二重結合の位置の表し方はいくつかある。例えば Δ^{12} は12位と13位の炭素間に二重結合があることを示す。また、逆に二重結合の位置をカルボキシ基の反対側の末端炭素（n または ω）から数えて表すこともあり、$n-6$（n マイナス6）、$\omega 6$ のように表記する（**図11・2**）。生体内では脂肪酸の二重結合はすでにある二重結合からカルボキシ基側に $-CH_2-$ を挟んで導入される。例えば、$n-6$ 位に二重結合を持つ不飽和脂肪酸からは $n-6$ 位と $n-9$ 位に二重結合を持つ不飽和脂肪酸が合成され、$n-9$ 位に二重結合を持つ不飽和脂肪酸からは $n-9$ 位と $n-12$ 位に二重結合を持つ不飽和脂肪酸が合成される。したがって、この表記を使うと不飽和脂肪酸を、n 位に最も近い二重結合の位置で、生化学的に **$n-9$ 系列**、**$n-6$ 系列**、**$n-3$ 系列**のグループに分類することができる[*4]。これらを使って生体

*2 脂肪酸は本来、誘導脂質の一つとして分類されるが、後述するアシルグリセロールやリン脂質の構成成分の一つでもあるので、まずはじめに取り上げることにする。
英語では炭化水素の末尾の -e を -oic acid に変える。

*3 二重結合を1個含むものを一価不飽和脂肪酸、2個以上含むものを多価（高度）不飽和脂肪酸という。

*4 このグループ化は、脂肪酸の必須性や不飽和脂肪酸から合成されるエイコサノイドの系列にも関係してくる。

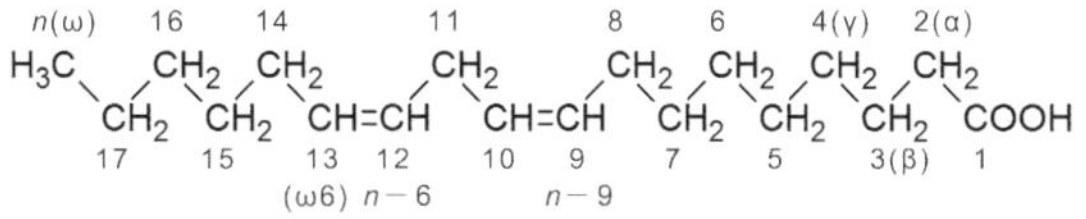

図11・2 リノール酸

内の脂肪酸は炭素数、二重結合数、二重結合の位置の三つの要素で略記できる。例えば、パルミチン酸は炭素数16、二重結合がないので16:0、リノール酸は炭素数18、二重結合数2、二重結合位置が $\Delta^{9,12}$ であるので $\Delta^{9,12}$-18:2、18:2n-6 または 18:2ω6 と略記する[*5]。

生理的、栄養学的に重要な脂肪酸を**表11・1**にあげる。生体内の脂肪酸は、① 炭素数が偶数個（生合成と分解が炭素2個単位で行われるため）で16〜22のものが多く、② 炭化水素鎖に枝分れがなく、③ カルボキシ基は炭化水素鎖の一方の末端にある。また、不飽和脂肪酸では、④ 二重結合は全てシス配置をとり、⑤ その位置は特異的で -CH=CH-CH$_2$-CH=CH- の配置になる。これらの脂肪酸は慣用名が用いられることが多い。生体内では**リノール酸**、**α-リノレン酸**は合成できないため、これらは栄養学上の**必須脂肪酸**と呼ばれる。

*5 *all-cis*-5,8,11,14,17-エイコサペンタエン酸と *all-cis*-4,7,10,13,16,19-ドコサヘキサエン酸（すべての二重結合が *cis* ということで *all-cis* と表記する）では、生合成での制約からこれ以外の位置に二重結合がくることがないので、二重結合の位置を特に示すことなく、単にエイコサペンタエン酸（EPA）、ドコサヘキサエン酸（DHA）と表記されることが多い。

表11・1 生理的、栄養学的に重要な脂肪酸

略 記	慣用名	系統名	融点[†3]（℃）	所 在
16:0	パルミチン酸	ヘキサデカン酸	63.1	動物・植物脂肪に広く分布
16:1n-7	パルミトオレイン酸	*cis*-9-ヘキサデセン酸	−0.5〜0.5	ほとんどすべての脂肪
18:0	ステアリン酸	オクタデカン酸	69.6	動物・植物脂肪に広く分布
18:1n-9	オレイン酸	*cis*-9-オクタデセン酸	12〜16	天然脂肪中で最も一般的
18:2n-6	リノール酸	*all-cis*-9,12-オクタデカジエン酸	−5	コーン、綿実、大豆などの植物油
18:3n-6	γ-リノレン酸[†1]	*all-cis*-6,9,12-オクタデカトリエン酸	−11.3〜−11	月見草など。動物では少ない。
18:3n-3	α-リノレン酸[†1]	*all-cis*-9,12,15-オクタデカトリエン酸	−11.3〜−11	アマニ油など
20:3n-6	ジホモ-γ-リノレン酸[†1]	*all-cis*-8,11,14-エイコサトリエン酸[†2]	—	魚油、動物のリン脂質
20:4n-6	アラキドン酸	*all-cis*-5,8,11,14-エイコサテトラエン酸[†2]	−49.5	動物のリン脂質、落花生油
20:5n-3	チムノドン酸	*all-cis*-5,8,11,14,17-エイコサペンタエン酸[†2]	−54.4〜−53.8	魚油（タラ、サバ、サケなど）
22:6n-3	セルボン酸	*all-cis*-4,7,10,13,16,19-ドコサヘキサエン酸	−44.2〜−44.1	魚油、脳のリン脂質

[†1] α、γ は炭素番号ではない。 [†2] 20 を表す接頭語 "エイコサ-" は、IUPAC 命名法では "イコサ-" を用いている。
[†3] 日本脂質生化学会 LipidBank による。

シス形の脂肪酸は、二重結合部分で炭化水素鎖が120°折れ曲がった形になる（**図11・3**）。このため、飽和脂肪酸に比べて分子がとり得る立体構造に制約ができ、物理化学的な性質に影響を及ぼす。例えば、不飽和度が高い脂肪酸では融点は低く、不飽和脂肪酸を多く含む生体膜リン脂

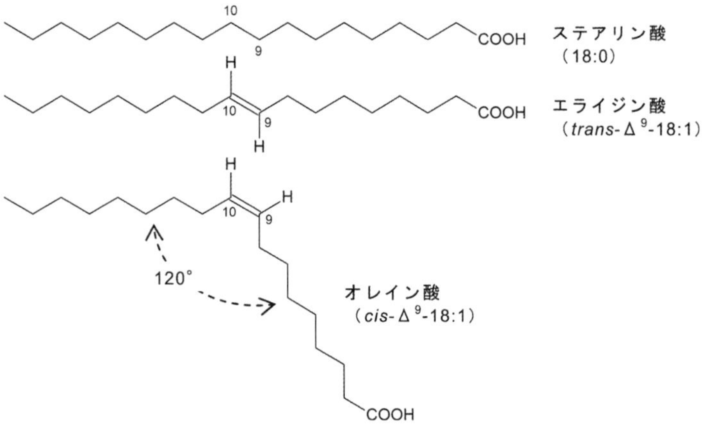

図 11・3 飽和脂肪酸と不飽和脂肪酸の幾何異性

質では流動性が高くなる。一方、トランス形の脂肪酸では二重結合部分での折れ曲りがない（**図 11・3**）。シス脂肪酸がトランス脂肪酸に置き換わると立体的な関係が変わってしまう。トランス脂肪酸を多く摂取すると、虚血性心疾患の発症を増やし、糖尿病、致死性虚血性心疾患、心臓性突然死のリスクを増やすおそれがある（本章コラム参照）。

　脂肪酸のカルボキシ基は、カルボキシ基に一般的な化学的性質をそのまま示し、Na^+ や K^+ と塩を形成したり（**けん化**）、$-OH$ とエステル結合、$-NH_2$ とアミド結合を形成できる（8・4・4項参照）。二重結合部分はハロゲンの付加反応を受けやすく、ヨウ素の取り込み量を測定することで脂質の不飽和度の目安（**ヨウ素価**）とすることができる。また、二重結合部分はラジカルの攻撃を受けやすく、**過酸化脂質**を生じる（**図 11・4**）。

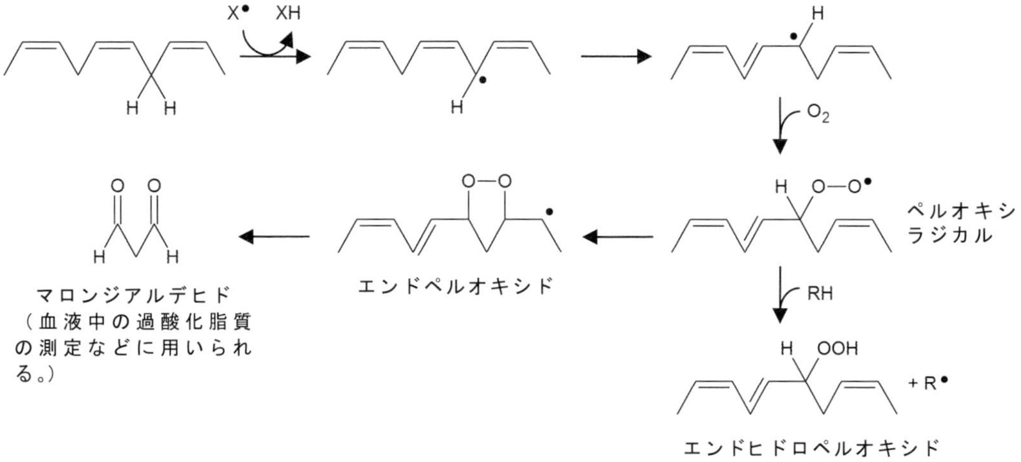

図 11・4 脂質の過酸化
　反応はラジカル（$X^•$）、金属イオン、光や放射線によって始まる。生成したラジカル $R^•$ は次の脂質を過酸化するので、反応は連鎖的に進む。

11・3 単純脂質

単純脂質は、脂肪酸とアルコールのエステルである。生体内ではアルコール部分がグリセロール（グリセリン）である脂質が多い。

11・3・1 トリアシルグリセロール（トリグリセリド）

脂肪酸と三価のアルコールであるグリセロールがエステル結合したものを**アシルグリセロール**（グリセリド）という。

グリセロールの三つの炭素原子は立体化学的に区別する必要があるので、*sn*（stereochemical numbering；立体化学的番号付け）で番号を付す。グリセロール化合物を**図11・5**のように投影式で描いたとき、上の炭素原子から1, 2, 3と番号を振る。

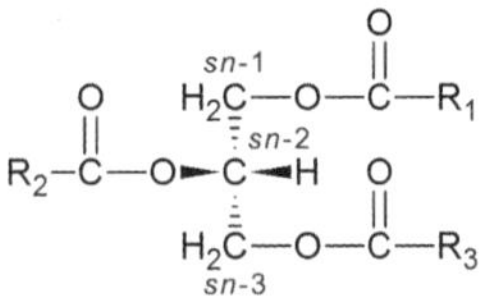

生体内では、グリセロールの3個のヒドロキシ基すべてに脂肪酸がエステル結合した**トリアシルグリセロール**（トリグリセリド）が最も多く、食餌性エネルギー源としても、生体内エネルギー貯蔵体としても重要である。また、体脂肪として温度変化や機械的衝撃を和らげる役割も果たす。トリアシルグリセロールの性質は結合する脂肪酸部分の性質に依存し、動物性（例えばラード）のもののように飽和脂肪酸が多いと常温で固体、植物性（例えばオリーブ油）のもののように不飽和脂肪酸が多いと常温で液体となる。一般には、常温で固体のものを脂肪、液体のものを油、両者を総称して油脂という。

微量であるがリン脂質から生じる1,2-ジアシルグリセロールは、細胞内情報伝達物質として機能する（11・4・1項参照）。2-モノアシルグリセロールは、トリアシルグリセロールが小腸内で消化・吸収される際に一時的に生じる。

11・3・2 ろう（ワックス）

ろう（ワックス）は、長鎖脂肪酸と長鎖アルコール（高級アルコール）のエステルである（**図11・6**）。融点は一般的にトリアシルグリセロールより高く、撥水性が高いので、生体表面をコートして水分の浸入・漏出を防いでいる。

図11・5 トリアシルグリセロール

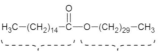

H₃C–(CH₂)₁₄–C–O–(CH₂)₂₉–CH₃

パルミチン酸　　トリアコンタノール（ミリシルアルコール）

図11・6 トリアコンタニルパルミテート（パルミチン酸ミリシル）蜜ろうの主成分*6。

*6 蜜ろう（日本薬局方ではミツロウ）は、化粧品や軟膏の基材として用いられる。

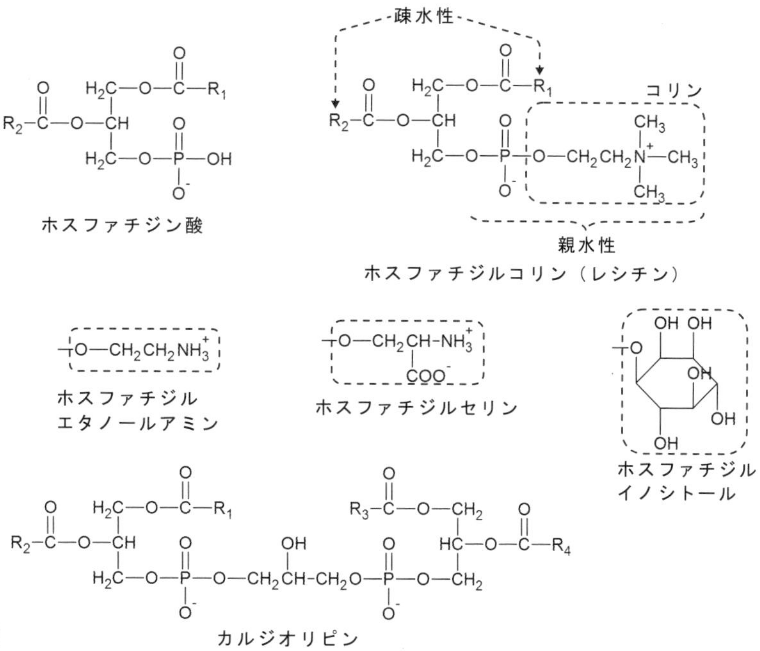

図11・7 主なグリセロリン脂質

ホスファチジン酸

ホスファチジルコリン（レシチン）

ホスファチジル
エタノールアミン

ホスファチジルセリン

ホスファチジル
イノシトール

カルジオリピン

11・4 複合脂質

　複合脂質はリン酸や糖で修飾された脂質である。リン酸基も糖もいずれも極性が高いため、複合脂質は**極性脂質**とも呼ばれる。

11・4・1 グリセロリン脂質

　グリセロリン脂質は、アルコールとしてグリセロールを持ち、グリセロールのヒドロキシ基には脂肪酸とリン酸がエステル結合している。この基本構造を**ホスファチジン酸**といい、1,2-ジアシルグリセロール構造の sn-3 位 OH 基にリン酸を結合した構造をとる（**図11・7**）。生体内ではホスファチジン酸のリン酸にさらに極性基が結合した形をとるものが多く、**ホスファチジルコリン（レシチン）、ホスファチジルエタノールアミン、ホスファチジルセリン、ホスファチジルイノシトール**などがある（**図11・7**）。ミトコンドリアには、グリセロールの sn-1 位と sn-3 位のヒドロキシ基のそれぞれにホスファチジン酸がリン酸部分で結合した**カルジオリピン（ジホスファチジルグリセロール）**という特異なリン脂質が存在する[*7]（**図11・7**）。

　リン脂質の一つの分子中には、脂肪酸による疎水性が高い部分とリン酸やコリンなどの極性基による親水性が高い部分が共存するので**両親媒性**を示し、適当な条件が与えられると水の中にも**ミセル**や**エマルジョン**、**リポソーム**を形成して均質に分散できる（**図11・8**；3・7・3項参照）。

*7　カルジオリピンは、ミトコンドリアに特有のリン脂質である。梅毒に感染するとカルジオリピンに対する抗体が産生されるので、梅毒を迅速・簡便に検査するには血清中のカルジオリピン抗体を測定する。

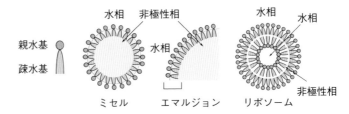

図 11・8　両親媒性分子の水相での存在状態

リン脂質は生体内では、細胞や細胞小器官を形づくる**生体膜**の最も重要な構成成分である（11・6 節）。生体内のグリセロリン脂質は sn-1 位に飽和脂肪酸を、sn-2 位に不飽和脂肪酸をエステル結合したものが多い[*8]。生体膜リン脂質の sn-2 位はエイコサノイドの前駆体となるアラキドン酸の貯蔵場所でもある。sn-2 位の脂肪酸が遊離した後の形を、**リゾリン脂質**と呼ぶ。また、ホスファチジルイノシトールは、細胞内シグナル伝達系で機能する**セカンドメッセンジャー**の前駆体である。細胞膜のホスファチジルイノシトールから産生されたホスファチジルイノシトール 4,5-ビスリン酸（$PI(4,5)P_2$）は、細胞に特定の刺激が加わると 1,2-ジアシルグリセロールとイノシトール 1,4,5-トリスリン酸（IP_3）に分解し、これらは細胞内でシグナルを伝達するセカンドメッセンジャーとして機能する（**図 11・9**）。

*8　肺胞内面に薄く存在する液体中には、肺胞がつぶれないように表面張力を下げる働きをする**サーファクタント**が含まれている。サーファクタント中のリン脂質は、例外的に、sn-1 位も sn-2 位も飽和脂肪酸であるジパルミトイルホスファチジルコリンが主成分である。

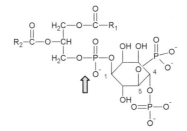

図 11・9　ホスファチジルイノシトール 4,5-ビスリン酸
⇨ の部分で加水分解されて、1,2-ジアシルグリセロールとイノシトール 1,4,5-トリスリン酸（IP_3）が生じる。

*9　免疫・炎症反応の過程で、細胞と細胞の間の情報伝達に使われる内因性の化学物質をいう。ヒスタミンやセロトニン（アミン）、ブラジキニン（ペプチド）、ロイコトリエンやトロンボキサン（エイコサノイド）、血小板活性化因子（リン脂質）など多くの化学物質があり、これらの仲介で痛みや腫脹、発熱などの炎症反応やアレルギー性疾患の症状などが引き起こされる。ケミカルメディエーターの合成阻害剤、遊離抑制剤、受容体拮抗剤は医薬品として用いられる。

グリセロリン脂質の脂肪酸は大部分がグリセロールのヒドロキシ基にエステル結合しているが、炎症のケミカルメディエーター[*9]として機能する**血小板活性化因子**（platelet-activating factor：PAF）では、sn-1 位は**エーテル結合**で（アルキル型リン脂質）、sn-2 位には酢酸（すなわちアセチル基）がエステル結合している（**図 11・10 左**）。脳や筋肉の全リン脂質の約 10 ％を占めるプラスマローゲンも sn-1 位にエーテル結合を持つが、炭化水素鎖のエーテル結合側炭素に二重結合が存在する（アルケニル型リン脂質）。また、リン酸に結合する極性基のほとんどはエタノールアミンである（**図 11・10 右**）。

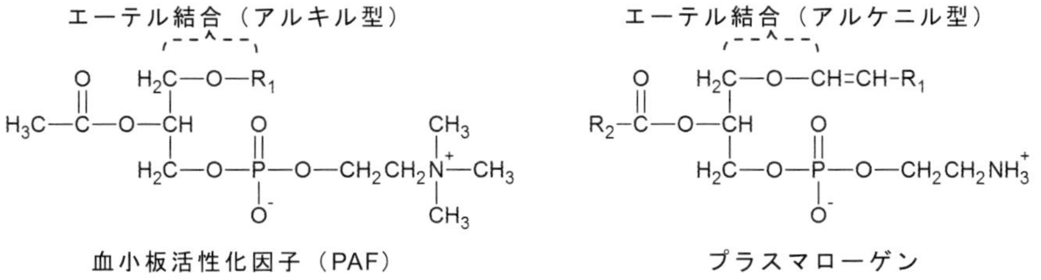

エーテル結合（アルキル型）
エーテル結合（アルケニル型）
血小板活性化因子（PAF）
プラスマローゲン

図 11・10 エーテル結合を有するリン脂質

11・4・2 スフィンゴリン脂質

スフィンゴリン脂質はアルコールとしてアミノアルコールである**スフィンゴシン**を持ち、**スフィンゴミエリン**が代表的である。スフィンゴシンはそれ自身にも長い炭化水素鎖を持つ。脂肪酸はスフィンゴシンのアミノ基に**アミド結合**し、この構造を**セラミド**と呼ぶ。セラミドにさらにリン酸とコリンが結合したものがスフィンゴミエリンである（**図 11・11**）。

スフィンゴミエリンは、脳や神経組織、特にミエリン鞘（しょう）に大量に存在する*10。

*10 スフィンゴミエリンの分解酵素（スフィンゴミエリナーゼ）が欠損すると、ニーマンピック病を発症する。A 型では乳児期に肝脾（ひ）腫と重大な脳障害を生じて死に至る。B 型では幼児～小児期に肝脾腫を生じるが、脳障害は起こらない。

セラミド
スフィンゴシン
アミド結合
脂肪酸
リン酸
コリン

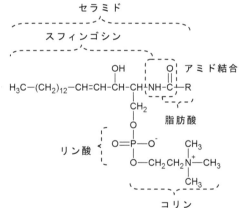

図 11・11 スフィンゴミエリン

11・4・3 糖脂質

糖脂質には、アルコールとしてグリセロールを持つグリセロ糖脂質、スフィンゴシンを持つスフィンゴ糖脂質がある。生体内の代表的な糖脂質にはスフィンゴ糖脂質である**セレブロシド**と**ガングリオシド**がある*11。いずれもセラミドに糖成分としてガラクトースやグルコースが1個以上結合した構造である。糖脂質は神経組織に広く分布し、細胞膜では外層に局在する。生理的には受容体の機能を持つものが知られている。リソソーム病のスフィンゴリピドーシスと呼ばれる先天性代謝異常は、いくつかのスフィンゴ糖脂質関連酵素の欠損症である。

*11 名称の語尾 "-oside" は配糖体（12・1・3 項の 3）参照）であることを意味する。

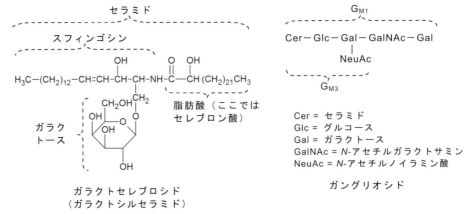

図 11・12　代表的なスフィンゴ糖脂質

セレブロシドは、セラミドにガラクトースまたはグルコースが結合したもの（**図 11・12 左**）で、ガラクトースを持つもの（**ガラクトセレブロシドまたはガラクトシルセラミド**）は脳や神経組織の主要な糖脂質であり、グルコースを持つもの（**グルコセレブロシドまたはグルコシルセラミド**）は神経系以外の組織に多く分布する[*12]。

ガングリオシドは、グルコシルセラミドに 1 個以上の**シアル酸**（糖の誘導体の一つ）を結合した複雑な構造をしている（**図 11・12 右**）。生体内の最も単純なガングリオシドは G_{M3} で、セラミド、グルコース、ガラクトース、N-アセチルガラクトサミン、N-アセチルノイラミン酸（シアル酸の一つ、図 12・20 参照）を含む。また、G_{M1} は腸でコレラ毒素の受容体になっている。

*12　グルコセレブロシドをセラミドに分解する酵素（グルコセレブロシダーゼ）が欠損したり活性低下すると、ゴーシェ病を発症する。肝脾腫や血小板減少による貧血が起こったり、骨がもろくなって骨折しやすくなったりする。場合によっては、痙攣、斜視、開口障害などの神経症状が現れる。

11・5　誘導脂質

誘導脂質は、単純脂質や複合脂質から誘導された脂質やイソプレノイドで、脂肪酸とその誘導体、ステロイド化合物、脂溶性ビタミンなどがある。このうち、脂肪酸（11・2 節）、ステロイドホルモン（8・8・2 項）、脂溶性ビタミン（8・8・1 項）についてはすでに述べたので、ここでは主要なステロイド化合物であるコレステロールと、脂肪酸の誘導体であるエイコサノイドについて述べる。

11・5・1　コレステロール

コレステロールをはじめとするステロイド類は、A 環 ～ D 環の四つの環からなる**シクロペンタノペルヒドロフェナントレン**骨格を基本構造とする（**図 11・13**）。天然のステロイドの A 環～C 環はいす形（8・2 節側注 2 参照）の立体配座で、B 環と C 環の結合、C 環と D 環の結合はト

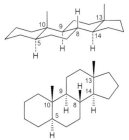

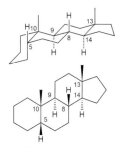

図 11・13　ステロイドの基本骨格と立体化学

シクロペンタノペルヒドロフェナントレン

環と環の間はすべて *trans*（5α ステロイド、コレスタン）

A 環と B 環の間は *cis*（5β ステロイド、コプロスタン）

イソプレン

イソプレン単位（イソプレノイド単位）

スクアレン†

コレステロール

コール酸（胆汁酸の一つ）

図 11・14　イソプレンとスクアレン、コレステロール、コール酸

† 　スクアレンの右から二つ目の二重結合は本来 *E* 配置（9・7・2 項参照）であるが、コレステロールの構造との比較のため *Z* 配置で描いてある。

ランス形であるが、A 環と B 環の結合はトランス形（5α ステロイド、コレスタン）のものとシス形（5β ステロイド、コプロスタン）のものがある。

　コレステロールの環構造は、**イソプレン単位**（イソプレノイド単位ともいう）が集合してできたスクアレンが閉環してできる（**図 11・14**）。A 環にヒドロキシ基を持ち、動物ではここに脂肪酸がエステル結合した**コレステロールエステル**が存在する[13]。

　コレステロールは動物に最も多いステロイドで、リン脂質とともに生体膜を構成する成分であるほか、**ステロイドホルモン**（8・8・2 項）、**ビタミン D_3**（8・8・1 項）、**胆汁酸**（**図 11・14**）などの合成材料となる重要な脂質である[14]。

11・5・2　エイコサノイド

　エイコサノイドは、炭素数 20 の多価（高度）不飽和脂肪酸（ジホモ-γ-リノレン酸 20：3 n－6、アラキドン酸 20：4 n－6、エイコサペンタエン

*13　血中コレステロールの約 70％が脂肪酸と結合したコレステロールエステル、約 30％が遊離のコレステロールである。

*14　コレステロールは、LDL（low-density lipoprotein）や HDL（high-density lipoprotein）などに結合して血中輸送される。主に LDL は肝臓から末梢への輸送を担い、HDL は末梢から肝臓への輸送を担う。LDL-コレステロールは動脈硬化の原因となるので悪玉コレステロール、HDL-コレステロールは肝臓でのコレステロール代謝に向かうので善玉コレステロールと呼ばれる。

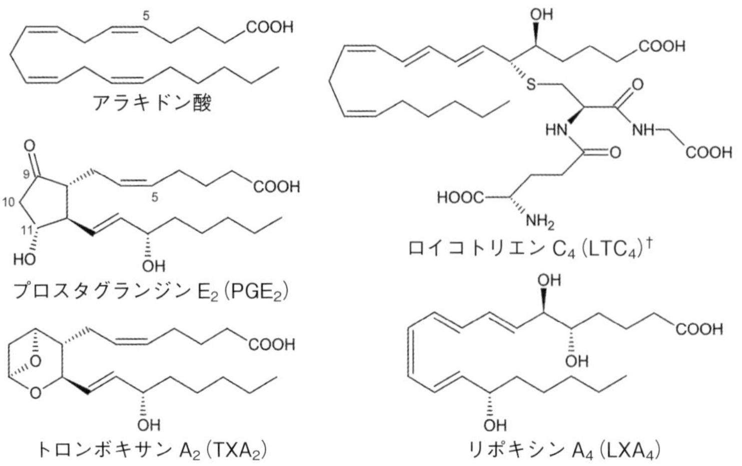

アラキドン酸

プロスタグランジン E₂（PGE₂）

トロンボキサン A₂（TXA₂）

ロイコトリエン C₄（LTC₄）†

リポキシン A₄（LXA₄）

図 11・15　アラキドン酸とアラキドン酸由来のエイコサノイド
† ロイコトリエン C₄ は 6 位炭素にグルタチオン（図 8・29 参照）が結合している。

＊15　プロスタグランジンは発見当初、平滑筋収縮物質としてヒトの精液や羊の精嚢から単離され、前立腺（prostate gland）由来と考えられたため、プロスタグランジン（prostaglandin）と名付けられた。

＊16　プロスタグランジン F₂α は平滑筋収縮作用を持ち、陣痛誘発・促進や腸管蠕動亢進に医薬品として応用されている。

酸 20：5 n-3）から合成される生理活性物質である。**プロスタグランジン（PG）、トロンボキサン（TX）、ロイコトリエン（LT）、リポキシン（LX）** などがあり、いずれも血管や気管支の平滑筋や血小板などに作用し、炎症や免疫に関連する多様な生理活性を示す＊15（**図 11・15**）。

　三つの脂肪酸からは二重結合位置の異なる三つのグループのエイコサノイドが合成され、そのグループは数字で示される。また、置換基の違いはアルファベットで示される（例えば PGG₁、PGE₂）＊16。生合成の初段階で酸素添加酵素による酸化反応を経るため、分子内にはオキソ基（＝O）、エポキシ基（環状 -O-）、ヒドロキシ基（-OH）などの酸素を含む置換基をいくつか持つ。

　プロスタグランジンとトロンボキサンは**プロスタノイド**と総称され、いずれも炭化水素鎖の途中で閉環した構造を持つのが特徴で、プロスタグランジンではシクロペンタン環を、トロンボキサンではシクロヘキサンの炭素 1 個が酸素に置き換わったオキサン環を持つ。

　ロイコトリエンやリポキシンは、3 ないし 4 個の**共役二重結合**を持つことが特徴である。喘息の主要な気管支収縮物質である**アナフィラキシー遅延反応物質**（slow reacting substance of anaphylaxis：SRS-A）は、ロイコトリエンの LTC₄、LTD₄、LTE₄ の混合物で、それらは分子中にシステインを含むので、システイニルロイコトリエンと呼ばれる。

11・6　生　体　膜

　細胞や細胞小器官を形づくる膜構造を生体膜という。生体膜はリン脂質を主体とする**脂質二重層**に、コレステロールやタンパク質が埋め込ま

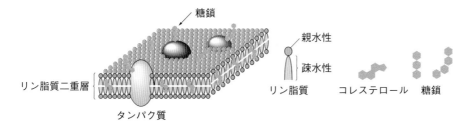

図 11・16 生体膜の流動モザイクモデル

れた構造物である（**図 11・16**）。リン脂質は、分子中に 2 本の長い脂肪酸の非極性（疎水性）部分と、リン酸基やコリンなどの極性基の極性（親水性）部分を持つ**両親媒性**分子であることから、このような配向を持った分子の配列を生み出すことができる。生体膜中に疎水性の層が存在することで、細胞の内外や細胞小器官の内外の水系環境を区切ることができる。また、膜中のリン脂質分子やタンパク質分子は側方方向にかなり速い速度で移動することができ、生体膜の**流動モザイクモデル**として知られている[*17]。

*17 均一な脂質二重層ではなく、スフィンゴ脂質やコレステロールなどに富む 100 nm 以下の領域（脂質ミクロドメイン）である脂質ラフト（ラフト＝いかだ）が点在する。脂質ラフトには特定のタンパク質が会合し、細胞外からの情報伝達に重要な働きをしていると考えられる。

Column トランス脂肪酸

11・2 節で述べたように生体内の不飽和脂肪酸はシス形であるが、食品には二重結合がトランス形の不飽和脂肪酸（トランス脂肪酸）が含まれる。国連食糧農業機関（FAO）と世界保健機関（WHO）は、トランス脂肪酸について、虚血性心疾患の危険因子や発症を増やし、メタボリックシンドローム関連因子および糖尿病のリスク、致死性虚血性心疾患や心臓性突然死のリスクを増やすことから、トランス脂肪酸の一日平均摂取量を総エネルギー摂取量の 1 ％未満とする目標値を設定している。

食品中のトランス脂肪酸の大部分は、マーガリンやファットスプレッド、ショートニングなどの部分水素添加油脂によるものである。これらの加工油脂の製造には、不飽和脂肪酸を多く含む植物油や魚油を部分的に水素添加して飽和脂肪酸に変え、硬化する過程を含む。一般に、水素添加は、ニッケルある

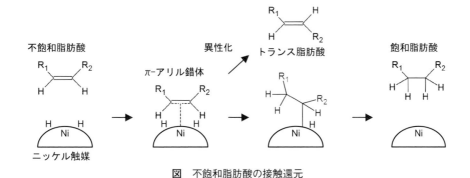

図 不飽和脂肪酸の接触還元

いは白金系金属に水素を吸着させ、これを触媒として不飽和脂肪酸を水素化する接触還元法（10・5・1項）で行われる（この方法は不均一系接触水素化法と呼ばれる）。この反応では、まず不飽和脂肪酸の二重結合部分と金属触媒が π-アリル錯体を形成する。しかし、この錯体は不安定で、不飽和脂肪酸は解離しやすい。この解離のとき、元のシス形ではなく、より熱力学的に安定なトランス形で解離するので、トランス脂肪酸が副生するのである（**図**）。食品製造業者は、トランス脂肪酸を増やさないようにするた

め、部分水素添加以外の技術（脂肪酸を取り換えるエステル交換、融点による分別）による製品を開発している。

　日本では、総エネルギー摂取量に対するトランス脂肪酸の一日平均摂取量が $0.44 \sim 0.47$ ％で WHO の目標値の１％を下回っており、自主的な低減の促進にとどまっているが、WHO の目標値を超えるヨーロッパ連合（EU）では食品中のトランス脂肪酸濃度が規制され、アメリカ、カナダでは部分水素添加油脂の食品への使用が禁止されている。

演 習 問 題

1. 脂質を化学構造によって分類し、それぞれの主な生理的役割を述べよ。

2. 生体内に存在する脂肪酸の化学構造の特徴を述べよ。

3. 必須脂肪酸とはどのような脂肪酸かを述べよ。また、必須脂肪酸の名称を二つあげよ。

4. 不飽和脂肪酸の二重結合の位置の表し方を説明し、主な不飽和脂肪酸を二重結合の位置でグループ分けせよ。

5. リン脂質が両親媒性であることを分子構造を示して説明し、このことから生体膜中ではどのように分布しているかを図解せよ。

6. グリセロリン脂質の sn-1 位と sn-2 位に結合する脂肪酸の特徴を述べよ。

7. 脂質の過酸化の過程と、それに対するビタミン E の作用を説明せよ。

8. 脂肪酸から生合成される生理活性物質について説明せよ。

9. コレステロールから生合成される生体内物質を三種類あげよ。

第12章 糖 質 ― 生体をつくる分子 ② ―

　糖質は植物と動物に広く分布して存在しており、構造的な面と代謝的な面において重要な役割を果たしている。糖質の多くは $C_m(H_2O)_n$ という分子式を持っているので、炭水化物とも呼ばれる。単糖は一般式 $C_nH_{2n}O_n(n \geq 3)$ で表される。主な単糖は、炭素数が3個～7個の三炭糖～七炭糖である。糖質にはほかに、2個の単糖の間で脱水が起きグリコシド結合した二糖類（マルトース、ラクトース、スクロースなど）や、多数の同一の単糖の間で脱水が起きグリコシド結合したホモ多糖類（デンプン、グリコーゲン、セルロースなど）、異なる2個の単糖の間でグリコシド結合し生じた二糖構造が繰り返しグリコシド結合により結合したヘテロ多糖類（ヒアルロン酸、コンドロイチン硫酸、ヘパリンなど）などがある。これらの糖の化学的性質と構造を学び、生体内における糖の役割の理解に役立たせる。

12・1 単 糖

12・1・1 単糖の種類

　単糖類は3個から11個の炭素を含み、官能基としてヒドロキシ基とカルボニル基（アルデヒド基あるいはケトン基）を持つ化合物である。このうち、アルデヒド基 $-CHO$ を持つ単糖類を**アルドース**と呼び、またケトン基 $>C=O$ を持つ単糖類を**ケトース**と呼んでいる。生体内に存在する主な単糖は、炭素数が3個～7個のものである（**表12・1**）。また、単糖類の名称の前にアルドまたはケトをつけ、単糖類のアルドースとケトースの区別をする。例えば、ヘキソースではアルドースをアルドヘキソース、ケトースをケトヘキソースと呼んで区別する。

表 12・1　生体内に存在する主な単糖

炭素数	総称名	単糖名	
		アルドース	ケトース
3	三炭糖（トリオース）	グリセルアルデヒド	ジヒドロキシアセトン
4	四炭糖（テトロース）	エリトロース トレオース	
5	五炭糖（ペントース）	リボース デオキシリボース キシロース	リブロース キシルロース
6	六炭糖（ヘキソース）	グルコース ガラクトース マンノース	フルクトース
7	七炭糖（ヘプトース）		セドヘプツロース

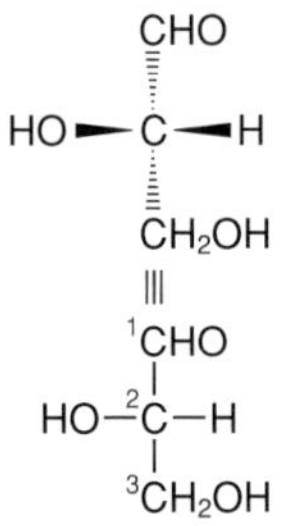

L-グリセルアルデヒド

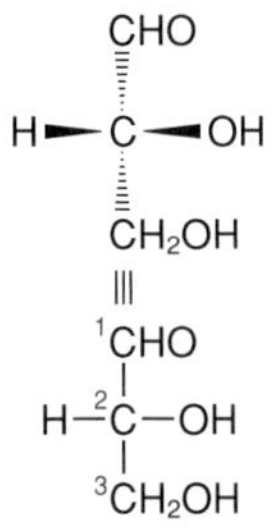

D-グリセルアルデヒド

図 12・1　グリセルアルデヒドのフィッシャー投影式

*1　ケトースであるソルボースは天然で L 体として多く存在しており、自然界で初めて見つかった L 体の糖である。D-グルコースを酢酸菌やグルコン酸菌で発酵させることにより得られ、合成アスコルビン酸（ビタミン C）の原料や食品添加物の甘味料として用いられる。

*2　マンノースはヒトではあまり代謝されず、経口投与した場合にはほとんど糖代謝の解糖系に入らない。生体内で利用されるマンノースは微量で、摂取したマンノースの 90 % は 30～60 分で尿中に排泄され、残りの内の 99 % は 8 時間以内に排出される。D-マンノースは尿路においてバクテリアの接着を阻害すると考えられ、尿路感染症のための自然治療薬として発売されている。

12・1・2　単糖の立体化学

トリオースであるグリセルアルデヒドには、四つの異なる置換基が結合した不斉炭素（キラル中心）があるので、鏡像異性体（エナンチオマー；光学異性体ともいう）が存在する。炭素数の多い単糖の立体構造式をくさび形の結合を使って書くのはわずらわしいので、単糖の立体構造をもっと簡単に示す方法としてフィッシャー投影式が用いられる。フィッシャー投影式で表したグリセルアルデヒドの立体構造は、不斉炭素が紙面上に、上下の原子あるいは原子団（−CHO と −CH2OH）が紙面後方に、さらに左右の原子（−H）あるいは原子団（−OH）が紙面から手前方向になるように書き、この状態で化合物を手前から投影して示す（**図 12・1**）。不斉炭素は縦の結合と横の結合の交差点の位置に置き、通常、炭素鎖が投影式の縦の結合になるようにし、酸化度の高い炭素（アルドースの場合はアルデヒド基の炭素、ケトースの場合はケトン基の炭素）が縦の結合の上側になるようにする。炭素の番号は、炭素鎖の上から順に 1、2、3 とつける。フィッシャー投影式でグリセルアルデヒドを表した場合、不斉炭素（炭素番号 2）についたヒドロキシ基が右側にあるものは D 体、左側にあるものは L 体である（**図 12・1**）（立体異性体については第 9 章も参照のこと；以下同様）[*1]。

図 12・2 で示すように、フィッシャー投影式で表された四炭糖から六炭糖の D-アルドースでは、アルデヒド基から最も遠くの不斉炭素（一番下の不斉炭素）に結合しているヒドロキシ基が、D-グリセルアルデヒドと同じ右側にあり、七炭糖以上の D-アルドースについても同様である。また、フィッシャー投影式で表された四炭糖以上の L-アルドースでは、アルデヒド基から最も遠くの不斉炭素（一番下の不斉炭素）に結合しているヒドロキシ基が、L-グリセルアルデヒドと同じ左側にある。三炭糖以上の単糖には、不斉炭素 n 個当たり 2^n 個の立体異性体が存在し、その半分はジアステレオマー（ジアステレオ異性体）で、残りの半分はそれらのエナンチオマーである。四炭糖のアルドテトロースの場合、2 位と 3 位の炭素（不斉炭素）についた二つのヒドロキシ基が同じ側にあるエリトロ体（エリトロース）と、異なる側にあるトレオ体（トレオース）のジアステレオマーが存在し、またエリトロ体とトレオ体にはそれぞれエナンチオマーが存在する。ジアステレオマーのうち、一つのキラル中心だけが異なった立体配置をとり、ほかの全てのキラル中心が同じ立体配置である異性体を**エピマー**と呼ぶ。例えば、D-グルコースと D-マンノースはジアステレオマーであるが、2 位の炭素（C-2）のキラル中心（不斉炭素）の立体配置のみが異なっているので、C-2 エピマーと呼ぶ。生体を構成している単糖の多くは D 体である[*2]。

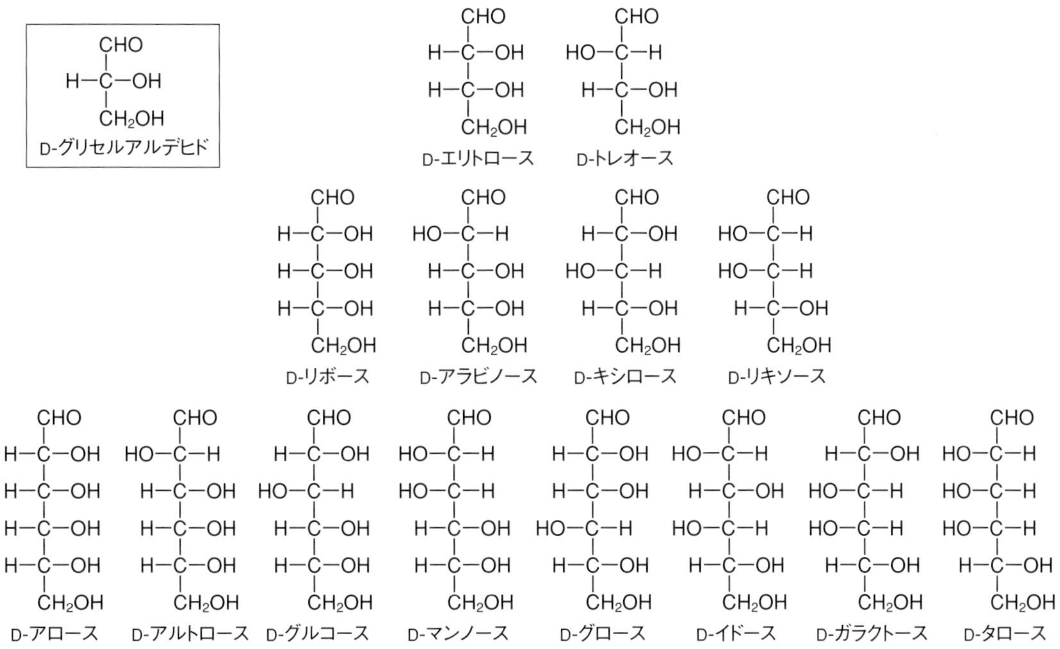

```
              CHO              CHO
   CHO      H-C-OH          HO-C-H
 H-C-OH      H-C-OH          H-C-OH
 CH₂OH       CH₂OH           CH₂OH
D-グリセルアルデヒド  D-エリトロース      D-トレオース
```

```
        CHO          CHO          CHO          CHO
      H-C-OH       HO-C-H       H-C-OH       HO-C-H
      H-C-OH       H-C-OH       HO-C-H       HO-C-H
      H-C-OH       H-C-OH       H-C-OH       H-C-OH
      CH₂OH        CH₂OH        CH₂OH        CH₂OH
     D-リボース     D-アラビノース   D-キシロース    D-リキソース
```

```
   CHO      CHO      CHO      CHO      CHO      CHO      CHO      CHO
 H-C-OH   HO-C-H   H-C-OH   HO-C-H   H-C-OH   HO-C-H   H-C-OH   HO-C-H
 H-C-OH   H-C-OH   HO-C-H   HO-C-H   H-C-OH   H-C-OH   HO-C-H   HO-C-H
 H-C-OH   H-C-OH   H-C-OH   H-C-OH   HO-C-H   HO-C-H   HO-C-H   HO-C-H
 H-C-OH   H-C-OH   H-C-OH   H-C-OH   H-C-OH   H-C-OH   H-C-OH   H-C-OH
 CH₂OH    CH₂OH    CH₂OH    CH₂OH    CH₂OH    CH₂OH    CH₂OH    CH₂OH
D-アロース D-アルトロース D-グルコース D-マンノース D-グロース D-イドース D-ガラクトース D-タロース
```

図 12・2 フィッシャー投影式で表した D-アルドース

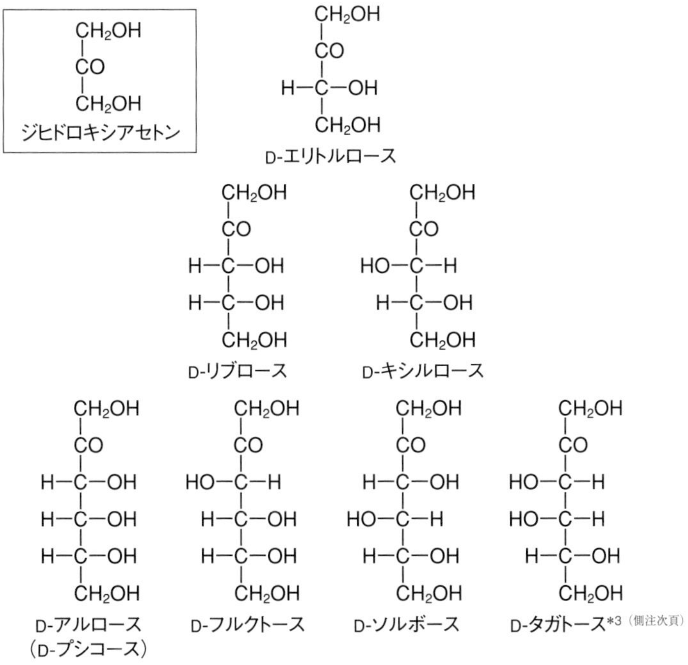

```
   CH₂OH          CH₂OH
   CO            CO
   CH₂OH       H-C-OH
                CH₂OH
 ジヒドロキシアセトン   D-エリトルロース
```

```
        CH₂OH        CH₂OH
        CO           CO
      H-C-OH       HO-C-H
      H-C-OH       H-C-OH
      CH₂OH        CH₂OH
    D-リブロース    D-キシルロース
```

```
   CH₂OH      CH₂OH      CH₂OH      CH₂OH
   CO         CO         CO         CO
 H-C-OH     HO-C-H     H-C-OH     HO-C-H
 H-C-OH     H-C-OH     HO-C-H     HO-C-H
 H-C-OH     H-C-OH     H-C-OH     H-C-OH
 CH₂OH      CH₂OH      CH₂OH      CH₂OH
 D-アルロース  D-フルクトース  D-ソルボース  D-タガトース*3（側注次頁）
（D-プシコース）
```

図 12・3 フィッシャー投影式で表した D-ケトース

*3　D-タガトースはスクロース（ショ糖）と同じ風味で、スクロースの92％の甘味を持つが、38％のカロリーしか持たない。D-タガトースは血糖値やインスリン分泌にまったく影響を与えず、虫歯の原因にならないので、甘味料として用いられている。

　図 12・3 に示すように、フィッシャー投影式で表された四炭糖から六炭糖のD-ケトースでは、ケトン基から最も遠くの不斉炭素（一番下の不斉炭素）に結合しているヒドロキシ基がD-グリセルアルデヒドと同じ右側にあり、七炭糖以上のD-ケトースについても同様である。また、フィッシャー投影式で表された四炭糖以上のL-ケトースでは、ケトン基から最も遠くの不斉炭素（一番下の不斉炭素）に結合しているヒドロキシ基がL-グリセルアルデヒドと同じ左側にある。一般に、ケトースは同じ炭素鎖のアルドースに比べると不斉炭素の数が1個少ないので、立体異性体の数はアルドースの場合の半分である。

　図12・2と図12・3では単糖は鎖状構造で示されているが、水に溶解した状態の単糖は主に環状構造で存在している。アルデヒド基とヒドロキシ基を持つ化合物が共存すると水和とよく似た反応が起こり、ヒドロキシ基を持つ化合物がアルデヒドに付加した**ヘミアセタール**が生成し、さらにヒドロキシ基を持つ化合物がヘミアセタールに付加すると**アセタール**が生成する（**図 12・4**）。通常、ヘミアセタールの形の化合物は不安定で単離されないが、同一分子内にアルデヒド基とヒドロキシ基が存在するアルドースのD-グルコースなどでは、安定な環状ヘミアセタール構造をとることができる（**図 12・4**）。

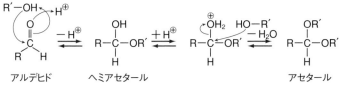

図 12・4　ヘミアセタールとアセタールの形成

　鎖状のD-グルコースが環状ヘミアセタール構造をとると、1位の炭素にヒドロキシ基が新たに導入されるので、1位の炭素が不斉炭素となり、二種類のジアステレオマーが形成される。この二種類はお互いに**アノマー**と呼ばれる。また、新たに形成されるヒドロキシ基をアノメリックヒドロキシ基といい、1位の炭素（不斉炭素）を**アノメリック炭素**と呼ぶ。フィッシャー投影式で表した環状構造のD-グルコースでは、1位の炭素についたアノメリックヒドロキシ基が右側にある**α形**のものを**α-アノマー**、そのアノメリックヒドロキシ基が左側にある**β形**のものを**β-アノマー**と呼ぶ（**図 12・5**）。四炭糖以上のアルドースはグルコースと同様に環状ヘミアセタール構造をとり、アノマー異性体が存在すると考えることができる。

　単糖の環状構造は、フィッシャー投影式よりもハース投影式の方がそ

フィッシャー投影式

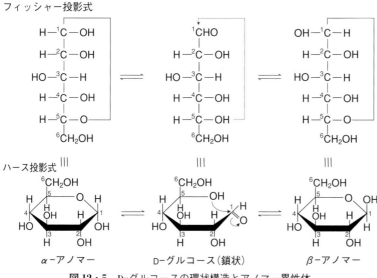

図12・5 D-グルコースの環状構造とアノマー異性体

の構造をよく表すことができる (**図12・5**)。ハース投影式では、酸素原子を環の向こう側に置き、炭素番号が時計回りになるように環状構造を表示する (アノメリック炭素は環の右側にくる)。各炭素に結合している置換基は環の上下に出るように表し、フィッシャー投影式で炭素鎖の右側と左側にあるヒドロキシ基はハース投影式ではそれぞれ環の下側と上側にくる (**図12・5**)。また、ハース投影式で表した D-グルコースの α-アノマーである α 形と β-アノマーである β 形を区別しないで表示する場合、**図12・6** に示す三つの表示の仕方がある。

D-グルコースの環状構造は1位のアルデヒド基と5位のヒドロキシ基の間でできるが、1位のアルデヒド基と4位のヒドロキシ基の間でもできる。**図12・7** に示すように、1位のアルデヒド基と5位のヒドロキシ基の結合は六員環構造のピランとの類似から**ピラノース**と呼ばれ、1位のアルデヒド基と4位のヒドロキシ基の結合は五員環構造のフランとの類似から**フラノース**と呼ばれる。D-グルコースの水溶液ではフラノース形よりもピラノース形の方が安定であるので、D-グルコースの環状構造はピラノース形で表される。D-グルコースのピラノース形は D-グルコピラノースと呼び、α 形は α-D-グルコピラノース、β 形は β-D-グルコピラノースという。

ハース投影式では D-グルコピラノースの六員環は平らに表されるが、実際にはピラノース環は平面ではなく、シクロヘキサンと同じような立体配座 (9・8節参照) をとる。これは、環を構成する各炭素原子が sp^3 混成軌道を作り、正四面体形となるからである。このとき、主な立体配座

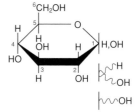

図12・6 D-グルコースの α 形と β 形を区別しないで表示する方法

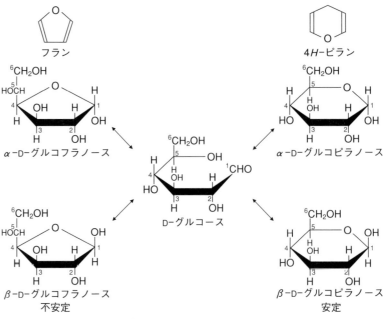

図 12・7　D-グルコースのフラノース形とピラノース形

としてはいす形、舟形、ねじれ形が考えられるが、いす形がエネルギー的に最も安定である。α-D-グルコピラノースでは、1位の炭素（アノメリック炭素）に結合しているヒドロキシ基がアキシアル方向（垂直方向）にあるとき、立体障害、分子内の酸素との電気的反発力などが少ないので安定である（**図 12・8**）。β-D-グルコピラノースでは、1位の炭素に結合しているヒドロキシ基がアキシアル方向よりもエクアトリアル方向（水平方向）にあるとき、立体障害が少ないので安定である（**図 12・8**）。

　水溶液中の D-グルコースは鎖状構造のものも極微量存在しているが、大部分は環状構造であり、そのうち α 形は 36 %、β 形は 64 % を占める。両環状構造は鎖状構造を通して平衡状態にある。α 形と β 形の D-グルコースはそれぞれ純粋な結晶として取り出すことができ、どちらか一方

図 12・8　α-D-グルコピラノースと β-D-グルコピラノースの立体配座

の結晶を水に溶かしたり、任意の割合で混合しても平衡に従って相互変換し、最終的には上述の割合で生じる。このとき、α 形と β 形の旋光度（$[\alpha]_D$ の記号で表される）は α 形が $[\alpha]_D = +110°$、β 形が $[\alpha]_D = +19.7°$ と異なるため、平衡に達するまでの間、溶液の旋光度は徐々に変化し、最終的には $[\alpha]_D = +52.5°$ となる。この旋光度が変化する現象を**変旋光**という（9・4・1項参照）。

　ケトンとヒドロキシ基を持つ化合物が共存すると、アルデヒドの場合よりも容易ではないが、ヒドロキシ基を持つ化合物がケトンに付加した**ヘミケタール**が生成し、さらにヒドロキシ基を持つ化合物がヘミケタールに付加すると**ケタール**が生成する（**図 12・9**）。

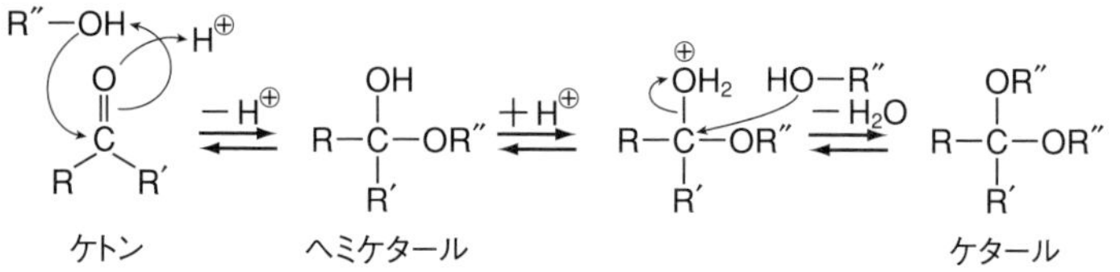

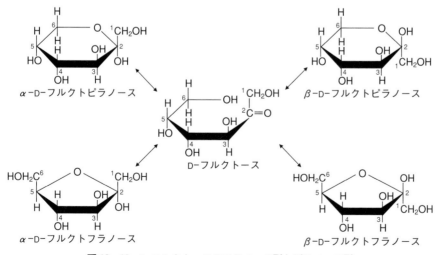

図 12・9　ヘミケタールとケタールの形成

　同一分子内にケトンとヒドロキシ基が存在するフルクトースは安定な環状ヘミケタール構造をとり、また五員環構造のフラノース形と六員環構造のピラノース形をとることができる（**図 12・10**）。D-フルクトースの結晶中では β-D-フルクトピラノースの構造をとり、スクロースの結晶を構成するときには β-D-フルクトフラノースの構造をとる。D-フルクトースの 40 ℃の水溶液中では、α-D-フルクトピラノース、β-D-フル

α-D-フルクトピラノース

β-D-フルクトピラノース

D-フルクトース

α-D-フルクトフラノース

β-D-フルクトフラノース

図 12・10　D-フルクトースのフラノース形とピラノース形

*4　フルクトースは天然に
存在する糖の中で最も甘く、
スクロースの 1.73 倍の甘さ
とされている。しかしその甘
さはフラノース形のものであ
り、ピラノース形のものはス
クロースと同程度の甘さであ
る。フルクトースを温めると
ピラノース形が形成され、高
温ではスクロースの 60 % の
甘味度しかなく、40 ℃ 以下
でないとスクロースよりも甘
くならない。

クトピラノース、α-D-フルクトフラノースおよび β-D-フルクトフラ
ノースはそれぞれ 3 %、57 %、9 % および 31 % の割合で存在し、複雑な
平衡状態にある。五炭糖以上のケトースについても同様な環状構造をと
ることができると考えられる[*4]。

12・1・3　単糖の反応
1）酸化と還元

アルドースを温和な酸化剤で処理すると、アルデヒド基は酸化されて
カルボキシ基になり、その酸化剤は還元される。こうした還元作用を示
す単糖を**還元糖**という。アルドースばかりでなく、ケトースも α-ヒドロ
キシケトン（$-CO-CH_2OH$）構造を持つため、塩基性溶液中で還元作用
を示す。したがって、遊離の単糖は全て還元糖である。塩基性溶液中で
の単糖の還元作用に基づく反応には、トレンス試薬（$[Ag(NH_3)_2]^+$）と
の反応（銀鏡反応あるいはトレンス反応）、フェーリング試薬（Cu^{2+}-酒
石酸）との反応（フェーリング反応）、ベネディクト試薬（Cu^{2+}-クエン
酸）との反応（ベネディクト反応）などがある。

銀鏡反応

$$RCHO + 2[Ag(NH_3)_2]OH \longrightarrow$$
$$RCOOH + 2Ag\downarrow（銀鏡）+ 4NH_3 + H_2O$$

フェーリング反応あるいはベネディクト反応

$$RCHO + 2Cu^{2+} + 4OH^- \longrightarrow$$
$$RCOOH + Cu_2O\downarrow（赤色沈殿）+ 2H_2O$$

図 12・11 で示すように、α-ヒドロキシケトン構造を持つ D-フルク
トースは、塩基性溶液中でエノラートアニオンとなった後に**エンジオー
ル**を経てアルデヒド基を持つ D-グルコースに異性化する。この逆の、D-
グルコースから D-フルクトースへの異性化も起こる。このように、ケ
トースの D-フルクトースはケト-エノール互変異性によってアルドース
の D-グルコースに変化し、還元作用を示す[*5]。

*5　ペントースリン酸経路
で生ずるリブロース-5-リン
酸は、二つの可逆的なケト-
エノール互変異性化によって
リボース-5-リン酸とキシル
ロース-5-リン酸へと変換さ
れる。リボース-5-リン酸生
成反応はリブロース-5-リン
酸イソメラーゼにより、キシ
ルロース-5-リン酸生成反応
はリブロース-5-リン酸エピ
メラーゼにより触媒され、そ
れぞれの反応は 2,3-エンジ
オール中間体を経由して遂行
される。

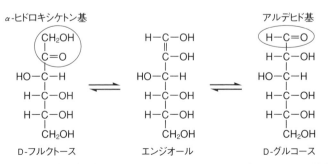

図 12・11　塩基性溶液中における D-フルクトースと D-グルコースの異性化

　D-グルコースの 1 位のアルデヒド基が酸化されカルボキシ基となっ
た**アルドン酸**である D-グルコン酸が生成し、末端のヒドロキシメチル
基 $-CH_2OH$ が酸化されカルボキシ基となった**ウロン酸**である D-グル
クロン酸が生成する（**図 12・12**）。また、D-グルコースの 1 位のアルデヒ
ド基と末端のヒドロキシメチル基がともに酸化され、ジカルボン酸と
なった**アルダル酸**である D-グルカル酸が生成する。D-グルコン酸と D-
グルクロン酸は脱水反応によって**ラクトン**と呼ばれる環状構造をとり、
D-グルコン酸では D-グルコノ-1,5-ラクトンが、D-グルクロン酸では
D-グルクロノ-6,2-ラクトンが生ずる（**図 12・12**）。

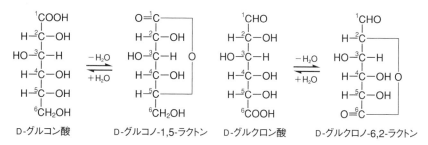

図 12・12　アルドン酸とウロン酸およびそれらのラクトン構造

　アルドースやケトースを還元するとカルボニル基がアルコールに変化
し、糖アルコール（ポリオール）が生成する。アルドースの還元により生
成する糖アルコールを、その糖の語幹にイトールをつけ、総称して**アル
ジトール**と呼ぶ。ケトースの還元により二種類のジアステレオマーの混
合物が得られる。D-グルコースの還元では D-グルシトール（ソルビトー
ル）が、D-フルクトースの還元では D-グルシトール（ソルビトール）と
D-マンニトールの混合物が得られる（**図 12・13**）[*6]。

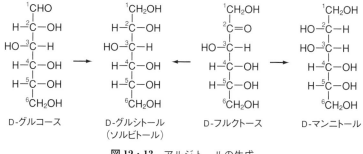

図 12・13　アルジトールの生成

2）塩基性条件下での反応

単糖は酸に対してはかなり安定であるが、塩基性溶液中では大変不安

＊6　D-グルシトール（ソル
ビトール）は同じ重量のスク
ロースと比べてカロリーが
75 % 程度と低いため、ダイ
エット食品、菓子などの低カ
ロリー食品の甘味料として使
用されている。D-グルシトー
ルは水に溶解する際に吸熱反
応を起こし、口の中でひんや
りとした感じがするので、飴（あめ）、
ガム、スナック菓子などに清
涼剤として用いられる。その
他、下剤、栄養剤、浣腸液な
どの医療用途や、保湿剤、粘
着剤として化粧品にも添加さ
れている。

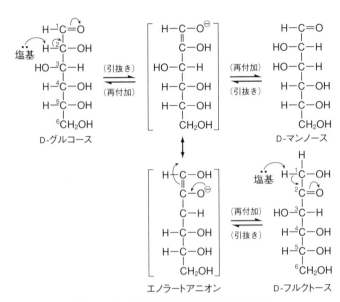

図 12・14　塩基性条件下での単糖の異性化

定であり、様々な変化を示す。その変化としては、異性化と炭素鎖の切断がある。

異性化

　D-グルコースの弱塩基性水溶液を室温に放置すると、D-マンノースと D-フルクトースが生成する（**図 12・14**）。この反応は、塩基によってアルドースのエピマー化とアルドースからケトースへの異性化が起こることによって生じる。すなわち、D-グルコースを塩基性条件下に置くと、D-グルコースの1位のカルボニル基に隣接する2位の水素（活性水素）が引き抜かれ、**エノラートアニオン**が生成する。生じたエノラートアニオンは共鳴構造をとり安定化し、炭素-炭素二重結合の性質を持つので、平面構造をしている。したがって、もとの化合物を生成する方向からプロトン（H^+）が再び付加すれば D-グルコースに再生され、反対方向からプロトンが付加すれば2位の炭素でエピマー化が起こり、D-マンノースが生成する。また、エノラートアニオンで2位のヒドロキシ基から1位のアニオン酸素原子へプロトンが移動した後、プロトンが再び付加すれば、アルドースからケトースに変換され、D-フルクトースが生成する。また、D-フルクトースも塩基性条件下で1位の水素が塩基により引き抜かれた後、エノラートアニオンの生成を経由して D-グルコースや D-マンノースに異性化する（**図 12・14**）。

炭素鎖の切断

　高濃度の塩基で D-グルコースを長時間処理すると、その炭素鎖の切

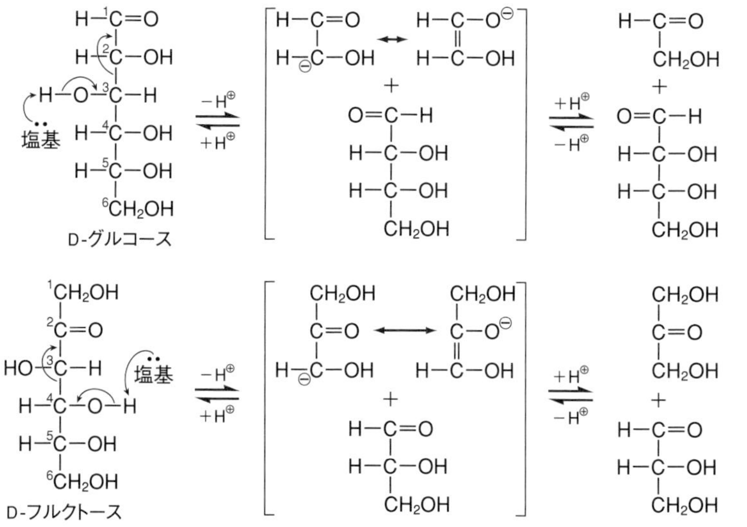

図 12・15　塩基による単糖の炭素鎖の切断

断が起こる（**図 12・15**）。この反応は**アルドール開裂**と呼ばれる。塩基が
3 位のヒドロキシ基の水素を引き抜き、酸素が陰イオン（アニオン）と
なった化合物（酸素アニオン化合物）が生成する。この酸素アニオン化
合物の 2 位の炭素と 3 位の炭素の間が切断され、二種類のカルボニル化
合物に分解する。また、高濃度塩基で D–フルクトースを長時間処理する
と、その炭素鎖がアルドール開裂により分解する（**図 12・15**）。塩基が 4
位のヒドロキシ基の水素を引き抜き、酸素アニオン化合物が生成する。
この酸素アニオン化合物の 3 位の炭素と 4 位の炭素の間で切断され、ケ
ト–エノール互変異性体である二種類の三炭糖（アルドースとケトース）
に分解する。

3）配糖体の形成

　D–グルコースを酸の存在下でアルコールと反応させると、環状アセ
タールである二つのジアステレオマーの混合物が生成する（**図 12・16**）。
この生成した環状アセタール分子を**グリコシド**あるいは**配糖体**と呼び、
そのアルコール由来部分（非糖部分）を**アグリコン**という。一般的なグ
リコシド（配糖体）の構造表示は**図 12・16**に示す方法で行われる。グリ
コシドはアノマー炭素と結合しているアグリコンの原子の元素記号 X
に応じて X–グリコシドと呼ばれ、天然では *O*–グリコシド、*S*–グリコシ
ド、*C*–グリコシド、*N*–グリコシドなどが知られている。天然（特に植物）
には様々なアグリコンを持った配糖体が存在し、染料や医薬品として利
用されている。例えば、*O*–グリコシドとしては植物の花の色素であるア
ントシアニン（アグリコンはアントシアニジン）、強心配糖体であるジギ

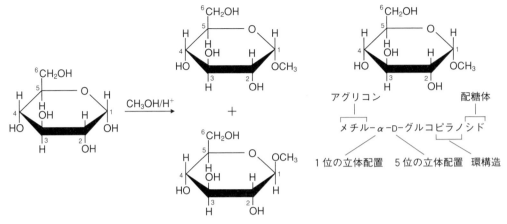

図 12・16　酸触媒によるグリコシド（配糖体）の生成とその構造表示

タリス（アグリコンはジギトキシゲニン）などがある。

4）糖化反応

　生体内でグルコースは、タンパク質の N 末端アミノ基やリシン残基の ε アミノ基と反応してシッフ塩基（アルジミンともいう）を形成した

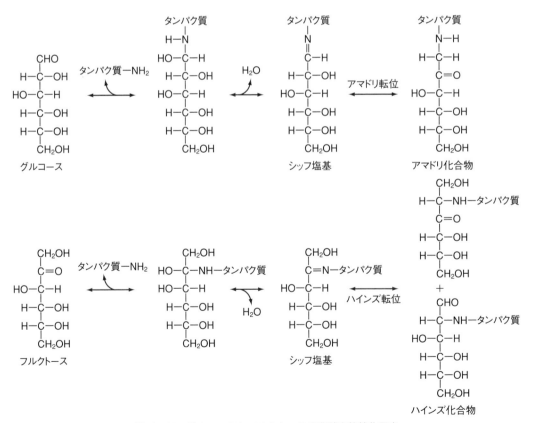

図 12・17　グルコースとフルクトースの非酵素的糖化反応

後、アマドリ転位[*7]を経てアマドリ化合物 (ケトアミンともいう) を生成する (図 12・17)。また、フルクトースもグルコースの場合と同様に、生体内でタンパク質の N 末端アミノ基やリシン残基の ε アミノ基と反応してシッフ塩基を形成した後、ハインズ転位を経て二種類のハインズ化合物を生成する (図 12・17)。このような、還元糖が非酵素的にタンパク質とシッフ塩基を形成してタンパク質に付加する糖化反応を、非酵素的糖化反応 (非酵素的グリケーション) という。アマドリ化合物やハインズ化合物が生成する過程は前期糖化反応で、前期糖化反応で生成した化合物はさらに複雑な後期糖化反応 (酸化、脱水、縮合など) を経て、カルボキシメチルリシン、ピラリン、ペントシジン、クロスリンなど、種々の後期糖化反応生成物となる (図 12・18)[*8]。糖化反応は、1912 年にメイラードがアミノ酸と還元糖を加熱すると褐色の色素が生ずることを発見したことからメイラード反応として知られるようになり、糖化反応をメイラード反応ともいう (本章コラム参照)。

血中や組織内でグルコース濃度が慢性的に上昇すると非酵素的糖化反応が生じ、種々のタンパク質は糖化される。ヘモグロビン A (成人型のヘモグロビン) 中に少量存在しているヘモグロビン A1 の β 鎖 N 末端のバリンは、グルコースにより非酵素的に糖化される。この糖化ヘモグロビン (グリコヘモグロビン) はヘモグロビン A1c (HbA1c と表示される) と呼ばれ、安定で、糖化ヘモグロビンの中でも大きな割合を占めているので、糖化ヘモグロビンの指標として用いられる。ヘモグロビン A1c のヘモグロビンに対する割合は血中グルコース濃度 (血糖値) に依存し、糖尿病治療における血糖コントロール (過去 1 か月 ～ 2 か月間) の指標として用いられる。

12・2 天然由来の単糖誘導体

天然には上述した単糖以外に、単糖誘導体のアスコルビン酸 (ビタミン C)、デオキシ糖、アミノ糖などが存在する。

柑橘類、緑色野菜などに多く含まれ、抗壊血病作用を示す L-アスコルビン酸[*9] (側注次頁) は、カルボキシ基と γ 位のヒドロキシ基の間でエステル結合して生ずる環状エステルのラクトン構造をしたアルドン酸誘導体で、そのラクトン構造は γ-ラクトンと呼ばれる (図 12・19)。L-アスコルビン酸 (還元型アスコルビン酸) は酸化されるとデヒドロアスコルビン酸 (酸化型アスコルビン酸) となり、その酸化型は還元されると L-アスコルビン酸となり、L-アスコルビン酸とデヒドロアスコルビン酸との間で酸化・還元が見られる (図 12・19)。

[*7] 有機化学における転位反応の一つで、アルドースのグリコシルアミン (N-グリコシド) が酸触媒の存在下でプロトン (H[+]) の付加と脱離を経た後、ケト-エノール互変異性により 1-アミノ-1-デオキシケトースに変化する反応。

アマドリ Amadori, M.

ハインズ Heyns, K.

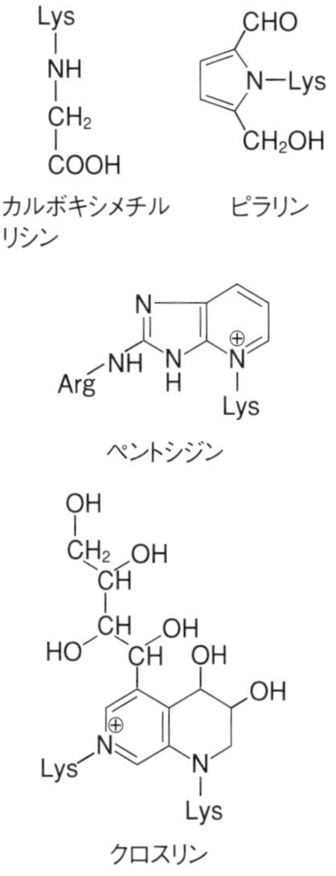

カルボキシメチル　　　ピラリン
リシン

ペントシジン

クロスリン

図 12・18 後期糖化反応生成物

[*8] 後期糖化反応生成物 (AGE) で修飾されたタンパク質は、細胞の AGE 受容体によって認識され、その受容体と結合する。その結合を引き金に、サイトカイン、成長因子などの産生亢進など種々の細胞応答が引き起こされ、糖尿病合併症をはじめとする種々の疾患の発症・進行へと向かうことが示されている。

メイラード Maillard, L.

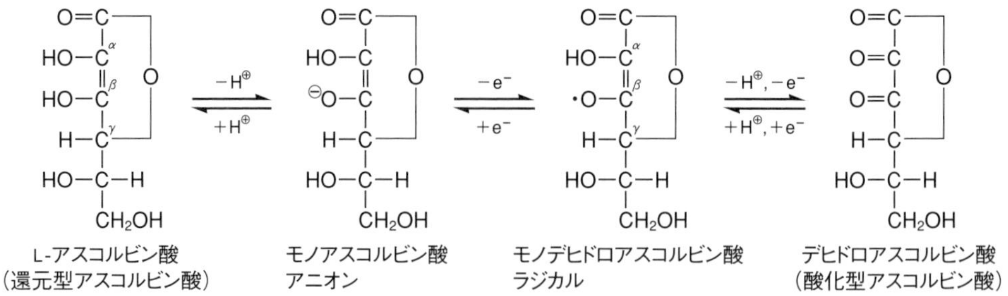

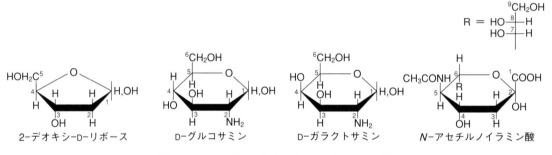

図 12・19　L-アスコルビン酸とその酸化還元反応

デオキシ糖としては、デオキシリボ核酸（DNA）を構成するヌクレオチド中に存在する 2-デオキシ-D-リボースがあり、D-リボースの 2 位のヒドロキシ基が水素に置換されている（**図 12・20**）。

2-デオキシ-D-リボース　　D-グルコサミン　　D-ガラクトサミン　　N-アセチルノイラミン酸

図 12・20　生体内に存在するデオキシ糖とアミノ糖

*9　鉄には肉、魚などに含まれるヘム鉄（二価鉄、Fe^{2+}）と、海草、野菜などに含まれる非ヘム鉄（三価鉄、Fe^{3+}）の二種類が存在する。小腸でのヘム鉄の吸収率は 15 〜 25 % であるのに対して非ヘム鉄では 2 〜 3 % と、ヘム鉄と非ヘム鉄とで吸収率に大きな差がある。L-アスコルビン酸（ビタミン C）は、食物食品に含まれる三価鉄を二価鉄に還元し、小腸からの鉄の吸収率を高め、鉄分不足による貧血を防ぐのに役立つ。

　　アミノ糖は単糖のヒドロキシ基がアミノ基に置換されたもので、D-グルコサミン、D-ガラクトサミン、N-アセチルノイラミン酸などがある（**図 12・20**）。D-グルコサミンは D-グルコースの、D-ガラクトサミンは D-ガラクトースの 2 位のヒドロキシ基がアミノ基に置換されている。D-グルコサミンは甲殻類の殻に含まれる多糖のキチンの成分で、キチンでは 2 位のアミノ基がアセチル化された N-アセチル-D-グルコサミンとして存在している。また、D-グルコサミンは動物性粘性物質として働くヘテロ多糖類（ヒアルロン酸、ヘパリンなど）、細菌多糖、血液型物質などに含まれる。D-ガラクトサミンは動物の軟骨や結合組織中のヘテロ多糖類（コンドロイチン 4-硫酸、コンドロイチン 6-硫酸など）に含まれている。N-アセチルノイラミン酸は、ノイラミン酸（D-マンノサミンとピルビン酸が縮合した、炭素数が 9 個のポリヒドロキシ化合物）の 2 位のアミノ基がアセチル化されたもので、生体内の脳や神経などの重要な糖鎖部分の末端に存在する酸性アミノ糖として重要な働きをしている。

12・3 二 糖 類

2分子の単糖がグリコシド結合により脱水縮合したものが二糖類であり、単糖としては六単糖が最も普通に見られる。代表的な二糖類としてはマルトース（麦芽糖）、ラクトース（乳糖）、スクロース（ショ糖）がある（図12・21）。

マルトースは、2分子のα-D-グルコースがグリコシド結合した二糖類である。そのグリコシド結合は、α-D-グリコシド結合（α-1,4結合、α1→4結合などともいう）といい、1分子のα-D-グルコースの1位のヘミアセタール性ヒドロキシ基ともう1分子のα-D-グルコースの4位のヒドロキシ基の間で脱水縮合している。それゆえ、マルトースは還元性を示す[*10]。

ラクトースは、β-D-ガラクトースとβ-D-グルコースがグリコシド結合した二糖類である。そのグリコシド結合は、β-1,4グリコシド結合（β1→4結合ともいう）といい、β-D-ガラクトースの1位のヘミアセタール性ヒドロキシ基とβ-D-グルコースの4位のヒドロキシ基の間で脱水縮合している。それゆえ、ラクトースは還元性を示す。

スクロースは、α-D-グルコースとβ-D-フルクトースがグリコシド結合をした二糖類である。そのグリコシド結合は1,2アノマー結合（α1,β2

*10　トレハロースはD-グルコースが1,1-グリコシド結合してできた還元性を示さない二糖類で、多くの動・植物や微生物中に存在する。トレハロースはさっぱりとした上品な甘味を呈し、三大栄養素である炭水化物、タンパク質、脂質に対して品質保持効果を発揮し、強力な水和力により乾燥や凍結から食品を守って食感を保ち、不快な味や臭気などをマスキングする矯味矯臭作用により、苦味や渋み、えぐ味、生臭み、レトルト臭などを抑えるなど、多様な作用を発揮する。トレハロースは保水力が高いので、基礎化粧品、入浴剤、育毛剤などの保湿成分として使用されている。

マルトース（O-α-D-グルコピラノシル-（1→4）-α-D-グルコピラノース）

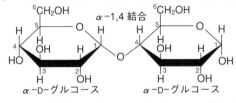

ラクトース（O-β-D-ガラクトピラノシル-（1→4）-β-D-グルコピラノース）

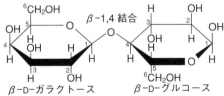

スクロース（O-α-D-グルコピラノシル-（1→2）-β-D-フルクトフラノシド）

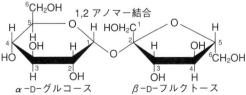

図12・21　代表的な二糖類

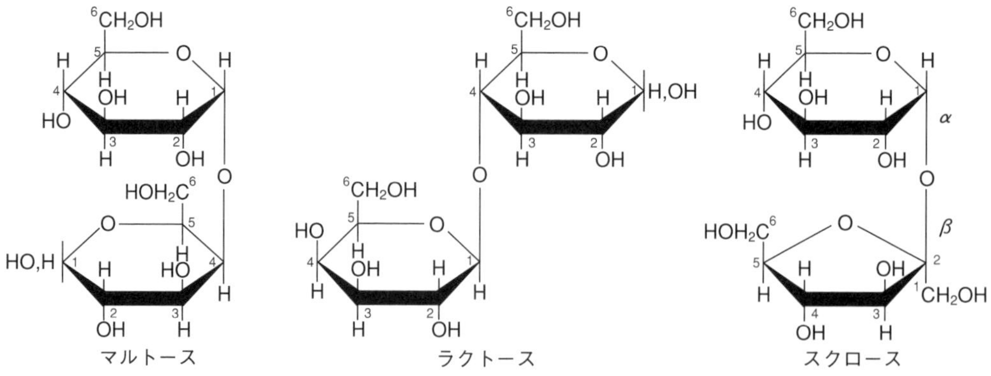

図 12・22　マルトース、ラクトース、スクロースなどの構造とグリコシド結合

結合、$\alpha 1 \rightarrow \beta 2$ 結合などともいう）といい、α-D-グルコースの 1 位のヘ
ミアセタール性ヒドロキシ基と β-D-フルクトースの 2 位のヘミケター
ル性ヒドロキシ基との間で脱水縮合している。それゆえ、スクロースは
還元性を示さない。また、スクロース（$[\alpha]_D = +66°$）を加水分解すると、
旋光度が右旋性から左旋性（$[\alpha]_D = -20°$）に変化する。これは加水分
解により生ずるフルクトースの高い左旋性によるもので、この加水分解
を転化と呼ぶ。スクロースの加水分解で生じた単糖の等モル混合物を**転
化糖**と呼ぶ。

　マルトース、ラクトース、スクロースなどのグリコシド結合は**図 12・
22** のように示すこともできる。また、二糖類は 1 位のヘミアセタール性
ヒドロキシ基がグリコシド結合に使用される単糖とそうでない単糖を区
別するために、1 位のヘミアセタール性ヒドロキシ基がグリコシド結合
に使用されない単糖の炭素の番号にプライム（´）を付けて示される場合
もある。この表示では、マルトースのグリコシド結合は α-1,4´ グリコシ
ド結合、ラクトースのグリコシド結合は β-1,4´ グリコシド結合、スク
ロースのグリコシド結合は 1,2´ アノマー結合と呼ばれる。また、グリコ
シド結合は単糖の 1 位の立体配置を示す α や β とグリコシド結合に関
与する炭素の番号の間のハイフン（-）がない形や、その間をコンマ（,）
で区切り、グリコシド結合に関与する炭素の番号の間を矢印で表示する
場合もある[11]。また、こられのグリコシド結合の表示方法においてグリ
コシドが表示されない場合もある。

*11　グリコシド結合の表示
例：α-1,4´ グリコシド結合は
$\alpha 1,4´$ グリコシド結合、α-
1,4´ 結合、$\alpha 1,4´$ 結合、$\alpha 1 \rightarrow$
4´ 結合など、β-1,4´ グリコシ
ド結合は $\beta 1,4´$ グリコシド結
合、β-1,4´ 結合、$\beta 1,4´$ 結合、
$\beta 1 \rightarrow 4´$ 結合などと表示され
る。

12・4　多 糖 類

　天然に存在する多糖類には、同一の単糖が構成糖である**ホモ多糖類**と、
異なる単糖が構成糖となっている**ヘテロ多糖類**がある。代表的なホモ多

糖類はデンプン、グリコーゲン、セルロース、キチンなどであり、ヘテロ多糖類はヒアルロン酸、コンドロイチン硫酸、ヘパリンなどである。

12・4・1 ホ モ 多 糖 類

植物の貯蔵糖であるデンプンには、**アミロースとアミロペクチン**が含まれている[*12]。デンプンに含まれるアミロースとアミロペクチンの割合は植物ごとで異なる。例えば、ウルチ米ではアミロースが $20 \sim 25\%$、アミロペクチンが $75 \sim 80\%$ であるのに対し、モチ米ではアミロペクチンがほぼ 100% である。アミロースは数百個 〜 数千個の D-グルコースが α-1,4 グリコシド結合した直鎖状の重合体である（**図 12・23**）。

アミロースは左巻きのらせん構造をしており、一巻きはおおよそ 6 個のグルコース分子からできている（**図 12・24**）。このらせん構造は、構成糖のグルコース分子間で生ずる水素結合によって形成される。デンプンのらせん構造の中にヨウ素分子（I_2）が入り込み、1 列に配向してデンプ

*12　天然の結晶状態にあるデンプンを β-デンプンと呼び、デンプン中の糖鎖間の水素結合が破壊され糖鎖が自由になった状態のデンプンを α-デンプンと呼ぶ。β-デンプンを水中に懸濁し加熱すると、デンプン粒は吸水して次第に膨張し、加熱を続けると最終的に崩壊し、ゲル状に変化する。この現象を糊化という。糊化した α-デンプンは（次頁へ続く）

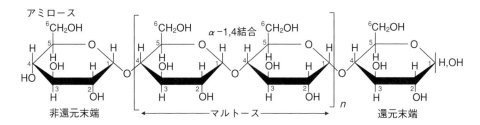

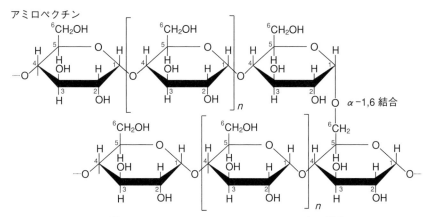

図 12・23 アミロースとアミロペクチンの部分構造

図 12・24 アミロースのらせん構造
『ハーパー生化学』（丸善，2001）より改写。

消化がよく、美味しいが、冷えると生のβ-デンプンに戻り、美味しくなくなる。糊化したデンプンの溶液を冷却すると、糊液は次第に白濁し、水を遊離して不溶となった状態を老化と呼ぶ。アルファ化米（またはアルファ米）は、精白米を炊飯して急速に乾燥処理を行った乾燥加工食品である。

＊13　グリコーゲン・ローディング（またはカーボン・ローディング）は、スポーツなどにおいて運動エネルギーとなるグリコーゲンを通常よりも多く体内に貯蔵するための運動量の調節および栄養摂取法である。通常よりグリコーゲンを多く体内に保持するため、運動に必要なエネルギーの枯渇を起こしにくく、運動ができる回数や連続して運動を続ける時間を増大することができる。現在では、炭水化物の制限を行わず、大会（試合）の約1週間前から運動量を減らしてグリコーゲンの消費を抑えつつ、3日前から大量の炭水化物を摂取して、グリコーゲンを体内に蓄える方法が推奨されている。

ンとヨウ素分子による一種の錯体（**包接化合物**という）が形成される。それに伴って、電子の豊富な部分から不足した部分への部分的な電荷移動に伴って可視光の吸収が起こり、青 ～ 青紫色を呈する。この反応を**ヨウ素デンプン反応**という。一巻きのらせんにヨウ素がおおよそ1分子の割合で入り込む。ヨウ素デンプン反応の呈色の強さは、デンプンのらせん構造内に入り込むヨウ素分子の数によって異なる。デンプン中のらせんがヨウ素分子を7～8個以上取りこむことができる長さがあると青色、5～7個では赤紫色、3～5個では赤色、2個以下では呈色しない。

アミロペクチンは、D-グルコースが α-1,4 グリコシド結合により直鎖状に連なった構造のほかに、約20～25個のグルコース単位ごとに α-1,6 グリコシド結合による枝分れ構造をしている（**図12・25左**）。

デンプンの α-1,4 グリコシド結合は、唾液や膵液に含まれる α-アミラーゼによりランダムに加水分解される。その加水分解の途中では様々な分子量を持つ加水分解生成物（デキストリン）が生じ、最終的にマルトースが生成する。

グリコーゲンは動物性貯蔵糖で、肝臓や骨格筋に多く存在し、肝臓に貯蔵されるグリコーゲンを肝グリコーゲン、骨格筋に貯蔵されるグリコーゲンを筋グリコーゲンという[13]。体重50kgのヒトでは肝臓に105g、骨格筋に245gのグリコーゲンを貯蔵できる。グリコーゲンはアミロペクチンと同様に、D-グルコースが α-1,4 グリコシド結合により直鎖状に連なった構造と α-1,6 グリコシド結合による枝分れ構造をしているが、枝分れの数はアミロペクチンよりも多く、約12～14個のグルコース単位ごとに α-1,6 グリコシド結合による枝分れをしている（**図12・25中央**）。グリコーゲン分子は**図12・25右**に示す構造をしている。直径が約21nmの球状であり、それぞれ約13個のグルコース残基を含む多糖類の鎖からなる。これらの鎖には枝分れしないものと枝分れしたものが

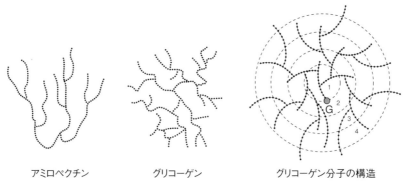

アミロペクチン　　　　　グリコーゲン　　　　　グリコーゲン分子の構造

図12・25　アミロペクチンとグリコーゲンの枝分れ構造とグリコーゲン分子の構造
グリコーゲン分子の構造は『ハーパー生化学』（丸善，2001）より改写。

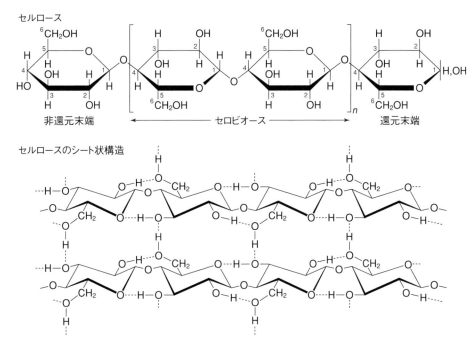

図 12・26 セルロースの部分構造とそのシート状構造

あり、12 の同心円の層からできている。図には 4 層だけが示されており、また図中の G はグリコーゲン合成のプライマー分子であるグリコゲニンを指す。グリコーゲン分子中のそれぞれ 2 個の枝分れした鎖は内側の層にあり、枝分れのない鎖は外側の層に見られる。

　高等植物の細胞壁を構成する構造多糖のセルロースは、D-グルコースが β-1,4 グリコシド結合で結ばれた長鎖構造で、300〜2500 グルコース単位よりなる（**図 12・26 上**）。セルロース中のグルコース間の結合は β 結合なので、グルコースが一つずつ互いに裏返しになって一列に並び、水素結合で固定されている。このグルコースの鎖が集まってシート状となり、さらにそのシートが互いに少しずつずれて重なる。このシートの重なりは水素結合で固定され、繊維状となる。**図 12・26 下**にセルロースのシート状構造が示されている。セルロースは、セルラーゼ（反芻動物や草食動物の胃に寄生している細菌に存在する）によって二糖類のセロビオースまで加水分解される。

　甲殻類の外骨格に含まれるキチンは、N-アセチル-D-グルコサミンが β-1,4-グリコシド結合で重合した直鎖状の構造多糖である。

12・4・2　ヘテロ多糖類

　ヘテロ多糖類は、二種類以上の単糖がグリコシド結合した多糖である。

特に、ウロン酸 (D-グルクロン酸、イズロン酸など) やガラクトースとアミノ糖 (D-グルコサミン、D-ガラクトサミン、N-アセチル-D-グルコサミンなど) とがグリコシド結合し、二糖構造が繰り返して構成されているヘテロ多糖を**グリコサミノグリカン**という (**図12・27**)[14,15]。ヘテロ多糖のうち、アミノ糖を含む多糖で動物性粘液物質のことを総称して**ムコ多糖**と呼び、グリコサミノグリカンと同意語で用いられる。生体内に存在するグリコサミノグリカンとしては、ヒアルロン酸、コンドロイチン硫酸、ヘパリンなどがある。ヒアルロン酸は結合組織中の構成成分で、皮膚、関節液、眼球 (硝子体) などに多く存在する。コンドロイチン硫酸には、N-アセチル-D-ガラクトサミン硫酸と D-グルクロン酸とがグリコシド結合したコンドロイチン4-硫酸 (コンドロイチン硫酸A) とコンドロイチン6-硫酸 (コンドロイチン硫酸C) のほかに、N-アセチル-D-ガラクトサミン硫酸と L-イズロン酸とがグリコシド結合したデルマタン硫酸 (コンドロイチン硫酸B) があり、それらは結合組織や軟骨などの構成成分で、タンパク質と複合体を構成している。このようなグリコサミノグリカンとタンパク質との複合体はプロテオグリカンと呼ばれる。ヘパリンは肝臓、肺、胸腺、脾臓などの組織に多く含まれ、タンパク質と相互作用し、抗血液凝固作用を示す。

*14　グリコシル化は、タンパク質や脂質へ糖類が付加する反応で、糖鎖付加ともいう。この反応は非酵素的糖化反応とは異なり、細胞膜の合成やタンパク質分泌における翻訳後修飾の重要な過程の一つで、粗面小胞体において酵素を介して行われる。グリコシル化には、N-結合型と O-結合型の二つのタイプが存在する。アスパラギン側鎖のアミドの N 原子への付加は N-結合型グリコシル化で、セリンとトレオニン側鎖のヒドロキシ基の O 原子への付加は O-結合型グリコシル化である。

*15　ABO 式血液型は、赤血球表面にびっしりついている糖鎖の違いによって、A型、B型、O型および AB 型に分類される。基本は O 型で、赤血球の表面に N-アセチルグルコサミンがガラクトースとつながり、さらにそのガラクトースがフコースとつながっている。O 型の人の糖鎖はすべての血液型、つまりすべての人 (human) に共通しているという意味で H型と呼ばれる。A 型はこの H型に N-アセチルガラクトサミンが、B 型はガラクトースが、AB 型はその両者が付加されている。ABO 式血液型物質の糖鎖は、赤血球以外にも消化管、腎臓、肝臓、心臓などの臓器や体液にも存在し、特に胃粘膜、十二指腸には赤血球よりも多量に存在している。

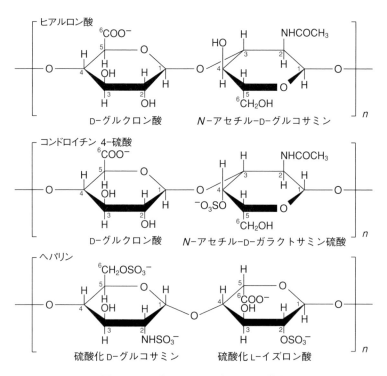

図12・27　グリコサミノグリカンの構造

　比較的短い糖鎖は、タンパク質を構成するアスパラギン酸、セリン、トレオニンなどの側鎖に、糖転移酵素を介して結合して糖タンパク質を形成する。その糖鎖の構成糖は、D-グルコース、D-ガラクトース、D-マンノース、D-フコース、N-アセチル-D-グルコサミン、N-アセチル-D-ガラクトサミン、N-アセチルノイラミン酸、D-キシロースなどである。糖タンパク質の糖鎖は、タンパク質の溶解度や粘性の調節、タンパク質分解酵素からの保護などとともに、タンパク質や細胞の移動を規定する「荷札」の役割をしている。細胞表面や細胞外に分泌されるタンパク質のほとんどが糖タンパク質である。

Column メイラード反応と反応生成物

　メイラード反応は、還元糖とアミノ化合物（アミノ酸、ペプチドおよびタンパク質）を加熱したときなどに見られる、褐色物質（メラノイジン）を生ずる非酵素的反応である。この反応は褐変反応とも呼ばれる。メラノイジンは、それ自身がフリーラジカルであるが、同時にラジカル消去作用を持っているので、食品の酸化を抑制する。味噌や醤油の色素形成にメイラード反応が関与する。味噌は優れた抗酸化能力を有しているが、その抗酸化能力の大半はメラノイジンによるものである。味噌の色調が濃いほど味噌の抗酸化能力は高い。

　メイラード反応に伴って香気成分も生ずる。その香気は反応のもととなったアミノ酸や還元糖の種類、反応条件などにより変化し、焦げ臭、カラメル臭など様々な香気が生じる。また、メイラード反応の過程でアスパラギン酸とグルコースが反応すると、劇物扱いで、神経毒や発癌性を持つ疑いのあるアクリルアミド（$H_2C = CHCONH_2$）が生成されることが明らかにされている。特に、ポテトチップスなどの高温加熱食品におけるメイラード反応でアクリルアミドが生ずることが、食品安全上の観点から問題視されている。

演習問題

1. グルコースとフルクトースについて、D体とL体の決め方を説明せよ。
2. D-グルコースをフィッシャー投影式とハース投影式で示し、α-アノマーとβ-アノマーについて説明せよ。
3. D-フルクトースの鎖状構造から環状構造への変化の過程を説明せよ。また、生ずるD-フルクトースの全ての環状構造をハース投影式で示せ。
4. 塩基性条件下で見られる単糖の異性化について説明せよ。
5. マルトース、ラクトース、スクロースの還元性について説明せよ。
6. スクロースで見られるグリコシド結合について、その糖の構造を図示して説明せよ。
7. デンプンのアミロペクチンとグリコーゲンの構造の類似点と相違点について説明せよ。

第 13 章 アミノ酸とタンパク質
― 生体をつくる分子 ③ ―

　21 世紀はタンパク質の時代といわれている。ヒトの全遺伝子の数が決定されてみると、実際のタンパク質は遺伝子数の 4 倍以上存在することがわかり、また、タンパク質の構造異常に基づく病気が次第に明らかにされている。したがって、ヒトの命の仕組みを解明するにはタンパク質の構造と機能の解明が不可欠である。この章では、アミノ酸についてまず学び、続いてアミノ酸が重合してできるペプチド、さらに、ペプチドより分子量が大きいタンパク質の種類について概観する。次に、タンパク質の構造を、アミノ酸のつながり方である一次構造、ペプチド主鎖部分の構造である二次構造、立体構造である三次構造、さらにペプチド鎖同士の結合で生じる四次構造について学ぶ。そして、新しいタンパク質研究の流れであるプロテオミクスを紹介する。また、人体にとって重要な生理活性物質についてもこの章で学ぶ。

13・1 アミノ酸

13・1・1 アミノ酸の構造

　タンパク質は特定の**アミノ酸**が重合してできている。アミノ酸という言葉は、この一群の化合物が、アミノ基と、酸であるカルボキシ基を共通して持っていることに起因している。生体内で見られるアミノ酸の多くは、アミノ基がカルボキシ基の隣の α 炭素[*1] に結合しているので、α-アミノカルボン酸である（**図 13・1**）。R で示された部分はアミノ酸ごとに違う基が結合している。R が水素であるグリシンが最も単純なアミノ酸であるが、それ以外の基が結合した場合は、α 炭素は不斉炭素となり、鏡像異性体が存在する。タンパク質を構成するアミノ酸は通常 L 形の立体配置である（9・6・2 項参照）。D-アミノ酸は細菌の細胞壁に存在し、また、D-セリンがヒトの脳内で重要な機能を持つことが最近示されたが、量的には非常に少ない。生物はこの D-アミノ酸の希少性をうまく利用して特別な機能を発揮させている。

13・1・2 両性イオン

　前述のように、アミノ酸は、その分子中に酸性のカルボキシ基と塩基性のアミノ基を持つ。カルボキシ基は酸性領域では電離せず、塩基性領域でカルボキシ陰イオンと水素イオンに電離する。一方、アミノ基は塩基性領域では電荷を持たないが、酸性領域では水素イオンが配位しアンモニウム陽イオンとなる。中性域では、カルボキシ基の陰イオン化とアミノ基の陽イオン化が同時に起こり、電荷を互いに打ち消し合いゼロとなる pH 領域が存在する。その pH を**等電点**と呼ぶ。等電点では、アミノ

[*1] 官能基と隣接する一番目の炭素のことを α 炭素と呼び、二番目以降の炭素は β, γ, δ, … となる。系統的命名法（IUPAC 命名法）ではないが、カルボキシ基やカルボニル基に結合する炭素の位置を示すのによく用いられる。

例：$\overset{\gamma}{C}H_3\overset{\beta}{C}H_2\overset{\alpha}{C}H_2COOH$

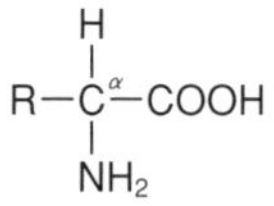

$$R-\overset{\overset{\displaystyle H}{|}}{\underset{\underset{\displaystyle NH_2}{|}}{C}}-COOH$$

図 13・1　アミノ酸の基本構造（α-アミノカルボン酸）

酸全体では電荷が0となるが、カルボキシ基の負の電荷とアミノ基の正の電荷が互いに等量存在し、釣り合っている（**図13・2**）。このように、分子中に酸性と塩基性の両方の部分を持つ化合物を**両性イオン**と呼ぶ。一方、側鎖に塩基性部分を持つアミノ酸（リシン、アルギニンなど）や酸性部分を持つアミノ酸（アスパラギン酸、グルタミン酸など）は、その部分の電荷が存在するので、中性付近が等電点とはならない。例えば、グ

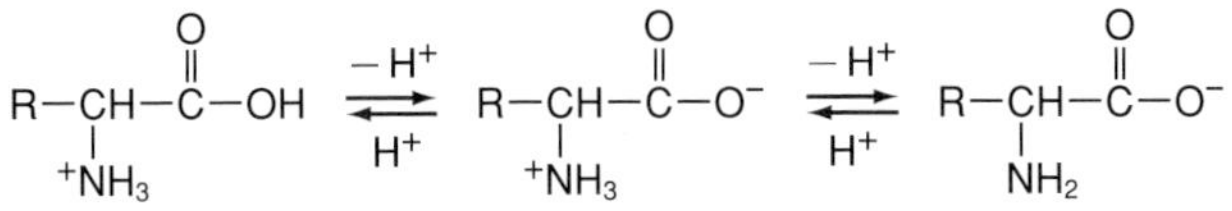

pH＝0　　両性イオン pH＝7　　pH＝11

図13・2　アミノ酸の等電点が7の場合の例
見かけ上電荷は0。等電点のpHは側鎖（R）の酸性度によって異なる。

表13・1　タンパク質を構成するアミノ酸

分類	アミノ酸	3文字略記	1文字略記	等電点	イオン構造式
(A)	グリシン (Glycine)	Gly	G	5.97	$H-CH(^+NH_3)-C(=O)O^-$
(A)	アラニン (Alanine)	Ala	A	6.00	$CH_3-CH(^+NH_3)-C(=O)O^-$
(A)	バリン* (Valine)	Val	V	5.96	$CH_3CH(CH_3)-CH(^+NH_3)-C(=O)O^-$
(A)	ロイシン* (Leucine)	Leu	L	5.98	$CH_3CH(CH_3)CH_2-CH(^+NH_3)-C(=O)O^-$
(A)	イソロイシン* (Isoleucine)	Ile	I	6.05	$CH_3CH_2CH(CH_3)-CH(^+NH_3)-C(=O)O^-$
(A)	プロリン (Proline)	Pro	P	6.30	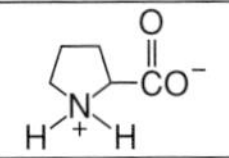
(C)	メチオニン* (Methionine)	Met	M	5.47	$CH_3SCH_2CH_2-CH(^+NH_3)-C(=O)O^-$
(D)	フェニルアラニン* (Phenylalanine)	Phe	F	5.48	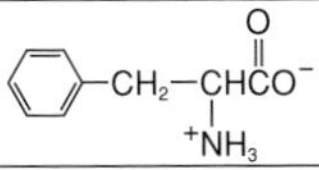
(D)	トリプトファン* (Tryptophan)	Trp	W	5.89	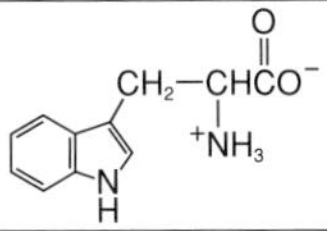
(B)	リシン* (Lysine)	Lys	K	9.75	$H_3\overset{+}{N}CH_2CH_2CH_2CH_2-CH(^+NH_3)-C(=O)O^-$
(B)	アルギニン (Arginine)	Arg	R	10.76	$H_2NC(=\overset{+}{N}H_2)NHCH_2CH_2CH_2-CH(^+NH_3)-C(=O)O^-$
(B)	ヒスチジン* (Histidine)	His	H	7.59	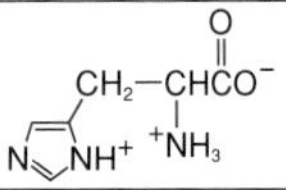 （注）
(B)	アスパラギン酸 (Aspartic acid)	Asp	D	2.77	$^-OC(=O)CH_2-CH(^+NH_3)-C(=O)O^-$
(B)	グルタミン酸 (Glutamic acid)	Glu	E	3.22	$^-OC(=O)CH_2CH_2-CH(^+NH_3)-C(=O)O^-$
(C)	アスパラギン (Asparagine)	Asn	N	5.41	$H_2NC(=O)CH_2-CH(^+NH_3)-C(=O)O^-$
(C)	グルタミン (Glutamine)	Gln	Q	5.65	$H_2NC(=O)CH_2CH_2-CH(^+NH_3)-C(=O)O^-$
(C)	システイン (Cysteine)	Cys	C	5.05	$HSCH_2-CH(^+NH_3)-C(=O)O^-$
(C)	セリン (Serine)	Ser	S	5.68	$HOCH_2-CH(^+NH_3)-C(=O)O^-$
(C)	トレオニン* (Threonine)	Thr	T	6.16	$CH_3CH(OH)-CH(^+NH_3)-C(=O)O^-$
(D)	チロシン (Tyrosine)	Tyr	Y	5.66	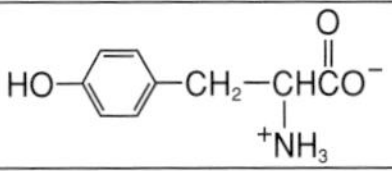

分類：(A) 非極性脂肪族側鎖，(B) 極性電荷側鎖，(C) 極性無電荷側鎖，(D) 芳香族側鎖　*：ヒトの必須アミノ酸

（注）　ヒスチジンはここでは(B)に分類したが、ヒスチジンのイミダゾール基はpK_aが6であるので、pHが6以上では窒素からH^+が電離した無電荷型のイミダゾールが主要な型となる。

ルタミン酸は側鎖部分にも一つカルボキシ基を持つので、等電点は酸性側となり pH 3.22 であり、側鎖に一つアミノ基を持つリシンの等電点は塩基性側となり pH 9.75 である。

13・1・3　アミノ酸の種類

　Rで示された側鎖の部分が異なる多くのアミノ酸が知られている。自然界には 500 種類以上のアミノ酸が存在するが、タンパク質の成分として使われるアミノ酸は 20 種類である（**表 13・1**）。これらのうち、19 種は第一級アミンであるが、プロリンのみは窒素と α 炭素原子が結合した第二級アミンとなっている。タンパク質を形成するときはほかのアミノ酸と同じようにアミド結合（ペプチド結合）（13・2節）を形成するが、結合の性質は異なる。

　これら 20 種類のアミノ酸は、側鎖部分（R）の構造の特性によって分類できる。分類の仕方は種々あるが、ここでは（A）非極性脂肪族側鎖、（B）極性電荷側鎖、（C）極性無電荷側鎖、（D）芳香族側鎖　という四つで分類した（**表 13・1**）。各アミノ酸の表記方法として、記憶しやすい 3 文字の略記法がよく用いられる。さらに、生命科学の分野ではしばしば 1 文字略記法も用いられ、タンパク質のアミノ酸配列の表記などでは通常この方法を用いる。

　これらのアミノ酸を等電点の酸性度で分けると、酸性アミノ酸は側鎖にカルボキシ基を持つアスパラギン酸とグルタミン酸の二つであり、塩基性アミノ酸は側鎖にアミノ基を持つヒスチジン、リシン、アルギニンの三つである。ほかのアミノ酸はだいたい中性付近の等電点となる。**表 13・1** 中で＊印がついたアミノ酸をヒトの**必須アミノ酸**といい、この 9 種類のアミノ酸はヒトが体内でまったく合成できないか、または充分量合成できないので、生存のためには外から取り入れる必要がある。また、アルギニンは成長の速い乳幼児期には不足するので、準必須アミノ酸とされている。これらのアミノ酸はバランスよく摂取することが栄養上重要とされ、そのバランスを示す指標がアミノ酸スコア（タンパク質を体内で利用するのに必要な必須アミノ酸のバランスを表す指標で、最もよい場合が 100）である。魚肉や動物の肉のほとんどはアミノ酸スコアが 100 であり、必須アミノ酸をバランスよく摂取するのに適している。また、植物では大豆タンパク質がアミノ酸スコア 100 であり、タンパク質源として理想的である＊2。

＊2　三大穀物といわれる米、小麦、トウモロコシの中では、トウモロコシが一番熱帯で生育しやすい。それは、高温、乾燥、そして低濃度 CO_2 といった苛酷な条件でも生育できる CO_2 固定回路を持つからである。そのためアフリカなどで幅広く栽培されている。しかし、そのアミノ酸スコアは 32 と低く、トリプトファンが特に不足している。飢饉のときなどでトウモロコシのみしか摂取できないと、体内でトリプトファンから生じるナイアシンが不足して、ペラグラと呼ばれる病気が発症することが知られている。症状としては、光過敏症による皮膚炎や、嘔吐、便秘、下痢があるが、重くなると脳の機能不全になり、死に至ることもある。

表 13・2　アミノ酸から生じる生理活性物質

アミノ酸由来生理活性物質	分泌器官	機能	構造
（トリプトファン）			
セロトニン	小腸，神経細胞	消化管活動の調節，神経伝達物質	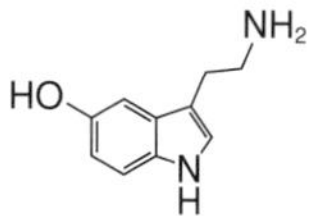
（グルタミン酸）			
γ-アミノ酪酸	神経細胞	神経伝達物質	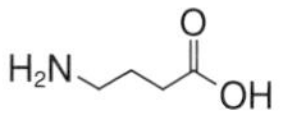
（アルギニン）			
一酸化窒素	血管内皮細胞，神経細胞，マクロファージ等	血管拡張，神経伝達物質，細胞傷害	NO
（ヒスチジン）			
ヒスタミン	肥満細胞，好塩基球，肺，肝臓等	アレルギー反応・炎症発現の介在物質，神経伝達物質	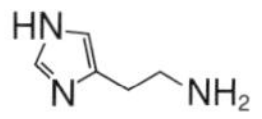

13・1・4　アミノ酸から合成される生理活性物質

　アミノ酸は多くの生理活性物質やホルモンの前駆体となる。それらのうちのホルモンについては 8・8・2 項で述べたので、ここでは生理活性物質の代表的なものについて、原料となるアミノ酸と生成される物質を**表 13・2**にまとめた。

　セロトニンは、トリプトファンにトリプトファン 5-モノオキシゲナーゼが作用し、5-ヒドロキシトリプトファンとなった後で脱炭酸されて生じる。γ-アミノ酪酸は、脳内でグルタミン酸の α 位のカルボキシ基が酵素的に取り除かれて生じる。一酸化窒素[*3]は、その合成酵素（一酸化窒素合成酵素、NOS）が三種類存在することが知られている（補遺 A「活性酸素・活性窒素と生体反応」A・5 節参照）。いずれもアルギニンを基質とし、シトルリンへ変換するときにアルギニンの一部を酸化的に分断し、一酸化窒素を生成する。ヒスタミンは、ヒスチジンの α 位のカルボキシ基が酵素的に取り除かれることで生じる。ある種の細菌もヒスタミンを産生し、食中毒の原因となる。

13・2　ペプチド

　ペプチドとは、アミノ酸がカルボキシ基とアミノ基の間で互いにアミド結合を形成し、重合したアミノ酸ポリマーのことである。**図 13・3**のように、① のアミノ酸のカルボキシ基が ② のアミノ酸のアミノ基との

[*3]　ガス状の分子であり、血管拡張因子として見出され、血圧の調節に深く関与している。1998 年のノーベル生理学・医学賞は、NO の生理機能の発見に対して与えられた。生理機能を持つガス状分子としては、その後一酸化炭素（CO）や硫化水素（H_2S）が明らかにされており、それらの合成酵素も判明している。高濃度では人体に対して毒性を示すガスが、局所においては重要な生理機能を発揮することは興味深い。

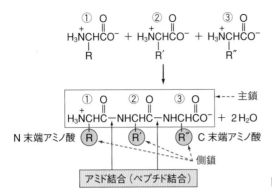

図 13・3　アミノ酸からペプチドへ

間でアミド結合を形成し、②のアミノ酸のカルボキシ基は③のアミノ酸のアミノ基とアミド結合を形成する。この反応が繰り返されアミノ酸の重合が進むのである。ペプチドの形成のときに生じるアミド結合を**ペプチド結合**と呼ぶ。また、ペプチド中のそれぞれのアミノ酸を**アミノ酸残基**と呼ぶ。重合が終わった段階で見てみると、必ず一方の端にはアミノ基が残り、他方の端にはカルボキシ基が残る。アミノ基が残ったアミノ酸のことをアミノ末端（N 末端）アミノ酸、カルボキシ基が残ったアミノ酸をカルボキシ末端（C 末端）アミノ酸と呼ぶ（**図 13・3**）。慣例として、N 末端アミノ酸を左側に記述することが決められている。例えば、図 13・3 の①がアスパラギン酸（Asp）、②がリシン（Lys）、③がグリシン（Gly）であったとすると、生じたトリペプチドは 3 文字略記か 1 文字略記を用いて、Asp-Lys-Gly または DKG と表記される（表 13・1 参照）。はじめの三つのアミノ酸を出発材料にしたペプチドはほかのアミノ酸の並び方でも生じるので、三つのアミノ酸については 6 通りの結合の仕方（DKG, DGK, KDG, KGD, GDK, GKD）が可能である。

　アミノ酸の単位の数が増加するにつれて、可能なペプチドの異性体の数は急激に増加する。アミノ酸が多数結合してできたペプチドのことをポリペプチドという。ペプチド結合の数が増加して、高分子となった物をタンパク質と呼ぶが、その境界は明確に定義されている訳ではない。一般的には、分子の質量がおおよそ 10000 Da（ダルトン）*4 以上のポリペプチドをタンパク質と呼ぶことが多い。ここで炭素の同位体 ^{12}C の質量の 12 分の 1 が 1 Da と定義されており、数値的には分子量と同じになる。

　ホルモンの中には、ペプチドに分類されるものがある。それらに関しては 8・8・2 項を参照していただきたい。

*4　Da とは、分子量の代わりに用いられる分子の質量の単位で、生体高分子を扱うときによく用いられる。

13・3 タンパク質

13・3・1 タンパク質の分類

アミノ酸が重合して高分子になったものがタンパク質であるが、その組成により分類すると、アミノ酸のみからなる単純タンパク質と、アミノ酸以外の生体物質を含む複合タンパク質の二つに分けられる。複合タンパク質は含まれている物質により、炭水化物を含む糖タンパク質、脂質を含むリポタンパク質、核酸を含む核タンパク質、金属を含む金属タンパク質などに分類される。複合タンパク質はこれら含まれている物質との相互作用により、多様な新たな機能を獲得して、生体内で高度な機能調節の役割を担っている[*5]。以下にタンパク質を機能別に分類する。タンパク質によっては重複して機能を担うものもある。

酵素：生体のほとんどの反応で触媒として用いられている。代表的なものに、アルドラーゼ、トリプシン、DNAポリメラーゼなどがある。

運動タンパク質：細胞や生体の収縮・変形・運動に関係するタンパク質。ミオシン、アクチン、チューブリンなどがある。

輸送タンパク質：細胞外液中で物質の輸送に関わっているタンパク質。血清アルブミン、ヘモグロビン、トランスフェリンなどがある。

構造タンパク質：細胞や生体の構造を維持する役割を持つタンパク質。コラーゲン、ケラチン、ヒストンなどがある。

貯蔵タンパク質：生体物質を貯蔵するタンパク質。フェリチン、ビテロゲニンなどがある。

防御タンパク質：自分以外の生物や物質の侵略から自己を防御するために働くタンパク質。抗体（免疫）、フィブリノーゲン（血液凝固）、カタラーゼ（抗酸化）などがある。

転写因子・シグナル伝達因子：生理活性を調節するために、遺伝情報の発現や生体シグナルの伝達に関わっているタンパク質。カルシウム結合タンパク質、種々のリン酸化酵素、生理活性物質の受容体などがある。

タンパク質はその三次構造によって分類することもできる。球状タンパク質と繊維状タンパク質である。生物が生体反応の触媒として用いている酵素はほとんどが球状タンパク質で、コンパクトな球形に近い形をしている。これらは、一般的に水に溶けやすく細胞質に存在する。一方、長い糸のような形で存在するタンパク質を繊維状タンパク質と呼び、皮膚や骨の構成タンパク質であるコラーゲンや、毛や爪の構成タンパク質であるケラチンなどがある。繊維状タンパク質は水に溶けにくく強度が高い。

[*5] 以下に複合タンパク質についてより詳しく述べる。

糖タンパク質：タンパク質を構成するアミノ酸の一部に糖鎖が共有結合したもの。数種類の単糖約30個未満がグリコシド結合（12・3節参照）で結合している。糖鎖は、受容体の一部、情報伝達物質との相互作用、または特定の生理活性を示す物質として働く。動物では、細胞表面や細胞外に分泌されるタンパク質のほとんどが糖タンパク質である（12・4・2項参照）。

リポタンパク質：脂質と結合するタンパク質であり、脂質を血清中で運ぶ役割を持つリポタンパク質が代表的な例である。その結合は主にタンパク質の非極性アミノ酸部分と脂質との疎水結合によっている。ミトコンドリア、小胞体、核にもリポタンパク質が存在する。

核タンパク質：核酸（DNA、RNA）と結合しているタンパク質である。塩基性のタンパク質であるヒストンはDNAと結合し、クロマチンと呼ばれる複合体を形成する中心的な役割を持ち、DNA二本鎖の折りたたみを調節している。

金属タンパク質：補因子として金属を含むタンパク質である。金属はイオンとして、アミノ酸残基、硫黄などの非金属無機イオン、あるいはタンパク質以外のポルフィリンなどの有機化合物に配位している。酵素として働く金属酵素は活性中心に1つまたは2つの金属イオンを持つものが多いが、構造維持に使われる場合もある。含まれる金属には、マグネシウム、バナジウム、マンガン、鉄、ニッケル、銅、亜鉛、セレン、モリブデンなどがある。

*6　アミノ酸 100 個からできているごくありふれたタンパク質について、20 個のアミノ酸を順番にすべて組み合わせて作ってみると、20^{100} $= 10^{130}$ 個できる。この組合せを、生命の歴史を 38 億年としてその期間内に試すためには、8.3×10^{112} 個分のタンパク質を毎秒作り続けなければならない。これは不可能であり、進化の過程でアミノ酸の組合せがランダムに試されたわけではないことがわかる。実際にはモジュールと呼ばれる、独立して立体構造や機能を発揮できる 10〜40 個のアミノ酸でできた部分を組み合わせて、使い回してタンパク質が進化してきたことがわかっている。

13・3・2　タンパク質の一次構造

タンパク質は 20 種類のアミノ酸がそれぞれ独自の順序で結合したものであり、その配列の多様性がタンパク質に複雑性と多様性を与えている。その配列の仕方のことを**一次構造**と呼ぶ*6。ペプチド結合で重合したアミノ酸の C−NH−CO−C 結合の繰り返しを主鎖と呼ぶ（**図 13・3**）。また、各 C に結合したアミノ酸ごとに異なる部分を側鎖と呼ぶ。アミノ酸がたった一つ違っただけで、タンパク質としての性質が大きく変化することもある。例えば、黒人に多く見られる遺伝性疾患である鎌状赤血球貧血 (本章コラム参照) は、ヘモグロビンの β 鎖の 6 番目のグルタミン酸がバリンへ置き換わった結果、酸素濃度が低い所でヘモグロビン同士が会合してしまい、ヘモグロビンを含む赤血球が鎌状に変化する病気である（**図 13・4**）。その結果赤血球の溶血が起こりやすくなり、患者は貧血になったり、微小な血管の詰まりを起こして体の各部の痛みや各種臓器の障害が生じる。このように、分子そのものに病因があるような病気を分子病といい、鎌状赤血球貧血はその初めての例である。

正常な赤血球

鎌状赤血球

図 13・4　鎌状赤血球
周りの酸素濃度が下がると、変異型のヘモグロビンが異常に会合して不溶性の繊維となり、赤血球の形が変化する。

13・3・3　タンパク質の二次構造

ペプチドやタンパク質には、主鎖である炭素鎖のペプチド結合間の水素結合に由来する特徴的な部分構造が見られる。代表的なものとしては、α ヘリックス、β 構造の二種類が知られている。まず、α ヘリックスは、1 本の主鎖内でペプチド結合の水素がそこから四つ離れたアミノ酸のカルボニル基の酸素との間で水素結合をすることで生じる（**図 13・5**）。その結果、その部分のポリペプチド鎖は右巻き（時計回り）のらせん構造を取る。そのピッチは 5.4 Å（オングストローム：1 Å $= 10^{-10}$ m）で一回転であり、その間に 3.6 残基分進むことになる。また、すべてのアミノ酸残基はらせんの外側に向かって配置する（**図 13・6**）。次の β 構造 (β シートともいう) は、隣り合った 2 本のポリペプチド鎖間でアミド基の H とカルボニル基の O の間で水素結合が形成されることで生じる構造である。ペプチド鎖は 2 本でシート状の構造を形成する。各アミノ酸の側鎖は、このシート構造の上下方向へ一つおきに配置される。**図 13・7**

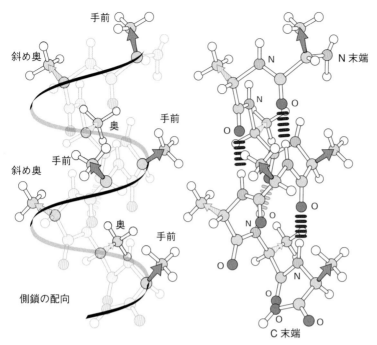

図13・5 αヘリックスの構造と水素結合

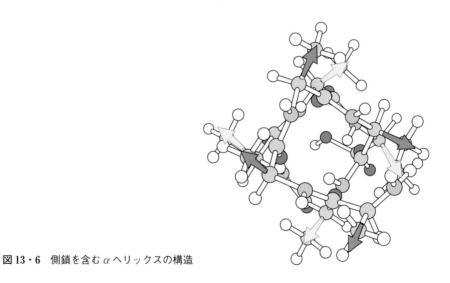

図13・6 側鎖を含むαヘリックスの構造

にあるように、互いに水素結合しているペプチド鎖同士が同じ方向を向いている場合（平行）と、反対方向を向いている場合（逆平行）がある。この構造の中ではペプチド鎖はほとんど伸びきっている。

αヘリックスやβ構造はタンパク質全体の半分程度で、それ以外の部分は繰り返しのない構造であり、ループというひも状の部分で構成される。ループの中で、二つのβ構造などの間で急にペプチド鎖が180°方向

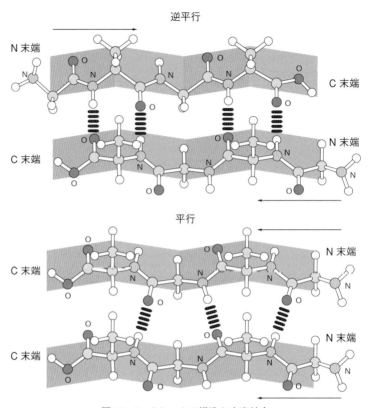

図 13・7　βシートの構造と水素結合

*7　タンパク質の多くは条件を整えるときれいな結晶とすることができる。この規則正しく並んだ多数の同一分子が作る反復構造に X 線を照射すると、この反復構造で回折した X 線像が作る膨大な数の回折点が得られる。その回折点の位置と強度から、計算により元の分子の電子密度図を描くことができる。この電子密度図から分子モデルを構築する。

*8　Nuclear Magnetic Resonance (NMR)。磁気モーメントを持つ原子核を含む物質を磁場に置き、これに共鳴する条件の周波数の電磁波の吸収スペクトルで磁気核の測定を行う方法。分子中で二つの核が互いに空間的に接近しているときに生じる効果 (核オーバーハウザー効果) などにより分子の立体構造の解析が可能になる。構造解析可能なタンパク質の分子量の限界は 25 kDa 程度といわれていたが、現在その上限が高くなりつつある。

ケンドルー　Kendrew, J. C.

転換する部分があり、βターンと呼ばれ、アミノ酸 4 個から形成されていることが多い。また、特定の構造を持たない構造をランダム構造と呼び、この場合はアミド基の H やカルボニル基の O は溶媒である水と水素結合していることが多い。

13・3・4　タンパク質の三次構造 ―アミノ酸側鎖の相互作用―

　タンパク質は、二次構造にさらに側鎖同士の相互作用が加わり、最終的に三次元立体構造を形成する。そのときに新たに加わる相互作用は、(1) 側鎖間または側鎖と主鎖の間の水素結合、(2) 酸性アミノ酸と塩基性アミノ酸の側鎖同士のイオン結合、(3) 疎水性アミノ酸の側鎖同士の疎水性相互作用、(4) システイン残基間で形成される S-S 結合などである (**図 13・8**)。球状タンパク質では、多くの場合中心部 (コア) には疎水性のアミノ酸が集合し、それを極性電荷や極性無電荷の親水性アミノ酸残基が取り囲むようにして立体構造が形成されている。これらの立体構造は、X 線結晶構造解析法*7 や核磁気共鳴法*8 などにより決定することができる。最初に三次構造が決定されたタンパク質は、1957 年に英国のケンドルーが X 線結晶解析で決定したマッコウクジラのミオグロビ

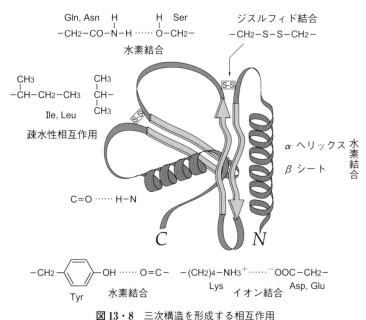

Gln, Asn　　H　　　　H　Ser
$-CH_2-CO-N-H \cdots\cdots O-CH_2-$
　　　　　水素結合

ジスルフィド結合
$-CH_2-S-S-CH_2-$

CH_3
$-CH-CH_2-CH_3$
Ile, Leu
疎水性相互作用

CH_3
$-CH-$
CH_3

S-S

S-S

α ヘリックス　水素結合
β シート

$C=O \cdots\cdots H-N$

C　　　N

$-CH_2-$〈benzene〉$-OH \cdots\cdots O=C-$　　$-(CH_2)_4-NH_3{}^+ \cdots\cdots {}^-OOC-CH_2-$
Tyr　　　水素結合　　　　　　　　　　　Lys　イオン結合　Asp, Glu

図 13・8　三次構造を形成する相互作用
タンパク質の高次構造の維持に関与する、アミノ酸間に見られる種々の
結合様式。

ンである。これらの手法の進歩により、立体構造が明らかにされるタン
パク質の数は飛躍的に増加しており、決定されたタンパク質の三次元構
造の構造座標は国際的なデータバンクである PDB（Protein Data Bank）
に登録することになっている。このデータベースは無償で公開されてお
り、2021 年 5 月で 178,229 のタンパク質のデータが登録されている。

13・3・5　タンパク質の四次構造

　タンパク質の多くは、二つ以上のポリペプチド鎖が集合して複合体を
作っている。このような複数のポリペプチド鎖集合の空間配置のことを
タンパク質の四次構造と呼び、個々のポリペプチド鎖をサブユニットと
呼ぶ。複数のサブユニットで構成されるタンパク質を多量体と呼び、二，
三，四，五，六，七，八，一二，一八量体の存在が知られている。また、
サブユニットは必ずしも同じであるとは限らず、異なるポリペプチド鎖
が四次構造を構成する場合もある。

　四次構造を形成する意義はいくつかあるが、代表的なものとして各サ
ブユニットの協同効果があげられる。酸素を運搬する役割を持つ、ヘモ
グロビンとミオグロビンを例に取り説明してみよう。ヘモグロビンもミ
オグロビンも、どちらもグロビンというタンパク質に二価の鉄イオンを
含むヘムが結合しているよく似たタンパク質である。このヘムへの酸素

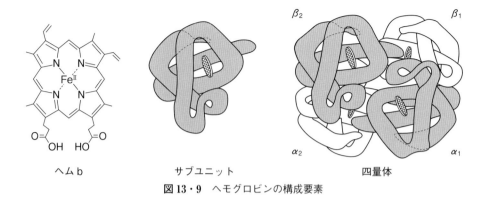

ヘム b　　　　　　　サブユニット　　　　　　　四量体

図 13・9　ヘモグロビンの構成要素

*9　このS字曲線の形は、二酸化炭素（CO_2）分圧の上昇、血中 pH の低下、2,3-ビスホスホグリセリン酸の濃度上昇などで、よりS字形に近づくことが知られている。これらの変化は、換気障害や低酸素症で生じることが知られており、S字形が強まることで、組織の低酸素分圧下でのヘモグロビンの酸素親和性がより低下するので、より酸素を供給しやすくなる。つまり、理にかなった変化といえる。

の結合は可逆的であり、周りの酸素分圧が高いと結合し、酸素分圧が低いと遊離することで運搬される。いずれもよく似た構造をしているが、ヘモグロビンは赤血球に含まれ、二種類のサブユニット α と β を二つずつ持つ $\alpha_2\beta_2$ 四量体のタンパク質であり（**図 13・9**）、一方ミオグロビンは筋肉に含まれ単量体である。なぜ、ヘモグロビンは四量体なのだろうか？　ヘモグロビンは、協同効果といって、一つのサブユニットに酸素が結合すると、サブユニット間の結合を通して残りのサブユニットにその効果が伝わり、残りのサブユニットの酸素に対する親和性が増加することが知られている。逆に、四つのサブユニットに酸素が結合した状態から酸素分圧が低いところへ移動して、一つのサブユニットから酸素がはずれると、ほかのサブユニットも酸素への親和性が低くなる。この協同効果は、四次構造を持たないミオグロビンには見られない。

　図 13・10 は、ミオグロビンとヘモグロビンにおける酸素分圧と酸素飽和度の関係を示したものである。ミオグロビンは酸素圧が上がるといきなり飽和度が立ち上がりゆっくり 1 に近づくが、ヘモグロビンは先述の協同効果により、はじめはゆっくり立ち上がり、そのうち急に飽和度が上がるような曲線となる。このような曲線をシグモイド曲線あるいはS字曲線と呼ぶ。この違いには、重要な生理的な意味がある。酸素分圧が高い肺で四つとも酸素が結合したヘモグロビンは、血流に乗り筋肉に運ばれる。筋肉組織では酸素が消費されているので、その酸素分圧はかなり低くなっている。例えば、図中に破線で示したように 30 mmHg が筋肉組織での酸素分圧であるとすると、そこではヘモグロビンはかなり酸素を放出しやすくなっている*9。一方ミオグロビンは、この酸素分圧では多くの酸素を結合できる性質を示す。この差により、筋肉ではヘモグロビンからミオグロビンへ酸素が自然に渡され、ミオグロビンは受け取った酸素を必要なときまで貯蔵することができるのである。タンパク

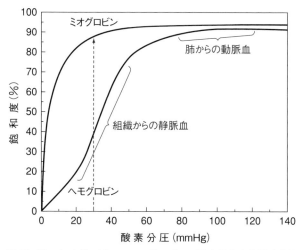

図 13・10　ミオグロビン、ヘモグロビンの酸素飽和度と酸素分圧
　　　　　の関係

質は四次構造を形成することによって、互いの協同効果を通して、一つ
のサブユニットにもたらされた情報により全体を別の状態へと変化させ
ているのである。多くの多量体のタンパク質・酵素で、基質やエフェク
ター分子（基質以外で活性に影響する分子）の結合による機能調節に、
このような協同効果が用いられていることが知られている。

　タンパク質の二次構造から四次構造をまとめて高次構造と呼ぶ。この
高次構造は、基本的には一次構造の情報のみで決まる。それは、タンパ
ク質を変性剤と還元剤で処理して高次構造を完全に壊したのち、その変
性剤・還元剤を除くと元の高次構造が再現できることからわかる。また、
タンパク質の高次構造は、硬く動きのないものと考えてはいけない。多
くのタンパク質は軟らかく、揺らいでいる部分を持っており、ほかの生
体分子が様々な相互作用で結合することで高次構造が変化する事実は多
く観測されている。そのような構造の軟らかさが、タンパク質の機能を
発揮するうえで重要な要素なのである。

13・4　新しいタンパク質研究の流れ—プロテオミクス

　21 世紀に入り、各主要生物種の全ゲノムの解析が終了し、塩基配列、
すなわちタンパク質のアミノ酸配列の情報の利用が可能となった。いく
つかの国際的な機関がその情報を無料で公開している。また、質量分析
法[*10] の技術が発展し、多くの生体高分子の正確な質量の決定が可能と
なった。その発展に大きく寄与した技術の一つが、ペプチドなどの高分

*10　質量分析（mass spec-
trometry, MS）とは、種々の
イオン化法により試料分子
をイオン化し、生じたイオン
を分離して検出する方法で
ある。質量分析計は、(1) 試
料をイオン化し加速する部
分、(2) イオンを真空中で飛
行あるいは運動させ、電場や
磁場などにより質量/電荷比
（m/z）に基づいて分離する
部分、(3) そのイオンを検出
する部分、から成っている。
種々のイオン化法、分離法の
組合せがあり、さらに質量分
析の前段階の分離法として、
種々のクロマトグラフィー
や電気泳動などが組み合わ
され、試料の種類や分析目的
に応じて最適な手法が開発
されている。

子のイオン化の技術である。その結果、ペプチドを質量分析することが可能となった。そのうちの一つであるソフトレーザー脱離イオン化法の開発で、日本の田中耕一が2002年度のノーベル化学賞を受賞している。さらに、質量分析計によりペプチドをアミノ酸に分解する手法が確立され、ペプチドの混合物からそれぞれのペプチドのアミノ酸配列を決定できるようになった。この技術の応用により、生体から取り出したタンパク質の混合物をタンパク質分解酵素でペプチドに分解して、そのペプチドの混合物を適当な方法で分離しつつ質量分析計で分析するとそれぞれのペプチドのアミノ酸配列がわかり、それを遺伝子の塩基配列のデータと照らし合わせることで、タンパク質混合物にどのようなタンパク質、酵素、ペプチドが含まれていたかを同時に解析することが可能になった。そしてこの手法が、多成分同時分析によるタンパク質研究の新たな流れを作ったのである。このような手法のことを**プロテオミクス**（proteomics）と呼び、この手法によって決定できる生物の遺伝子から作られるタンパク質の一揃えのセットを**プロテオーム**と呼ぶ。**図13・11** には、ラット脳の特定部位の抽出物を二次元電気泳動[*11]により分離した後、特定のタンパク質染色液で染色した例を示す。このスポット一つずつにどんなタンパク質が何種類含まれているかを解析することがほぼ可能となっている。

*11　はじめにタンパク質を等電点の違いで分離し、次に分子量の違いで二次元目の分離を行う。

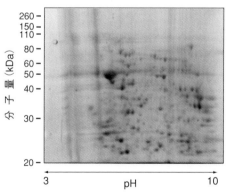

図13・11　ラット脳の抽出物の二次元電気泳動像

　これまでのタンパク質研究は、特定のタンパク質に的を絞り、精製技術を駆使してそれを単離し、単離されたタンパク質の性質を調べ、構造解析を行うなどしてその機能を解明していく手法が主流であった。いってみれば、生体という大きなプールから、狙いを定めて標的を一本釣りする手法である。ところが、プロテオミクスを用いることで、プールから大きな網でタンパク質を一網打尽にすることが可能となったのである

（図13・12）。現在、癌患者の血清などを用いて、癌の悪性化に伴って変化するタンパク質を見いだすなどで癌の診断に用いたり、特定の疾患に伴って増えるタンパク質・ペプチドを検索して種々の疾患の発症機構の解明などに役立てたりする試みが積極的に展開されている。実際に卵巣腫瘍の良性か悪性かの診断に、血清中の五種類のタンパク質のプロテオーム解析が使われている。しかしながら、より広範に診断に使われるためには今後解決しなければならない課題も多く、研究の進展が待たれる*12。

*12　さらに、細胞中の代謝産物に注目し、それらの変化を多成分同時分析する手法として、メタボロミクスと呼ばれる方法が発展しつつある。この手法で、ある時間における細胞の生理の全体像を明らかにすることができると考えられている。この手法も、基本的には電気泳動と質量分析計を組み合わせて行うことができる。

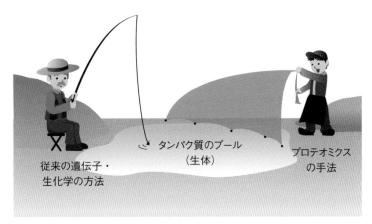

図13・12　既存の方法とプロテオミクスの違い

タンパク質のプール（生体）

従来の遺伝子・生化学の方法

プロテオミクスの手法

Column　鎌状赤血球貧血はなぜ淘汰されなかったか？

　分子病として初めて見いだされた鎌状赤血球貧血は、激しい動きができないなど、患者は日常の生活上大きなハンディを負わざるを得ない。このような不利な形質が、アフリカにおいてなぜ淘汰されずに残れたのだろうか？

　鎌状赤血球貧血の患者の分布とマラリア患者の分布を比較すると、両者は多くの場所で重複することがわかる。マラリアの病因であるマラリア原虫は、その生活環の一部でヒトの赤血球に寄生することが知られている。鎌状赤血球にはマラリア原虫が寄生できない。そのため、マラリアが大流行したときには鎌状赤血球貧血の患者が生き残る可能性が高い。

　アフリカでは、マラリアの流行が繰り返されており、そのときには鎌状赤血球の形質が有効に働き、結果としてこの形質は淘汰されることなく生き残ったと考えられている。西アフリカでは10％のヒトがこの変異遺伝子を保持していて、優性遺伝ではあるが、染色体の一方のみに変異を持つヘテロのヒトの症状は軽く済む。

　このように、日常の生活では不利であるような形質も、状況が大きく変化すると有利な形質になり得るという事実は、現在の社会での適応能力のみで遺伝形質を選択しようという考え方とは相容れないものである。

演習問題

1. 必須アミノ酸とはどのようなアミノ酸か説明せよ。

2. グリシンを酸性・中性・塩基性溶液に溶かしたときのイオン式を書け。また、その式を用いて、グリシンの等電点について説明せよ。

3. タンパク質の二次構造の中の α ヘリックスと β 構造（β シート）について、それぞれ特徴を三つずつあげよ。

4. タンパク質の三次構造を形成するのに必要とされる相互作用をすべてあげよ。さらに、球状タンパク質の立体構造上の特徴を述べよ。

5. タンパク質の四次構造とは何か。その役割についてヘモグロビンを例に用いて説明せよ。

第14章 核 酸 ─生体をつくる分子④─

地球上に生存する多種多様な生物は、ほぼ共通した物質によって構成され、そのほとんどが高分子化合物であり、重要な生理的機能を持っている。本章では、細胞中に存在する重要な天然高分子化合物である核酸について述べ、DNA の持つ情報が RNA を介してタンパク質に伝達され、様々な機能が発現して生命活動が維持されることについて学ぶ。また、遺伝子を人為的に改変、合成するといった技術によって、医療や農業といった分野が飛躍的に発展した。このような技術 ＝ 遺伝子工学についても触れる。

14・1 核酸の化学構造

全ての生物において、その遺伝情報は**核酸**によって次世代に伝達される。核酸には**デオキシリボ核酸**（DNA；deoxyribonucleic acid）と**リボ核酸**（RNA；ribonucleic acid）があり、いずれもヌクレオチドと呼ばれる基本構造を単量体とする、ホスホジエステル結合[*1]で縮重合した生体高分子化合物である。

14・1・1 核酸の構成成分

核酸の構成成分は、フラノース環[*2]構造を持つ五炭糖、リン酸および複素環塩基の三つである。五炭糖の 1′ 位の炭素原子に塩基が結合した化合物を**ヌクレオシド**（nucleoside）といい、さらに五炭糖の 5′ 位にリン酸がエステル結合した化合物を**ヌクレオチド**（nucleotide）という。したがって、核酸を加水分解するとヌクレオチドが得られ、ヌクレオチドをさらに加水分解するとリン酸とヌクレオシドが生成し、ヌクレオシドをさらに加水分解すると糖と複素環塩基が生成することになる。五炭糖にはリボースとデオキシリボースの二種類があり、DNA には**デオキシリボース**、RNA には**リボース**が含まれる。核酸に含まれる塩基には五種類あるが、DNA には**プリン塩基**類である**アデニン**（A）、**グアニン**（G）と、**ピリミジン塩基**類である**シトシン**（C）、**チミン**（T）の四種類がある。RNA では、チミンの代わりに同じピリミジン塩基類である**ウラシル**（U）とアデニン、グアニン、シトシンの四種類が用いられている（**図14・1〜3**）。

ヌクレオシドの構造を示すための位置番号は糖と塩基それぞれの構造を示すものと同じ数字を使用するが、区別するために糖炭素にはプライム符号「′」を付け、塩基側には付けないで表記する。プリン塩基とピリミジン塩基は、窒素原子を含む三つの原子配列中の一つの水素原子と一

*1 ヌクレオチドの糖部分の 3′ 位に位置するヒドロキシ基と、次のヌクレオチドのリン酸とが脱水縮合（エステル結合）する。リン酸を中心にみると 5′ 位と 3′ 位のヒドロキシ基と二つのエステル結合を作っているので、この結合をホスホジエステル結合と呼ぶ。

*2 「12・1・2 単糖の立体化学」参照。

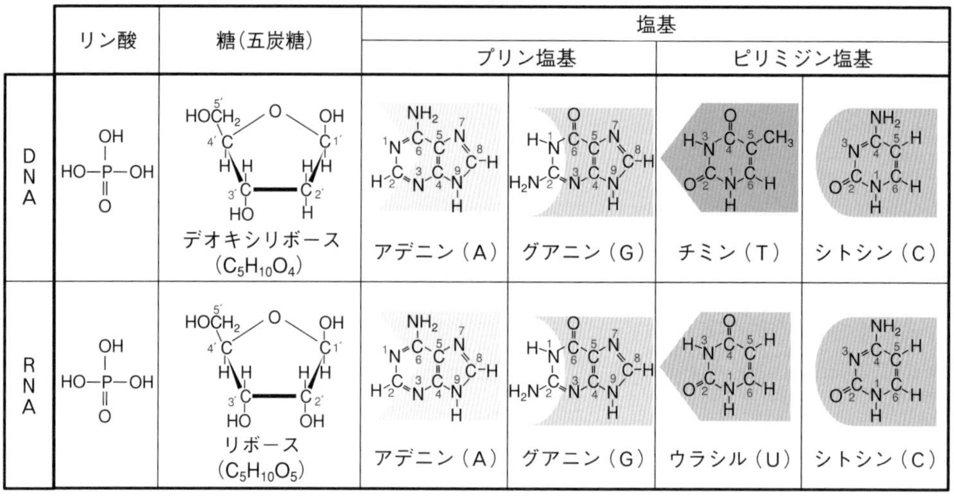

図14・1 DNA、RNA のヌクレオチドの比較

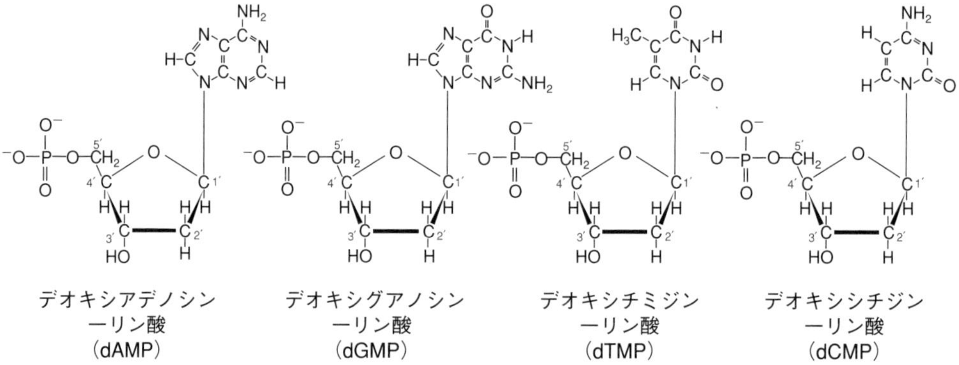

図14・2 DNA を構成するデオキシリボヌクレオチド

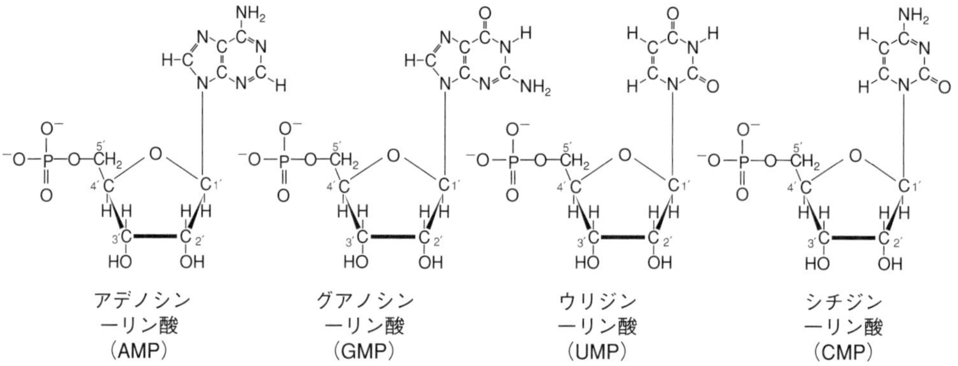

図14・3 RNA を構成するリボヌクレオチド

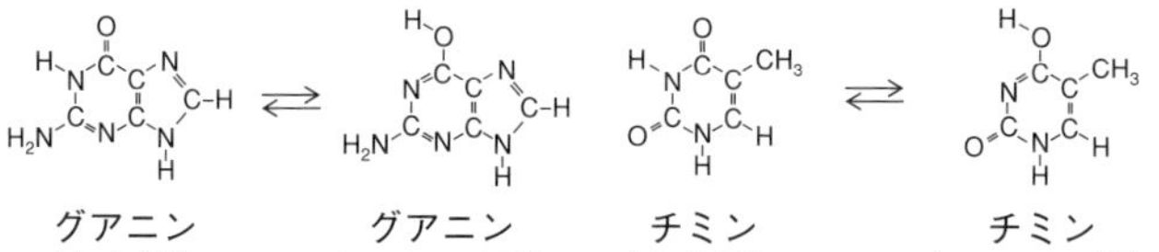

グアニン
(ケト形)　グアニン
(エノール形)　チミン
(ケト形)　チミン
(エノール形)

アデニン
(アミノ形)　アデニン
(イミノ形)　シトシン
(アミノ形)　シトシン
(イミノ形)

図 14・4　塩基の互変異性体

つの二重結合の位置が自然にシフトする互変異性体が存在する。アデニ
ン、シトシンはアミノ形とイミノ形をとり、グアニン、チミン、ウラシ
ルはケト形とエノール形をとる。生理的な pH 条件下ではアミノ形とケ
ト形になる（**図 14・4**）。ヌクレオシドの糖と塩基の結合軸の回転は二つ
の立体配座、シン（*syn*）形とアンチ（*anti*）形が可能であるが、ピリミジ
ンヌクレオチドは、糖と塩基の C-2 位カルボニル酸素との間の立体障害
の影響によりアンチ形のみとなる。プリンヌクレオチドはシン形をとる
こともあるが、通常の二重らせんではピリミジン、プリンヌクレオチド
ともにアンチ形をとる（**図 14・5**）。

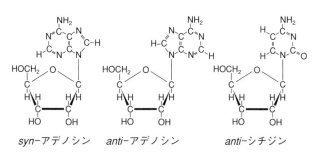

syn-アデノシン　*anti*-アデノシン　*anti*-シチジン

**図 14・5　プリンおよびピリミジン塩基とリボースの立体的に
可能な配向**

14・1・2　DNA

　DNA は、ヌクレオチド分子がリン酸を介したホスホジエステル結合
で連結し、鎖状の分子構造をとる。リン酸がエステル結合している位置
は五炭糖の 5′ 位と 3′ 位であり、この 5′-3′-5′-3′(5′→3′) のリン酸ジ
エステル結合が DNA 鎖の骨格となり、方向性を与える（**図 14・6**）。
DNA は RNA と異なり、2 本の DNA 鎖が縄のように互いに巻きあった
二重らせん構造をとっている（**図 14・7**）*3。通常、この二重らせん構造
は直径 20 Å の右巻き構造であり、1 周期 34 Å で 10 塩基対に対応する。

*3　20 世紀最大の発見
DNA の二重らせん構造：
1953 年、ジェームズ・ワトソ
ン（Watson, J. D.）、フランシ
ス・クリック（Crick, F. H. C.）
によって DNA 二重らせん構
造が提唱され、科学専門誌
Nature に掲載された。この
発見により 1962 年、ワトソ
ンとクリックはノーベル生
理学・医学賞を受賞したの
だが、この賞はもう一人、DNA
構造を明らかにする決定的
な証拠となる X 線回折デー
タをワトソンらに提供した
モーリス・ウィルキンス
（Wilkins, M. H. F.）にも与え
られた。しかしながら、ウィ
ルキンスはノーベル賞の対
象となった Nature 論文の共
著者とはなっていない。実は、
この X 線回折データを撮影
したのはロザリンド・フラン
クリン（Franklin, R. E.）とい
う女性研究者であり、ウィル
キンスは彼女のデータを密
かにワトソンに見せたとい
われている。彼女は 1958 年、
37 歳の若さで癌のため他界
した。もし彼女が 1962 年の
ノーベル賞受賞時に生存し
ていたら、受賞者になってい
た可能性は高い。

5′端

ホスホジエステル結合

3′端 **図14・6 DNAのポリヌクレオチド鎖**

図14・7 DNAの二重らせん構造

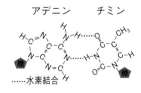

アデニン チミン

……水素結合

グアニン シトシン

……水素結合

図14・8 相補的塩基対の水素結合

2本のDNA鎖は、リン酸−糖の骨格が外側にあり、内側を向いている塩基間で形成される水素結合によって結びつけられている。一方のDNA鎖の塩基と水素結合を形成するもう一方のDNA鎖の塩基は決まっており、AとT、GとCが塩基対を形成する(**図14・8**)。したがって、一つのDNA鎖の塩基配列に対して、必ず決まった塩基配列のDNA鎖が組み合わされて2本のDNA鎖が巻き合うこととなる。この2本のDNA鎖は互いに**相補的**であるといい、方向性は逆向きである。

DNAの二重らせん構造は、以下に述べるいくつかの力のバランスによって保たれていると考えられる。

・グアニンとシトシンは塩基間に三つの水素結合を、アデニンとチミンは二つの水素結合を作る。GC含量が高いDNAほど安定性が増すのは、この水素結合の数の違いによる。

・DNA分子はかなりの水分子を含む。この水分子がリン酸基、リボースの3′位および5′位の酸素原子と水和し、構造が安定化する。

・DNAの二重らせん構造ではリン酸基は表面に位置し、その負電荷によりお互い反発している。二価のカチオンあるいは多価のカチオン分子によって負電荷は遮蔽され、らせんが安定化する。

・塩基はらせん軸に対して垂直に積層する。この積み重なる塩基の相互作用によって構造が安定化する。積層するプリン、ピリミジン複素環は分子平面を合わせる形で積み重なり、相互のπ電子雲間で分子軌道

の重なりが生じ、両分子のπ電子は非局在化することによってほとんど極性を持たなくなる。さらにこの積層する塩基は非常に近い位置に配置され、水分子がらせん内部に進入できず、らせん内部で疎水性相互作用が生じ、結果として構造が安定化すると考えられる。

このような、二重らせん構造、相補鎖を束ねている結合を壊すこともできる。**変性**と呼ばれるこの過程は、熱、塩濃度、pH 変化によって影響される[*4]。DNA 中のプリン塩基とピリミジン塩基は芳香族塩基なので、紫外線（260 nm において顕著）を吸収する。DNA の溶液を徐々に加熱していくと、ある温度まで 260 nm における吸光度は変化しないが、閾値温度に達すると吸光度は増加する。260 nm の吸光度を比べると、一本鎖 DNA の方が二本鎖 DNA より高い。この吸光度の増加は塩基の積層が崩れることに起因する。DNA 試料の半分が変性する温度を融解温度（T_m）といい、DNA の安定性が高ければ T_m も高くなる。二重らせん構造ではリン酸基が表面に位置し、負電荷を帯びていることにより反発しているが、塩濃度を高くする（イオン強度を上げる）と負電荷の反発が緩和され、T_m は上昇する。したがって、低い塩濃度にすることにより変性は促進される。

DNA を変性させるためのもう一つの要因として、pH 変化があげられる。塩基は pH によってイオン化の状態が異なる（**図 14・9**）。デオキシグアノシンの N-1 位とデオキシチミジンの N-3 位は塩基性側に pK_a

＊4 好熱菌：DNA 中の GC 含量が多ければそれだけ水素結合の数も増え、変性しにくくなるが、高濃度のカリウムイオン等の存在により DNA のリン酸の反発が遮蔽され、さらに変性が防がれる。至適生育温度が 80℃以上の細菌は超好熱菌と呼ばれ、超好熱菌の中には生育限界温度が 120℃以上のものも存在する。このように DNA は、条件によっては超高温にさらされながらも変性せず、安定である。

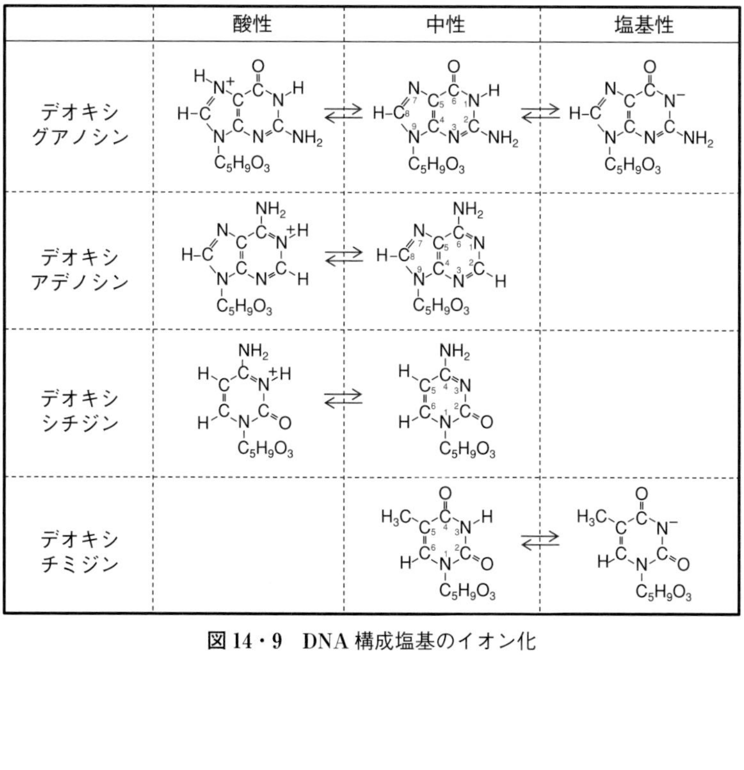

図 14・9　DNA 構成塩基のイオン化

（6・2・2項参照）が存在する。したがって、塩基性にすると塩基の脱プロトン化が始まり、G−C および A−T の水素結合が壊れ変性する。この変性は可逆的であり、pH を下げると再び安定な二本鎖 DNA が形成される。ただし急激な pH 変化を与えると、ゲノム DNA[*5]のような高分子の DNA は元に戻らず凝集してしまう。

14・1・3　R N A

　糖鎖部分の化学構造は、DNA ではデオキシリボースであるのに対し、RNA ではリボースである。リン酸基のリンは周囲を電気陰性度の高い酸素原子に取り囲まれており、ヒドロキシ基の酸素原子から求核攻撃（10・1・4項）を受けやすい。RNA を構成する糖はリボースであり、2′位にヒドロキシ基が存在する。したがって RNA は塩基性条件下で速やかに加水分解され、2′,3′-環状ヌクレオチドになった後、2′-ヌクレオチドと 3′-ヌクレオチドに分解される（**図 14・10**）。このように、RNA は DNA より反応性に富み、RNA より DNA の方が安定である。したがって、生命進化の過程で、より安定な DNA が遺伝情報の担い手となったと考えられる。RNA は、DNA の二本鎖のうち一方の塩基配列の一部を鋳型として合成されるが、その際、必ず A と U、G と C の間で塩基対が形成され、DNA の塩基配列に対応した RNA が合成される。タンパク質の生合成に関与する主な RNA としては、次の三種類があげられる。

*5　ゲノム（genome）とは「**gen**e（遺伝子）」と「**chro**mo**some**（染色体）」を組み合わせた造語で、生物のもつ遺伝子の全体を指す。ゲノムは、タンパク質をコードするコーディング領域と、それ以外のノンコーディング領域に大別されるが、ノンコーディング領域については、遺伝子発現調節などの生体機能に必須の情報が多く含まれることが明らかにされてきている。

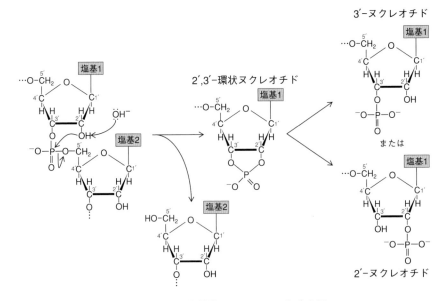

図 14・10　塩基触媒による RNA の加水分解

・**伝令 RNA**（mRNA、messenger RNA）

タンパク質に翻訳される塩基配列情報を持った RNA のことを指す。ただし全ての mRNA がタンパク質に翻訳されるとは限らない。連続した三つの塩基を**コドン**といい、一つのアミノ酸に対応する（223 ページの表 14.1 参照）。翻訳は開始コドンから始まり、終止コドンで終わる。原核生物と真核生物の mRNA では異なったプロセシング（14・3・1 項）を受ける。原核生物においては mRNA 合成途中、あるいは合成直後からリボソームによって速やかにタンパク質に翻訳される。一方、真核細胞の mRNA は末端が修飾される。開始コドン上流にキャップ構造などの 5′ 非翻訳領域（5′ UTR）、終止コドン下流には mRNA の安定性を高めると考えられているポリアデニレーションシグナル（poly（A））のような 3′ 非翻訳領域（3′ UTR）が付加する。またスプライシングによりイントロンの除去が行われた後に、翻訳が開始される（14・3・2 項）。

・**転移 RNA**（tRNA、transfer RNA）

mRNA のコドンを認識する**アンチコドン**部位があり、mRNA と結合する。3′ 末端側は CCA の 3 塩基があり、末端のアデノシン残基にアミノ酸が共有結合する。したがって、mRNA のコドンに対応するアミノ酸をペプチド鎖に転移させる働きがある。

・**リボソーム RNA**（rRNA、ribosome RNA）

mRNA の遺伝情報を読み取り、タンパク質を合成する場であるリボソームは、タンパク質と RNA の複合体である。このリボソームを構成する RNA が rRNA である。細胞内で最も多量に存在する RNA である。

14・2　遺伝情報の複製

DNA は**複製**によって自己増殖を行う。これによって遺伝情報の継代伝達が可能となる。したがって、DNA の自己複製の調節機構を知ることが、細胞の増殖や分化を理解するうえで重要なこととなる。

14・2・1　DNA ポリメラーゼ

DNA を鋳型として、それに相補的な塩基配列を持つ DNA 鎖を合成する酵素を DNA ポリメラーゼという[6]。DNA ポリメラーゼは、合成している DNA 鎖の 3′ 末端側のヒドロキシ基に、鋳型と相補的なヌクレオチドを付加させることができる。つまり DNA の伸長には方向性があり、5′→3′ 方向に延長合成する。DNA ポリメラーゼのみでは DNA 鎖の合成を開始することはできず、通常、DNA プライマーゼと呼ばれる酵素で相補的な短い RNA 断片（RNA プライマーという）が合成され、これ

*6　逆転写酵素：一本鎖 RNA を鋳型として DNA を合成する RNA 依存性 DNA ポリメラーゼのことを逆転写酵素という。一本鎖 RNA を遺伝子に持つレトロウイルスから発見された。HIV（ヒト免疫不全ウイルス；エイズの原因ウイルス）のようなレトロウイルスは、感染した細胞内で RNA を DNA に逆転写し、染色体に組み込んで増殖する。この逆転写酵素は、遺伝子工学など分子生物学的実験には必須の道具である。ゲノム DNA から転写された mRNA を DNA に変換することにより、イントロンを含まないタンパク質をコードする部分のみの DNA を選択的に取り出すことができる。

を起点に伸長が開始される。また DNA ポリメラーゼにはその配列の類似性から様々なファミリーが存在し、中には DNA 複製の校正機構（間違ったヌクレオチドを挿入した場合、その誤りを訂正する機構）に関与するものもある。間違った塩基対が認識されると、一部の DNA ポリメラーゼが持つ $3' \rightarrow 5'$ エキソヌクレアーゼ[*7] 活性によって 1 塩基が除去され、その後再び DNA 合成が開始するのである。

*7　$3'$ 末端から $5'$ 末端の方向に、核酸の糖とリン酸の間のホスホジエステル結合を加水分解してヌクレオシドにする酵素のこと。

14・2・2　DNA 複製開始と伸長の機構 (図 14・11)

DNA の複製は、まず二重らせんの水素結合が開裂し、両鎖が巻き戻しによってほどけることから始まる。ほどけた鎖（親鎖）はそれぞれ鋳型となり、新しい鎖（娘鎖）が合成され伸長し、再び二重らせんを作る。複製前の DNA 鎖を "親－親" 鎖と表すとすると、複製後にできた 2 本の DNA 鎖は "親－娘" 鎖と "娘－親" 鎖と表すことができる。したがって、複製によって生じる二重らせんは一方の鎖を親からそっくりそのまま受け継ぎ、他方の鎖だけが新しく合成されたものになる。このような DNA の複製様式を**半保存的複製**と呼ぶ。

・複製開始

DNA 上の複製起点（開始点）から最初の水素結合の切断が始まり、複製終結点（停止点）で停止する。これは ATP の加水分解エネルギーを利用した DNA ヘリカーゼによる水素結合の切断である。このような DNA ヘリカーゼによる二重らせんの巻き戻しでは、DNA にさらなるねじれを発生させる。このようなねじれ（超らせん）は DNA トポイソメラーゼによって解消される。DNA トポイソメラーゼには、DNA 二本鎖の一方だけを切断するもの、あるいは 2 本とも切断するものが存在し、DNA を切断、超らせんを解消した後、DNA を再結合する。このように様々な分子が関与して二重らせんが巻き戻され、DNA ポリメラーゼによって伸長が開始される。

・伸長

DNA は、DNA ポリメラーゼによる娘鎖の合成によって伸長するのだが、まず DNA プライマーゼと呼ばれる酵素で RNA プライマーが合成され、その後 DNA ポリメラーゼによって伸長が進む。しかしながら、DNA 二重らせんにおけるそれぞれの単鎖は $3' \rightarrow 5'$ と $5' \rightarrow 3'$ の互いに逆向きの方向性を持っている。したがって、一方の単鎖を鋳型とする伸長反応が $5' \rightarrow 3'$ であるのに対して、他方は $3' \rightarrow 5'$ の伸長でなければならなくなる。にもかかわらず、先に述べたように DNA ポリメラーゼは $5' \rightarrow 3'$ の方向へヌクレオチドを付加させる働きしかない。では一体、それぞれの単鎖はどのように伸長していくのであろうか。

ラギング鎖
プライマー
DNAポリメラーゼ
3′
5′
複製方向
5′
3′
3′
5′
3′
5′
プライマー
リーディング鎖

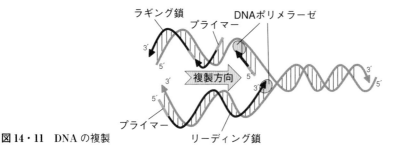

図 14・11　DNA の複製

各々の単鎖について説明する必要がある。DNA ポリメラーゼの移動方向と複製の伸長方向が同じ単鎖の場合、伸長は速やかに進み新しい鎖（リーディング鎖）が合成される。ポリメラーゼが配列を読み取る方向と合成方向が逆になるもう一方の単鎖の場合、いくつもの断片が 5′→3′ の方向へ不連続に合成され、その後これらの断片の隙間を埋めることによって伸長が進み、新しい鎖（ラギング鎖）が合成される。ラギング鎖の DNA 断片は岡崎フラグメントと呼ばれる。このような DNA の伸長の際、絶え間なく伸びていくリーディング鎖に対して、順次プライマーが配置され岡崎フラグメントの合成が繰り返されるラギング鎖において、親鎖の 3′ 側の最末端領域がプライマーを配置することができないため、複製できなくなってしまう。これを補うために、無意味な繰り返し配列であるテメロア[*8]が染色体の末端部に存在する。

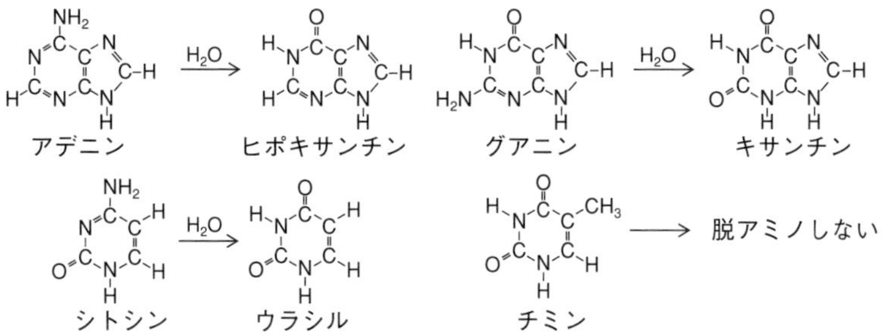

＊8　テロメアとは真核生物の染色体末端部にある構造で、ヒトの場合 TTAGGG という 6 塩基が 1 万塩基対ほど繰り返されている。DNA が複製する際、末端部分は複製できないため、無意味な繰り返し配列であるテロメアが存在する。またこのテロメアは、DNA を酵素による分解や修復機構から保護する働きがある。テロメアは細胞分裂に伴う DNA の複製のたびに 50 ～ 150 塩基ずつ短縮していき、テロメア DNA が 5000 塩基ほどになると、細胞はそれ以上の分裂を起こさなくなる。

14・2・3　DNA の修復機構

生物の進化という観点から長期的に見た場合、環境に適応するための遺伝子変化は必要だと考えられるが、個体の生存期間といった短期的な時間内では、遺伝子変化は好ましいものではない。生物細胞には DNA 損傷を修復する機構が備わっている。

DNA は毒物、紫外線等によって損傷を受ける。このような DNA の損傷は、細胞の老化、死、あるいは発癌を引き起こす原因となる。DNA の

アデニン
ヒポキサンチン
グアニン
キサンチン
シトシン
ウラシル
チミン
脱アミノしない

図 14・12　DNA の変化（脱アミノ反応）

*9　DNA 中に存在するシトシン−グアニンの 2 塩基配列のことを CpG（p はシトシンとグアニンの間のホスホジエステル結合を表す）といい、特に CpG の出現頻度が高い領域のことを CpG アイランドという。ヒト遺伝子の場合、約 70 % がプロモーター内部もしくはその近傍に CpG アイランドを含んでいるとされる。この CpG のシトシンの 5′ 位炭素にメチル基が付加する反応のことを DNA メチル化という。メチル化によって転写因子が結合できなくなるため、遺伝子発現が減少し、翻訳サイレンシングに関連するとされる。また、腫瘍抑制遺伝子のプロモーター領域にある CpG の高メチル化により、腫瘍形成にも影響することが知られている。この DNA メチル化パターンは親鎖から娘鎖に複製される。

*10　単糖とアルコールなどの有機化合物中のヒドロキシ基との間で 1 分子の水を放出する縮合反応のことをグリコシド結合と呼び、窒素を含むアミノ基とヌクレオシドの糖との結合もグリコシド結合（N-グリコシド結合）と呼ぶことがある。

*11　RNA editing：キャップ構造の付加、ポリ（A）鎖の付加、スプライシングのほかにも、プロセシングの一種として RNA editing がある。RNA editing とは、mRNA において塩基の挿入や欠失およびほかの塩基への置換により翻訳されるタンパク質に変化をもたらす現象を指す。

損傷には、塩基の酸化・メチル化[*9] などの修飾や、シトシンからウラシルあるいはアデニンからヒポキサンチンといった脱アミノ化による変化などがあげられる（**図 14・12**）。アルキル化あるいは脱アミノ化による単一の塩基の傷害に対しては、DNA の N-グリコシド結合[*10] を加水分解する DNA グリコシラーゼによって傷害のある塩基を DNA から取り除き、DNA ポリメラーゼ、DNA リガーゼといった酵素によって鋳型鎖の情報をもとに修復する塩基除去修復がある。紫外線などによる比較的大規模な損傷に対しては、損傷を含む約 25～30 塩基を DNA から切り取り、その後 DNA ポリメラーゼ、DNA リガーゼといった酵素によって鋳型鎖の情報をもとに修復するヌクレオチド除去修復がある。

14・3　遺伝情報の発現

　生物は、その生命を維持するために様々なタンパク質を合成する。このタンパク質合成に必要な情報は、全て遺伝情報として DNA に保存されている。一般的に、核酸を鋳型として相補的な RNA を合成する過程を**転写**といい、mRNA を鋳型としてタンパク質が作られる過程を**翻訳**という。真核生物では転写後、プロセシングを経て翻訳されるが、原核生物では細胞質で転写と翻訳がほぼ同時に進行する。

14・3・1　転　写

　転写とは DNA から RNA を合成することであり、2 本の DNA のうち片方（鋳型鎖あるいはアンチセンス鎖という）の塩基配列を読み取って相補的な RNA を合成する反応を触媒する酵素を RNA ポリメラーゼという。ヌクレオチド鎖の合成方法は DNA ポリメラーゼと似ているが、RNA ポリメラーゼの場合、反応開始にプライマーを必要としない。真核生物には三種類の RNA ポリメラーゼが存在する。転写が開始されるには、基本転写因子と呼ばれる一群のタンパク質が必要であり、これら基本転写因子が転写開始点の上流に位置する特定の配列（プロモーター領域）を認識し、最終的には RNA ポリメラーゼがこれら複合体に結合し、転写開始点に正しく配置され、転写が開始される。転写はポリ（A）付加信号（AAUAAA）の約 20 塩基ほど下流で終了する。このような転写の効率を変化させる DNA の特定配列も存在しており、転写効率を高めるエンハンサー配列、逆に転写を抑制するサイレンサー配列等がある。真核生物の場合、RNA ポリメラーゼによって合成された一次転写物は mRNA 前駆体と呼ばれ、mRNA 前駆体はその後、**プロセシング**[*11] と呼ばれる三つの過程を経て mRNA となる。プロセシングとは、5′ 末端へ

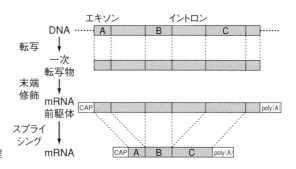

図 14・13　成熟 mRNA の生産過程

のキャップ構造の付加、3′ 末端へのポリ (A) 鎖の付加、およびスプライシング（下記参照）のことを指す（**図 14・13**）。

・キャップ構造の付加

転写の開始とともに行われる。5′ 末端に 1 個の 7-メチルグアノシン（m^7G）が付加する（**図 14・14**）。転写産物の最初の二つのヌクレオチドの 2′-OH はメチル化されている。真核細胞において、キャップ構造は 5′ 末端をエキソヌクレアーゼから保護し、リボソームによる翻訳の開始信号となる。

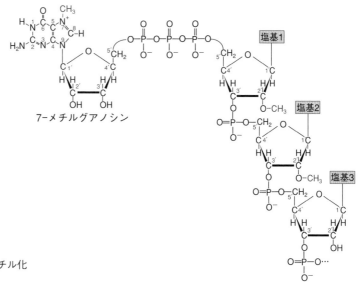

7-メチルグアノシン

図 14・14　真核生物の mRNA のメチル化されたキャップ構造

・ポリ (A) 鎖の付加

ポリ (A) 付加信号を認識するポリ (A) ポリメラーゼと複数の因子により、3′ 末端に 50 ～ 200 塩基ほどのアデニンを付加する。mRNA に安定性を与え、翻訳を促進する働きがあると考えられている。

・スプライシング（図 14・15）

ゲノム DNA 上にはタンパク質に翻訳されない塩基配列が存在する。

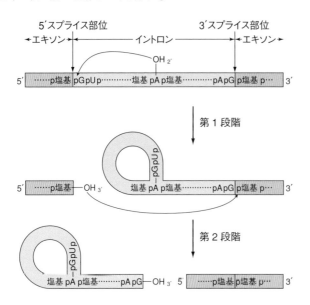

図 14・15　mRNA のスプライシング

*12　ミトコンドリア DNA：細胞小器官であるミトコンドリア内にある大きさ 16000 塩基対程度の環状 DNA のことで、母性遺伝すると考えられる。ミトコンドリアの構築や機能に必要な情報は核の DNA に含まれているが、一部はミトコンドリア DNA にコードされている。このミトコンドリア DNA にはイントロンが存在しない。一連の翻訳過程は通常とほぼ同じであるが、アミノ酸に対応するコドンの組合せが多少異なっている。

*13　スプライシングを行う部位・組合せが変化し、エキソン部分が前後のイントロンといっしょになって除去されると、そのエキソンを欠くタンパク質となり、一つの遺伝子から複数のタンパク質が生じることになる。このような、同一遺伝子から異なる転写産物を複数個生み出すしくみを選択的スプライシングという。

このような非コード領域を**イントロン**^{*12}と呼び、タンパク質に翻訳されるコード領域を**エキソン**と呼ぶ。一般的に mRNA 前駆体のイントロンは 5′ 末端に GU、3′ 末端に AG を持つ。原核生物の DNA には通常イントロンは存在しない。転写されて合成された一次転写産物からイントロンが除去され、エキソンが連結する過程を**スプライシング**^{*13}という。スプライシングは二段階の反応で進むことがわかっている。一段階目の反応では、イントロンの 5′ 末端リン酸基とイントロン内のアデノシンのリボース 2′ 位ヒドロキシ基との間に 2′-5′ リン酸ジエステル結合を形成し、5′ 側のエキソンが外れ、イントロンはラリアート（投げ縄）構造をとる。次に二段階目の反応では、遊離した 5′ 側のエキソンの 3′ 末端ヌクレオシドのリボース 3′ 位ヒドロキシ基がイントロンとその下流に位置するエキソンの間のリン酸結合を攻撃し、リン酸ジエステル結合を形成し、イントロンはラリアート構造の形で切り離され、エキソン同士が連結する。

14・3・2　翻訳 (図 14・16)

転写によって合成された mRNA を鋳型として、リボソーム内でアミノ酸が重合しポリペプチド鎖が生合成される過程を**翻訳**という。タンパク質生合成には mRNA やリボソーム以外に tRNA も必要である。mRNA の連続する 3 塩基をコドンといい、一つのアミノ酸に対応する。UAA, UAG, UGA の三つのコドンは、タンパク質合成の終了を指定する終止コドンである。mRNA の翻訳の最初のコドンは AUG で、これを開始コドンという（**表 14・1**）。

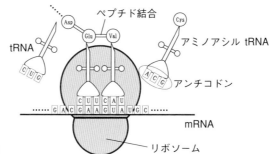

図 14・16　遺伝情報の翻訳

表 14・1　mRNA 遺伝暗号表

UUU	フェニル	UCU		UAU	チロシン	UGU	システイン
UUC	アラニン	UCC	セリン	UAC		UGC	
UUA	ロイシン	UCA		UAA	終止コドン	UGA	終止コドン
UUG		UCG		UAG		UGG	トリプトファン
CUU		CCU		CAU	ヒスチジン	CGU	
CUC	ロイシン	CCC	プロリン	CAC		CGC	アルギニン
CUA		CCA		CAA	グルタミン	CGA	
CUG		CCG		CAG		CGG	
AUU	イソロイシン	ACU		AAU	アスパラギン	AGU	セリン
AUC		ACC	スレオニン	AAC		AGC	
AUA	メチオニン	ACA		AAA	リシン	AGA	アルギニン
AUG	（開始コドン）	ACG		AAG		AGG	
GUU		GCU		GAU	アスパラギン酸	GGU	
GUC	バリン	GCC	アラニン	GAC		GGC	グリシン
GUA		GCA		GAA	グルタミン酸	GGA	
GUG		GCG		GAG		GGG	

・リボソーム

　コドンに対応するアミノ酸を連結させ、ペプチド鎖を作り出す反応を触媒する、タンパク質合成の場である。構造的に大小二つのサブユニットから成り、タンパク質（リボソームタンパク）と RNA（rRNA）の複合体である。ペプチド結合形成には rRNA が触媒活性を持ち、中心的な役割を果たしている。

・tRNA

　tRNA には mRNA 上のコドンと対応するアンチコドンがあり、3′末端は CCA で、最末端のアデノシン残基に特定のアミノ酸がエステル結合してアミノアシル tRNA となる。tRNA 末端へのアミノ酸付加反応は二段階で進行する。まず、アミノ酸を ATP を用いて活性化し、次に活性化されたアミノ酸を tRNA の末端のリボースのヒドロキシ基へ転移させる（図 14・17）。mRNA のコドンに相補的なアンチコドンを持つ

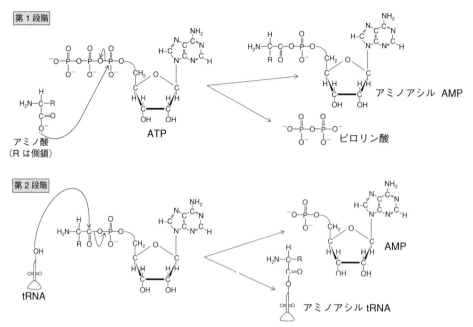

図14・17　tRNAのアミノアシル化反応

tRNAが、リボソームで2個ずつ結合する。リボソームでのペプチド結合形成反応は、アミノアシルtRNAの末端に付加されたアミノ酸のアミノ基がペプチジルtRNA[*14]のエステル結合を求核攻撃する反応である（**図14・18**）。このようにしてアミノ酸がペプチド結合によって次々とつながり、タンパク質が合成される。mRNAの3′末端塩基と対合するアンチコドンの5′末端塩基は空間的な制限を受けにくく、構造にゆとりがあり、非標準的な塩基対を形成することが可能になる。このゆとりを揺らぎという（**図14・19**）。DNAでは構造のゆとりはなく、A-T、G-C以外の組合せは不可能である。mRNAの情報がCGU、CGC、CGAの場合、どれでも対応するアミノ酸はArg（アルギニン）である。Arg合成コドンである「CGU、CGC、CGA」の全てに対応するtRNAを合成するのでは効率が悪い。このとき、C、A、Uと水素結合により会合して非標準的な塩基対を形成することが可能なイノシンを3番目の塩基に用いれば、一つのアンチコドンで三つのmRNAのコドンを読むことができる

*14　リボソーム上でアミノアシルtRNAからアミノ酸を受け取り、ペプチドが結合した状態のtRNAのこと。

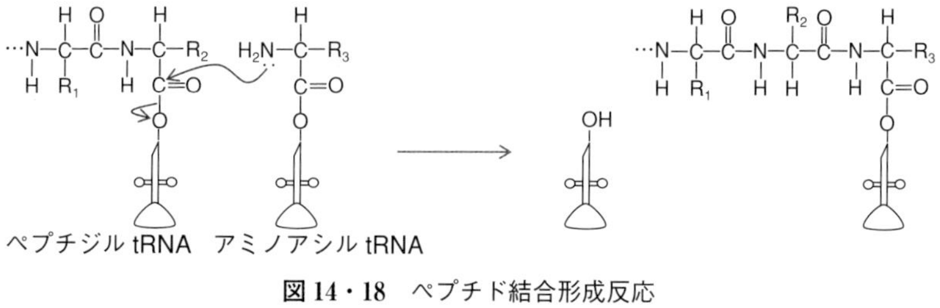

ペプチジルtRNA　アミノアシルtRNA

図14・18　ペプチド結合形成反応

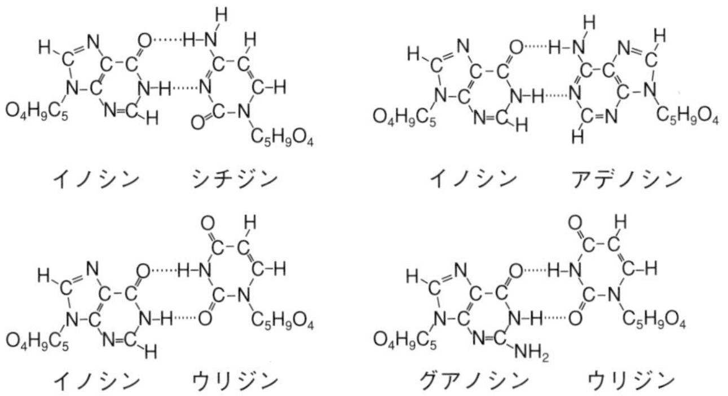

図 14・19　非標準的な塩基対の形成（揺らぎ）

（**表 14・1**）。イノシンはアデノシンが修飾を受けて生成される。tRNA は転写後修飾された修飾塩基が多いのも特徴の一つである。

14・4　遺伝子工学

　遺伝子を、人工的な操作を加えて改変したり、人工的に合成したり、別の細胞に導入して発現させたりする技術を**遺伝子工学**と呼び、近年飛躍的に発展している。

14・4・1　遺伝子工学の技術

　遺伝子をそのまま大腸菌や細胞内へ導入しただけでは、遺伝子の複製や発現は起こらない。プラスミドなどの DNA に制限酵素や DNA リガーゼを用いて目的遺伝子を組み込み、大腸菌に導入して培養すると、目的遺伝子を大量に得ることができる。また、この遺伝子組換え体を用いて目的のタンパク質を作ることも可能である。

　・制限酵素と DNA リガーゼ

　1960 年代に、DNA の特定の塩基配列を切断する制限酵素[*15]（**図 14・20**）と、切断された DNA を連結する DNA リガーゼが発見された。これにより、遺伝子をある程度自由に切り、貼り付けることが可能となった（**図 14・21**）。

　・プラスミド

　細菌などの細胞質内に存在する染色体以外の遺伝因子をプラスミドといい、自律的に複製を行い、自己増殖能力を持つ。遺伝子組換えの際に目的遺伝子を増幅、導入させるためのベクター（運び屋）として用いる。

　・PCR 法（polymerase chain reaction）（図 14・22）

　二種のプライマーと DNA ポリメラーゼを用いてプライマー間の

[*15]　制限酵素の種類によって、反応に最適な塩濃度やpH などが異なる。至適でない条件下においては、制限酵素の基質特異性がゆるみ、本来ならば切断することのない「認識配列と似ている配列」を切断することがある。これを制限酵素の star 活性という。

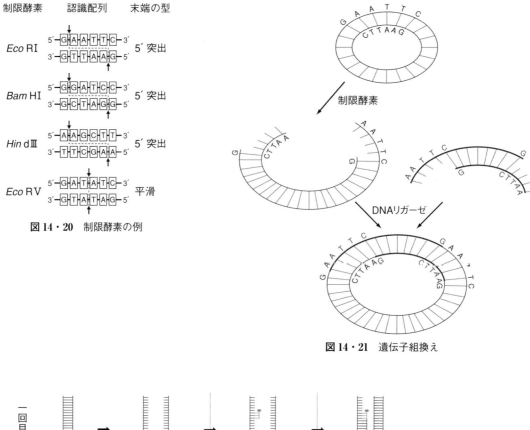

図14・20　制限酵素の例

図14・21　遺伝子組換え

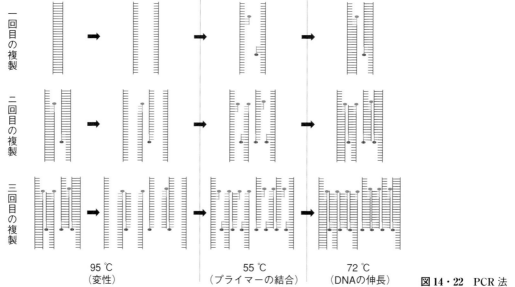

図14・22　PCR 法

　DNA を増幅させる方法を PCR 法という。目的の DNA 断片の両端にプライマーを設計すれば短時間で大量の目的 DNA が得られる。

14・4・2　遺伝子工学の利用と応用

　遺伝子工学は、生命科学の分野のみならず、様々な分野において多大なる貢献をしている。特に医学領域では、遺伝子疾患の分子レベルでの解明が可能となり、癌遺伝子や難病の研究が進んでいる。さらに、体の一部の細胞に遺伝子を導入し、欠失している機能を補う遺伝子治療は、すでに治験段階に入ったものもある。また、部位特異的ヌクレアーゼを利用した、標的遺伝子を改変するゲノム編集といった技術は、ヒト疾患の治療やモデル動物の作製などに活用される。ゲノム編集技術の一つである CRISPR／Cas9 の開発に携わったエマニュエル・シャルパンティエ（Charpentier, E. M.）とジェニファー・ダウドナ（Doudna, J. A.）は 2020 年のノーベル化学賞を受賞した。

　このような遺伝子を人工的に操作する技術は、医療・農業などの広い範囲で応用されるのだが、社会的、倫理的な諸問題を含んでおり、濫用すべきものではないことも熟知しておく必要がある。

Column　遺伝子組換え技術の応用

　ゲノム研究の中心は、遺伝子の発現機構の解明を目的とした機能ゲノミクスに移行し、ゲノムの塩基配列情報は、遺伝子診断、遺伝子治療、または医薬開発への応用に期待され、新たな遺伝子組換え技術が利用されている。

・DNA マイクロアレイ（DNA チップ）

　数万から数十万に区切られたスライドガラス、またはシリコン基板上に DNA の部分配列を配置、固定したものである。この分析器具を使用すれば、ヒト細胞内に発現している全ての遺伝子情報を網羅的に検出することが可能であり、様々な病気の診断や予防・治療、さらには、薬の効き方や副作用などとも関係があると考えられている 1 塩基の違いによって多様な形質を示す一塩基多型（SNPs）などの分析によるテーラーメイド医療（個々人の遺伝子型に合わせた医療）への応用が期待されている。

・RNA 干渉

　ヒトゲノム全塩基配列の解読により、そのサイズは約 30 億塩基対であることがわかったが、そのうち重要な役割を果たしているのは遺伝子数として 3 万個程度である。このように、遺伝子をコードしないゲノム DNA のほとんどの領域あるいはそれらの転写産物はジャンク（がらくた）であると考えられてきた。しかしながら、タンパク質をコードしない領域には、遺伝子発現の抑制を担う non-coding RNA が潜んでいる可能性があることが明らかになってきている。この小さな RNA による遺伝子発現のスイッチオフ現象を RNA 干渉（RNAi）と呼ぶ。細胞内の二本鎖 RNA（dsRNA）が長さ 20〜22 塩基長の RNA（siRNA）へと切断され、mRNA の相補的な塩基配列の部位に結合して、mRNA を分解する。これにより、タンパク質の合成が阻害され、遺伝子発現が抑制される。このような RNA が関与する遺伝子発現制御技術を C 型肝炎、エイズなどの治療へ応用するなどの研究が進んでいる。

Column ワクチン

2019年に発生した新型コロナウイルス感染症（国際正式名称：COVID-19）が世界各地に拡大し、世界保健機関（WHO）によってパンデミック宣言がなされた*。世界全体の感染者や死者の増加のペースは緩やかになっているものの、パンデミックの収束に向けて変異ウイルスへの対応や、ワクチン接種ペースの加速が課題となった。国内では2021年2月からこの新型コロナウイルスのワクチン接種が始まった。このワクチンは米ファイザー（Pfizer）社とドイツ バイオンテック（BioNTech）社とが開発したmRNAワクチンである。ここではmRNAワクチンについて少し触れてみたい。

これまでの主なウイルスのワクチンには、弱毒化ウイルスを用いた生ワクチンと、不活化ワクチンの二つがある。生ワクチンの場合、毒性が低いだけで実際にウイルス感染を引き起こすので、免疫細胞が直接感染した細胞を攻撃する「細胞性免疫」と、抗体を作って異物に対抗する「液性免疫」の二つの応答が起こり、ウイルス感染自体を抑制できる強力な免疫が誘導される。一方、不活化ワクチンは、ウイルス感染を引き起こしているわけではないので、「液性免疫」しか誘導されない。インフルエンザのワクチンはこの不活化ワクチンを用いており、ワクチン接種したのにインフルエンザに罹患したという話をよく聞くのは、この不活化ワクチンは感染を止めることより、主に重症化を抑えることが目的のワクチンだからだ。

mRNAワクチンは従来のワクチンとは全く異なる。ウイルスの一部（ウイルス表面にあるスパイクタンパク）を作るmRNAを脂質ナノ粒子（lipid nanoparticle：LNP）に入れた懸濁液の形態（mRNAは極めて壊れやすいため）をとり、筋肉注射を行う。mRNAは筋肉細胞内に入り、細胞質内でただちに作られたスパイクタンパク質が細胞表面に現れるので、ウイルスが感染したような細胞となる。したがって、このワクチンは擬似的なウイルス感染を体内で生じさせ、「細胞性免疫」、「液性免疫」の両方を活性化するので不活化ワクチンより強力となる。また、変異ウイルスが発生した場合も塩基配列を変えるのみで、迅速な対応が可能である。

このmRNAワクチンの実用化には実に多くの問題があったのだが、これほどまでに驚異的なスピードで開発が進んだのは、もちろん新型コロナウイルスの問題について世界中の研究者、企業が協力したのは言うまでもないが、これまでのSARSウイルスやMERSウイルスという二つのコロナウイルスに関する20年近くに及ぶ研究や、癌の新たな治療法としてのmRNAワクチン研究、遺伝子解析技術の大きな進展など、複数の基礎研究が充分成熟化し、その蓄積があってこそなのである。

---

*　感染症の流行は段階的に広がる傾向があるので、それに合わせて流行現象を表す言葉にはいくつか種類がある。まず、比較的小さな特定の地域・集団内で感染症の症例数が増加していることをアウトブレーク（outbreak）と呼び、初めに感染症の症例数が増加した地域よりさらに広い地域で高頻度に感染症が発生することをエピデミック（epidemic）、そしてエピデミックが国境を超えて複数の国に拡散・流行した状態のことをパンデミック（pandemic）と呼ぶ。感染爆発と訳されることもある。

演習問題

1. デオキシアデノシン一リン酸の塩基性加水分解で生成する化合物の構造式を書け。

2. ウラシルとアデニンの間に形成される水素結合の様子を図示せよ。

3. DNAの二重らせん構造の安定化に、どのような相互作用が関与しているか述べよ。

4. 遺伝子は安定である必要があり、ほとんどの生物はDNAを遺伝子として使用している。なぜRNAではなくDNAなのか、理由を説明せよ。

5. DNA溶液に対して塩濃度を下げた場合、融解温度（T_m）はどうなるか。

第15章 環境と化学

　科学技術の急速な進歩は、私たちに豊かさをもたらしてくれたと同時に、様々な化学物質を環境中に放出することによる深刻な環境問題をも引き起こした。高度な経済活動のため、生活の豊かさ、利便さを追い求めるために化石燃料（石油、石炭など）や化学物質を大量使用することによって引き起こされたこれらの環境問題はわれわれ人類の責任であり、化学の立場から環境問題を正しく理解し、原因を究明してその対策を考えなければならない。本章では、化学物質が原因となっている地球環境問題を取り上げ、地球環境のあり方について学ぶ。

15・1 水

　生物は水がないと生きてはいけない。人体の 60 ％以上は水であり、特に子供の体は 75 ％程度が水であるといわれている。体重に対する水分欠乏率がたった 1 ％でも人はのどの渇きをおぼえ、6 ％になると手足の震えや体温・脈拍・呼吸数などが上昇するようになり、10 ％で腎機能不全を起こし、20 ％を超えると死に至る。また、人は一日に 2.5 リットル程度の水を飲む必要があるが、人が一日の活動を維持するために必要とされる水はその約 10 倍量であり、腎臓でろ過された水がまた体内を循環するといった、水の再利用によって補われている（5・2・1 項参照）。このように、生物は、水なしでは生きられない。それだけに、良質な水を確保することが、生物にとって極めて重要なことになる。水は非常に身近な物質であり、ごくありふれた物として考えられがちであるが、生命を維持するという基本的な役割を果たすための特殊な性質を持っている。その性質は自然界のほかの物質と比べて特異なものであり、まずその水の性質と役割について述べる[*1]。

*1　水の色：水は無色透明と表現されることが多いが、水色といえば薄い青色を指す。実際、水は光の赤色領域に吸収帯が存在し、その補色である青色を呈することになる。湖や海が青く見えるのも、この青色の光が水中のごみやプランクトンなどの微小物質に反射して私たちの目に入ってくるためである。もし湖や海に微小粒子などがなければ、入射した光はどの波長も私たちの目には入らず黒色に見えるであろう。

15・1・1　水の特異性

　水の特殊な性質は、水分子の特異な構造に由来する。水は酸素原子と水素原子が共有結合してできている化合物であり、水分子の最も安定な形を理論的に求めると H−O−H の結合角は 109.5° くらいになるが、実際には電子同士の反発の影響によってそれより少し狭くなっている（**図15・1**；5・2・2 項も参照）。また、酸素原子と水素原子に共有されている電子は両方の原子によって等分に共有されているわけではなく、酸素原子の方が水素原子より強く共有電子対を引き付ける（酸素原子は水素原子より高い電気陰性度を持つ）。したがって、酸素原子側はやや負の電荷

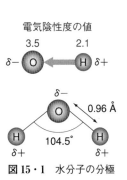

電気陰性度の値

図 15・1　水分子の分極

を帯び、水素原子側はやや正の電荷を帯びることとなる（**図 15・1**）。部分的に正に帯電している水素原子は、隣接しているほかの水分子中の部分的に負の電荷を帯びている酸素原子に引き寄せられる。この力は異なる分子間に働く分子間力であり、水素結合と呼ばれる。このように、水分子は折れ曲がった構造、および電子の偏りを持つ極性分子であり、水素結合といった分子間力が働く。これらが水の特異な性質の由来となっている。

・**密度**

水は約 4 ℃（正確には 3.98 ℃）のとき最も密度が大きく、固体は液体より密度が小さい。したがって、氷は液体である水に浮く（**図 15・2**）。

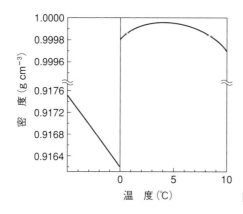

図 15・2　氷と水の密度の温度変化

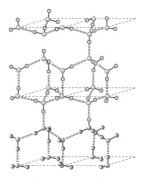

● 酸素原子，　● 水素原子
― 共有結合，…… 水素結合

図 15・3　氷の構造

一般的な氷の結晶構造は水素結合を介したダイヤモンドのような格子構造になっており、分子の層の間にすき間ができる（**図 15・3**）。氷が融け始めるとこの規則的な配列が崩れ、水分子がすき間に入り込むようになる。このようにして、液体状態の方が固体状態よりも分子が密になり、密度が高くなる。0 ℃から 4 ℃の間では氷の結晶構造が液体に含まれている状態をとっており、4 ℃になると完全に氷の結晶構造がなくなり、密度が最大になる。このような水の性質が、真冬でも川や湖に棲む魚などの水中生物が生きていられる理由である。氷は表面に張り、水中の温度は湖底付近で密度の最も大きい 4 ℃前後となる。もし水がほかの物質と同じように固体状態の方が液体状態より密度が高かったら、表面にできた氷は底に沈んでいき、湖や川全体が凍ってしまう。この水の特異な性質が生物の生存を支えている。

・**熱容量**

水は非常に大きな熱容量を持つ。水が固体・液体・気体の間で状態を変化させる際、多くの熱を吸収あるいは放出する。これは水が水素結合する性質に由来し、それによって分子相互が強く引き付けられ、水は温

まりにくく、冷めにくい。また沸点、融点も高くなる。このように、水が持つ大きな熱量は地球全体の気候に大きく影響している[*2]。気温が下がれば水蒸気が凝縮して雨や雪になり、そのときに熱が放出され、逆に気温が上がれば海、川、あるいは湖から水が蒸発し、熱が吸収される。

・溶媒

生物の体を形作っている物質、あるいは生命を維持するための体内の化学物質の多くに対して、水は優れた溶媒となる。例えばイオン結合性の化合物（塩化ナトリウムなど）が水の中に入ると、水分子は極性を持っているので、負に帯電している水分子の酸素原子はイオン結合性の結晶の陽イオンに引き付けられ、同様に正に帯電している水分子の水素原子は結晶の陰イオンから引力を受ける。したがって、水分子が結晶の中から陽イオンと陰イオンをかき出すように溶かし込んでいく（**図15・4**）。また、水分子は極性を持っているので、水と同じように極性を持ち、水分子と水素結合をするような物質と強い親和性を持つ。例えば、エタノールのような極性分子は、水と任意の混合比で混じり合うことができる。

このように水は優れた溶媒であり、生体内においては生命維持に必要な物質を血漿に溶かし込み、体の全ての細胞および組織にまで運搬することが可能であり、同時に老廃物のような不要な物質を尿などに溶かして体外に排出させ、体内の化学的バランスを保つことができる。環境中においては、汚染物質等を希釈し、安全な濃度まで引き下げる働きをする。さらに雨水は、酸性雨の原因物質も含め、大気中に存在する物質を溶かし込み、地上に降らせ、物質を循環させる。

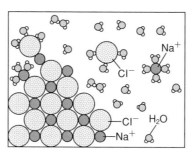

図15・4 塩化ナトリウムの水への溶解

15・1・2 水 の 大 循 環

地球は、その表面の約70%が海で覆われている。水に恵まれた青い惑星とも呼ばれており、14億 km^3 の水が存在しているといわれる。この水は太陽を熱源として海や地表から蒸発し、雲を形成し、雨や雪となって再び地表や海に降り注ぐ。この過程で、陸地の汚れた水も蒸発して水蒸気になることによりきれいになり、また大気中にある汚れも溶かして

[*2] 温室効果ガスというと二酸化炭素がまず頭に浮かぶが、実は水蒸気が最大の温室効果をもたらすといわれている。しかし反面、雲となって太陽光を遮るなどの温暖化を抑制する働きも同時に持つ。また、大気中の水蒸気を人為的に増減することができないこともあり、水蒸気は温室効果ガスに含まれないことが多い。

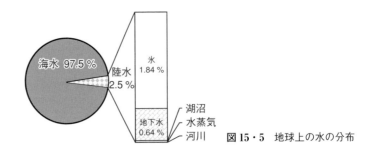

図 15・5　地球上の水の分布

降り注ぐので、大気を浄化する機能もある。地球上に存在する大量の水も、そのうち約 97.5 % は海水で、残りの数 % の淡水も多くは北極や南極の氷として存在するので、私たち生物が利用できる淡水は 1 % に満たず、地球規模の水循環の中のほんの一部に過ぎない（**図 15・5**）。水は地球上を循環しているので、水の循環過程のどこかが生活排水や工場廃水などによって汚染されると、その汚染は地球上の水環境に深刻な問題を引き起こし、私たち生物に多大なる影響を及ぼすことになる。一般的に、流動性の乏しい水圏、例えば海水や氷山といった場所は汚染を受けにくいが、いったん汚染されると浄化するのが困難であり、逆に流動的な水圏、例えば水蒸気（雲や霧）などは汚染を受けやすいが、自然浄化が行われやすい。

15・1・3　水質汚染と防止技術

　日本の河川の汚染は、経済の発展とともに 1960 年代から 70 年代にかけて進み、これら汚染された河川が流入する湾では、大量の有機物が赤潮や青潮*3 を発生させるようになった。しかしながら、流域における下水道の整備とともに水質は徐々に改善されつつある。一般的に水の汚れを示す有機物汚濁の水質指標には、化学的酸素要求量（COD）や、生物化学的酸素要求量（BOD）などがある。

　・**化学的酸素要求量**（COD, chemical oxygen demand）

　水中の有機物を酸化するために要する酸素の量。単位は ppm*4 または mg L^{-1} である。有機物が多く水質が悪化した水ほど COD は高くなるが、還元性の無機物によっても高くなるため、COD が高いからといって一概に水質が悪いとは言い切れない。

　・**生物化学的酸素要求量**（BOD, biochemical oxygen demand）

　水中の有機物が微生物の働きによって分解されるのに要する酸素の量。単位は mg L^{-1} であり、水質が悪いほど高くなる。この指標は海域では用いられない。海水に大量に含まれる塩化物イオンによって測定が困難になることが主な理由である。

*3　赤潮：海、川、湖沼の富栄養化によりプランクトンが異常増殖して水が変色する現象で、赤く染まることが多いため赤潮と呼ばれている。溶存酸素の低下やエラにプランクトンが詰まることによって魚類等に多大な影響を与える。
青潮：大量発生したプランクトンは死滅後、海底で微生物に分解され、さらに貧酸素状態では嫌気性の細菌などによって硫化水素が発生する。硫化水素は、ミトコンドリアに所在する電子伝達系酵素、シトクロム *c* オキシダーゼ（還元型）の酸化を遮断して酸化的リン酸化反応を阻害することにより、低酸素症と同様の症状を引き起こす。この硫化水素を含んだ海底の水塊が上昇すると、表層付近の酸素によって酸化され、硫黄あるいは硫黄酸化物の粒子となる。太陽光によってこの粒子を含む海水が青白色に見えることから青潮と呼ばれる。

*4　ppm（parts per million）：100 万分の 1 の意味。100 万分率ともいう。100 万個当たり 1 個という濃度が 1 ppm になる（第 1 章コラム参照）。

河川流域には人間活動の影響により様々な汚濁の発生源があるが、生活排水が大きな割合を占める*5。水質を保全・再生するためには、源流域から河口・沿岸域まで流域全体で大気由来の汚染物質、農地などで使用される過剰の肥料、工場廃水、生活排水等の削減を総合的に考えることが必要である。現行の浄水処理は、まずポリ塩化アルミニウムなどの凝集剤を用いてコロイドなどの懸濁物質を沈降分離させる。その後、無煙炭を破砕したもの、砂、砂利などのろ層によってろ過し、塩素消毒される。これらの水処理には、広大な沈殿池が必要であり、また長い処理時間、大量の薬品投入などの難点がある。したがって、効率のよい水処理技術を開発することは今後の重要な課題であり、生物機能を利用した水処理技術が検討・開発されている。

*5　油を流すとどうなる？：てんぷらを揚げた後のてんぷら油 100 mL の BOD は 10 万 mg L⁻¹ 以上にもなるといわれる。コイやフナが棲めるような水にするには 2 万 L 以上の水で薄めなければならない。台所の排水である生活雑排水が川の汚れの一番の原因となっているのである。

15・2 大　気

私たち人間を含め生物が呼吸する空気は、その生存に直接的な影響を与える。空気は無限に存在しているわけではなく、それが汚染されてしまえば、私たち人間の健康、さらには生態系にも悪い影響を及ぼすことになる。

15・2・1　大気の構造

地球を取り巻く気体のことを空気といい、この空気の層を大気と呼ぶ。水蒸気を除いた乾燥空気の組成は、体積比率で窒素が 78 % を占め、酸素が 21 %、そのほかアルゴン（0.93 %）などで残りを占める。大気成分の相対濃度は標高によらずほぼ一定であるが、大気圧は標高とともに低くなる。海抜 0 m では大気圧が 1 m² 当たり 1013×10^2 N（1013×10^2 N m⁻² = 1013 h P a）であり、富士山頂の平均気圧は約 640 hPa である。大気には物理的な境界などはなく、連続体であるが、標高が地表～10 数 km を対流圏、10 数 km ～ 約 50 km を成層圏、約 50 km ～ 80 km を中間圏と呼ぶ。また、オゾン層は成層圏内に存在する（**図 15・6**）。

15・2・2　オゾン層

オゾン O_3 は、対流圏と成層圏の両方に存在する分子であり、対流圏では極めて低い濃度でも有害であるが、成層圏では太陽からの紫外線を遮断する機能を持つ。酸素分子（O_2）が成層圏で太陽からの紫外線によりオゾンに変化し（次ページの式 1）、この結果できた**オゾン層**による吸収のため地表に到達する紫外線の量は激減し、生物が生育できる環境になるのである。

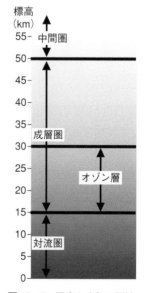

図 15・6　標高と大気の領域

$$\frac{1}{2} O_2 \xrightarrow{\text{紫外線}} [O] \xrightarrow{O_2} O_3 \qquad (1)$$

　太陽からの紫外線は、波長およびエネルギーにより地表に到達する比率に違いがある。波長領域が $320 \sim 400 \, nm$ は UV-A、$280 \sim 320 \, nm$ は UV-B、$280 \, nm$ 以下は UV-C に分類され、波長の短い方がエネルギーが大きく、生物への損傷が甚大である。波長が $240 \, nm$ 以下の紫外線は主に成層圏の O_2 によって吸収され、O_2 の結合を切断し酸素原子 (O) にする (式 2)。波長が $240 \sim 320 \, nm$ の紫外線はオゾンによって吸収される (式 3)。O_2 は 2 個の酸素原子が強い二重結合でつながっているが、オゾンの結合は単結合と二重結合の共鳴混成体[*6] であり、オゾンの中の結合は O_2 の二重結合よりエネルギー的には弱い。したがって、$240 \sim 320 \, nm$ の紫外線がオゾンの分解反応を誘起する。

$$O_2 \xrightarrow{\text{紫外線 } (< 240 \, nm)} O + O \qquad (2)$$

$$O_3 \xrightarrow{\text{紫外線 } (< 320 \, nm)} O_2 + O \qquad (3)$$

　イギリスの物理学者チャップマンによって、O_2 から紫外線によりオゾンが生成され、オゾンから紫外線により O_2 が生成されるといった、生成と分解の繰り返しによって定常状態が生まれることが提唱され、チャップマンサイクルと呼ばれている。しかしながら、遊離した塩素原子が触媒となり、オゾンの破壊が引き起こされることによって、オゾンと酸素分子の定常状態のバランスが崩れ、**オゾンホール** が観測されるようになっている。

・フロンガス

　フロンという呼び方は日本で付けられた俗称であり、クロロフルオロカーボンのことを指す。すなわち塩素 (クロロ)、フッ素 (フルオロ)、および炭素 (カーボン) でできている化合物である (**表 15・1**)。毒性が低く、不燃性であり、安全性が高いうえ、沸点が低いため圧力を調節することにより気体－液体の間を自由に変換することができ、圧力を下げると急激に蒸発して熱を奪い周囲を冷却するので、優れた冷媒 (冷却材) として幅広く利用されてきた。クロロフルオロカーボンの炭素－塩素結合、あるいは炭素－フッ素結合は極めて強く、これらの分子は対流圏の循環過程の中では分解されずに長期にわたり漂い、5 年程度で成層圏に到達する。成層圏に侵入すると、波長が $220 \, nm$ 以下の紫外線によって結合が開裂し、塩素原子が放出される (式 4)。

$$CF_2Cl_2 \xrightarrow{\text{紫外線}} \cdot CF_2Cl + \cdot Cl \qquad (4)$$

*6　オゾンの構造：3 個の酸素原子がそれぞれ 8 個の外殻電子を持つ形に配列するには単結合と二重結合が一つずつ含まれることになるが、実際には 2 本の結合は等価であり、O=O-O と O-O=O の二つの極限構造から成る共鳴混成体であると考えられている。

あるいは

のように表す。

チャップマン
Chapman, S.

表 15・1　主なフロン類とその分子式

分類	略称	分子式
クロロフルオロカーボン (CFC)	CFC-11	CCl_3F
	CFC-12	CCl_2F_2
	CFC-13	$CClF_3$
	CFC-113	$C_2Cl_3F_3$
	CFC-114	$C_2Cl_2F_4$
	CFC-115	C_2ClF_5
ハイドロクロロフルオロカーボン (HCFC)	HCFC-123	$C_2HCl_2F_3$
	HCFC-141b	$C_2H_3Cl_2F$
	HCFC-225cb	$C_3HCl_2F_5$
ハイドロフルオロカーボン (HFC)	HFC-23	CHF_3
	HFC-125	C_2HF_5
	HFC-134a	$C_2H_2F_4$
	HFC-152a	$C_2H_4F_2$

1個のClは7個の最外殻電子を持ち、そのうち6個が電子対を形成し、残り1個が不対電子となる。このようなフリーラジカル（10・1・1項参照）のCl・は、ほかの原子と結合して電子を共有しようとする強い傾向を持ち、反応性が極めて高い。このフリーラジカルCl・がオゾンから酸素原子を取り去り、一酸化塩素ClOとO_2になり（式5）、オゾンの破壊サイクルが開始される[*7]。

$$2Cl\cdot + 2O_3 \longrightarrow 2ClO\cdot + 2O_2 \qquad (5)$$

このサイクル中では、Clは反応物としてだけでなく、生成物ともなり、消費されるだけでなく再生産もされるので、触媒として働いていることになる。1個のClが成層圏から対流圏に戻るまで、触媒作用として平均1×10^5個のオゾン分子を破壊するといわれている。

　現在、フロン類は使用・輸入・製造が禁止されており、代替品の開発・合成をしなければならないのだが、開発にあたり考慮しなければならない点は、化合物の「毒性」「発火性」「過度の安定性」である。塩素のない炭素とフッ素からなるフルオロカーボンは、毒性も燃焼性もなく、紫外線による分解も受けないが、赤外線を吸収し、**地球温暖化**に寄与する恐れがあるという別の問題をはらんでいる。また、塩素の代わりに水素原子を置換すると分子の安定性が下がり、成層圏に侵入する前に分解されるが、燃焼性が上がり、また水素原子置換による質量の減少により沸点が下がり、冷媒としての適性を失う。このように、分子の構造や毒性、燃焼性、安全性を考慮して開発しなければならない。現在は、水素、フッ素、炭素からなるハイドロフルオロカーボン（**表15・1**）が代替フロンとして使用されているが、使用後の回収が義務づけられている。また、これら代替フロンも温室効果ガス、ならびにオゾン層破壊物質に指定され、

*7　オゾンホールが極域にできるわけ：地上で放出されたフロン類は、高度40 km付近の成層圏で太陽光による紫外線によって分解され塩素原子が生じ、オゾン層を連鎖的に破壊していくのだが、この塩素原子は、高度30 km以下では、塩化水素や硝酸塩素（$ClONO_2$）といったオゾンを破壊しない安定な化合物へと変化する。しかしながら極域では、この地域特有の気象状況により、特に南極の成層圏の気温は$-80\sim-90℃$まで低下する。このような条件下では、成層圏に存在する硝酸や水蒸気が凝結し、結晶化した無数の氷晶からなる極成層圏雲が形成される。この極成層圏雲には塩化水素や硝酸塩素も含まれ、通常安定なこれらの物質も氷晶表面を介して化学反応が進行し、塩素ガスとなった後、太陽光によって容易にオゾン破壊作用のある塩素原子となるのである。

生産が中止される予定で、新たな冷媒の開発が必要とされている。

15・2・3　大気汚染

　科学技術の進歩に伴い文明が進み、生産活動が活発になる。私たちは、このような活動を支えるための莫大なエネルギーを、石油や石炭といった化石燃料の燃焼によって得てきた。しかしながら、こうした燃料の燃焼によって様々な物質が大気中に排出され、深刻な大気汚染を引き起こしている。大気に浮遊し大気を汚染する物質であれば、物質の状態（気体、液体、固体）は関係なく、自動車などの排気ガス由来の浮遊粒子状物質や黄砂の粉塵、アスベスト[*8]なども大気汚染物質である。

・**硫黄酸化物**（SOx：ソックス）

　石油や石炭には不純物として硫黄分が含まれており、これら燃料を燃焼させると一酸化硫黄（SO）、二酸化硫黄（SO_2）、三酸化硫黄（SO_3）などの硫黄酸化物が発生する。これら硫黄酸化物を総称してSOxと呼ぶ。特に二酸化硫黄は、ある濃度に達すると皮膚を刺激し、呼吸器障害を引き起こす。このような硫黄酸化物が原因の大気汚染による公害事件としてはロンドンスモッグが有名であり、1万人以上が死亡したとされる。日本で起こった四日市ぜんそくも硫黄酸化物が原因である。また二酸化硫黄は、バナジウム、ニッケル、鉄といった大気中の浮遊粉塵が触媒となり、三酸化硫黄に酸化され、水と反応して硫酸となり、**酸性雨**[*9]の原因ともなる（式6）。

$$\left. \begin{array}{l} 2SO_2 + O_2 \longrightarrow 2SO_3 \\ SO_3 + H_2O \longrightarrow H_2SO_4 \end{array} \right\} \quad (6)$$

硫黄酸化物の排出を抑制するために、化石燃料に含まれる硫黄分、あるいは排ガスに含まれる硫黄酸化物を除去する脱硫が行われている。石油の脱硫には水素と触媒を用いて硫黄分を硫化水素の形にして取り出す方法などが、排ガスの脱硫には炭酸カルシウムを用いて硫酸塩として回収する方法などがある（式7）。

$$2CaCO_3 + 2SO_2 + O_2 \longrightarrow 2CaSO_4 + 2CO_2 \quad (7)$$

・**窒素酸化物**（NOx：ノックス）

　一酸化窒素（NO）、二酸化窒素（NO_2）、一酸化二窒素（N_2O）などの窒素酸化物を総称してNOxと呼ぶ。窒素酸化物は、物質を燃焼させたときの熱で空気中の窒素と酸素が化合して発生する場合や、石炭中に含まれる窒素化合物が燃焼することによって発生する場合などがある。二酸化窒素と炭化水素、あるいは二酸化窒素と酸素は、紫外線により光化学反応を起こし、ペルオキシアセチルナイトレートやオゾンといった酸化

[*8]　アスベスト（石綿）は繊維状に変形した天然の鉱石であり、耐熱性、耐薬品性、電気絶縁性などの特性を持ち、建設資材など様々な用途に使用されてきたが、アスベストは肺に入ると溶解することも排出されることもなく、長期間大量に吸入すると肺組織を損傷し癌の発生を誘発する。これにより、現在では一部の例外を除き製造・輸入・使用等が禁止されている。しかしながら、現在使用されている建物等にもアスベストが存在しているものもあり、建物の解体時によるアスベストの飛散が新たなアスベスト問題となっている。

[*9]　酸性雨の原因となるSOxは、工業が進んだ国から遠く運ばれて他国で酸性雨を降らせ被害を与えている場合がある。国際間の問題と考えなければならない。

性物質（オキシダント）を生成し（式8）、**光化学スモッグ**の原因となり、目・鼻・気管支などを刺激し肺機能の障害を引き起こす。また二酸化窒素は、水と反応して硝酸となり、酸性雨の原因ともなる（式9）。排ガスに含まれる窒素酸化物を除去するために脱硝が行われている。脱硝は、主にアンモニア接触還元法によって、窒素酸化物を還元し窒素ガスに戻す方法がとられている。

$$CH_3CH{=}CH_2 + NO_2 + 2O_2 \xrightarrow[\cdot OH]{紫外線} CH_3\overset{\overset{O}{\|}}{C}OONO_2 + CH_2O + H_2O \quad (8)$$
ペルオキシアセチル
ナイトレート

$$3NO_2 + H_2O \longrightarrow 2HNO_3 + NO \quad\quad (9)$$

15・3　エネルギー

　物質の状態変化、または化学反応が起こるとき、熱という形のエネルギー移動を伴う。エネルギーは様々な形をとり、変換することができる。このように、エネルギーは形態を変え移動することができるが、その総量は常に一定に保たれている（熱力学第一法則；7・6節参照）。また、このようなエネルギーの移動は方向性を持つ（熱力学第二法則；7・7節参照）。

15・3・1　化石燃料

　私たちは、化石燃料の持つ化学エネルギーを、それらを燃焼させることにより熱エネルギーとして取り出し、この熱エネルギーによって水蒸気を発生させ、タービンを回して発電し、電気エネルギーに変換して輸送し、様々な電気機器を利用している。このように、私たちの生活にとってエネルギー資源は必要不可欠であり、さらに高い文化的水準に到達するためには、さらなるエネルギー資源が必要となる。近年では原子力発電が増加傾向にはあるが、依然として、化石燃料といわれる石油・石炭・天然ガスがエネルギー消費の80％以上を占めている（**図15・7、15・8**）。化石燃料を燃焼することによって発生する二酸化炭素は、地球温暖化の一因とされており、そのほかにも、燃焼によって発生する汚染物質が環境を破壊する恐れもある。また、こういった化石燃料は埋蔵量に限りがあり、資源の枯渇が問題視される[*10]。

15・3・2　核エネルギー

　原子核を構成している陽子と中性子を結び付けているエネルギーは、

*10　石油可採年数：1980年ごろ、石油の可採年数は約30年といわれていた。しかしながらそれから30年たった2011年には54.5年にまで達し、その後可採年数は減少傾向にあるものの2019年では49.9年となっている。石油の使用量が大幅に増加しているにもかかわらず、石油は枯渇どころか可採年数がいまだ50年程度であるのはなぜか。

　第一の理由は、探鉱技術の発達による新たな油田の発見である。第二の理由は、原油の回収技術の向上により、採掘にかかるコストが減り、原油の変動相場が上がって今まで採掘していなかった油田も採算の取れる油田としてエントリーされるようになったことである。もし仮に原油相場が暴落した場合、採算の合わない油田がエントリーから外れていき、可採年数は減ることになる。

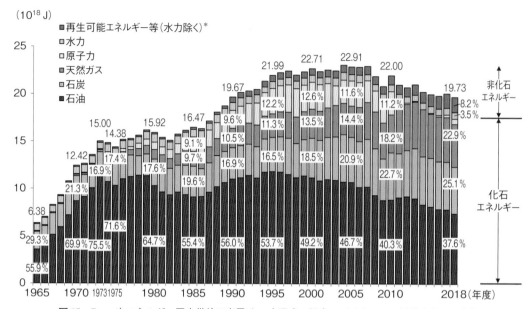

図 15・7　一次エネルギー国内供給の変異（＊ 太陽光、風力、バイオマス、地熱などのこと）
資源エネルギー庁『総合エネルギー統計』をもとに作成（『総合エネルギー統計』では、1990 年以降、数値について算出方法が変更されている）。

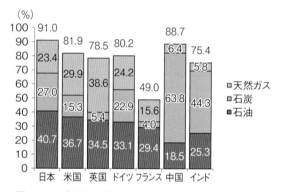

図 15・8　主要国の化石エネルギー依存度
化石エネルギー依存度（％）＝（一次エネルギー総供給のうち原油・石油製品、石炭、天然ガスの供給）／（一次エネルギー総供給）×100
IEA, World Energy Balances 2019 Edition をもとに作成。

原子同士を結び付けている化学結合エネルギーに比べるとはるかに大きい。原子核の反応である核分裂反応や核融合反応の際に放出されるエネルギーを**核エネルギー**という。原子核の質量は、それを構成する陽子と中性子の質量の和より小さい。この質量の差を質量欠損という。アインシュタインの特殊相対性理論によると、エネルギーと質量は等価であり、質量変化（Δm）とエネルギー変化（ΔE）の関係式 $\Delta E = \Delta m \cdot c^2$（ただ

アインシュタイン
Einstein, A.

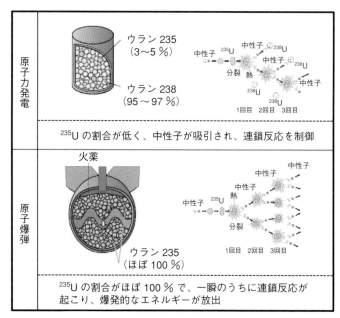

図 15・9　核分裂連鎖反応－原子力発電と原子爆弾の違い

し c は光の速度）から、質量欠損とは質量に換算される原子核内の陽子と中性子の結合エネルギーであるといえる。したがって、核分裂を起こすと質量の差に相当するエネルギーが放出されることになる。

　現在実用化されている核反応は ^{235}U の核分裂反応である（**図15・9**）。^{235}U は放射性元素[*11]、つまり原子核が放射線を出して別の原子核に変わる崩壊（壊変）を起こす元素である（1・3 節参照）。核分裂反応を起こした後に生成する核分裂生成物には様々な核種があるが、総じて陽子と中性子の数が均衡を欠いており、放射性元素である。原子力エネルギーの利用は、ウランの供給安定性（ウランは政情の安定した先進国に多く分布するため）や、地球温暖化の一因であるとされる二酸化炭素、酸性雨の原因にもなる SO_x、NO_x を排出しない点から、安全に利用できれば大きなエネルギー源になるのだが、上記の通り放射性物質を用い、放射性廃棄物を出す。日本では、高レベル放射性廃棄物はガラス固化して地上管理施設で冷却保管している（**図15・10**）。放射性物質に絡んだ原子力事故は、人間の健康だけでなく生命をも脅かす事態に発展する恐れがあり、日本では 1999 年の東海村 JCO 臨界事故、2011 年の東北地方太平洋沖地震を端緒とした福島第一原子力発電所事故などが起こった。福島原発事故後 10 年が経過した現在でも、核燃料の冷却などによって発生する放射性物質を含んだ「汚染水」「トリチウム[*12]水」は日々増え続けている。また溶け落ちた核燃料、いわゆる「燃料デブリ」の取り出しや、廃炉に伴って発生する大量の放射性廃棄物処理、廃炉の最終形問題など、乗り

[*11]　同じ元素で中性子の数が異なる核種のことを同位体と呼び、この同位体の中には不安定で放射線を発するものが存在する。このように、時間とともに放射性崩壊していく核種のことを放射性同位体（放射性元素）という。

[*12]　質量数が 3 で、陽子一つ、中性子二つを持つ、水素の放射性同位体である。トリチウムは不安定なため天然には微量しか存在しないが、酸素と結びついたトリチウム水として水に混在しており、気相・液相・固相の形態で分布している。私たちの体内にも、わずかではあるがトリチウムが存在している。

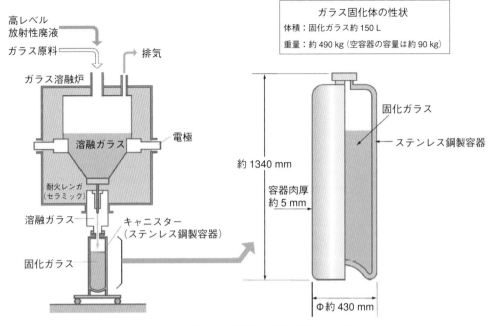

高レベル
放射性廃液

ガラス原料

排気

ガラス溶融炉

溶融ガラス

電極

耐火レンガ
(セラミック)

溶融ガラス

キャニスター
(ステンレス鋼製容器)

固化ガラス

ガラス固化体の性状
体積：固化ガラス約 150 L
重量：約 490 kg (空容器の容量は約 90 kg)

固化ガラス

ステンレス鋼製容器

約 1340 mm

容器肉厚
約 5 mm

Φ約 430 mm

図 15・10　高レベル放射性廃棄物ガラス固化体

＊13　再生可能エネルギーの普及拡大のため、太陽光発電などの再生可能エネルギーから発電した電気を、一定の期間、国の定める一定の価格で電力会社が買い取ることを約束する助成制度、FIT (Feed-in Tariff) 制度 (固定価格買取制度) が 2009 年 11 月に開始され、家庭用太陽光発電システムで 10 年、メガソーラーなどの産業用太陽光発電システムでは 20 年の助成期間が設けられた。この FIT 制度によって高い売電価格が設定され、これにより一般住宅などへの太陽光発電の普及が進んだが、その高額な売電価格は、電力会社が負担するわけではなく、国民全体が「再生可能エネルギー賦課金」という形で負担をしており、毎月の電気代に「再エネ発電賦課金等」といった名前で加算されている。

越えなければならない課題が山積している。事故後、各地の原発は安全対策のために順次、運転を停止したが、日本の原発利用の方向性が大きく変化したとは言い切れない。規制委員会の審査に合格した原発については再稼働を進めており、2021 年 2 月時点までに全国で 5 原発 9 基が再稼働している。

15・3・3　再生可能エネルギー

化石燃料である石油や石炭を使用するうえでは、資源の枯渇や、環境を破壊するような二酸化炭素や硫黄・窒素酸化物などの排出、また原子力エネルギーの利用においては放射性物質による汚染など様々な問題があり、新エネルギー、あるいは再生可能資源を利用した再生可能エネルギーの開発を進めていく必要がある。再生可能エネルギーには、太陽電池を利用し、太陽光エネルギーを電気エネルギーに変換する太陽光発電[*13] や、風力を利用した風力発電、地熱を利用した地熱発電などがある。これらの発電は、資源が枯渇しないことや、二酸化炭素やその他の環境を汚染する物質、さらに放射性廃棄物も出さないという素晴らしい利点を持つ一方で、設備を設置する場所が限られていたり、季節、時間帯といった人間が左右することができない自然現象の利用のため、出力がコントロールしにくく変動するといった短所もある。

15・4　工業化学品による汚染

　現代社会において、人類が文化的な社会生活を営むうえで化学物質は必要不可欠なものである。天然には存在しない合成された人工物質が多種生産され、その中には毒性のあるものも少なくない。

15・4・1　残留性有機汚染物質（表15・2）

　多くの有機性化学物質は、環境中に放出された際、微生物等により分解されるが、ある種の有機化合物は分解されずに残留する。例えば有機塩素系化合物の場合、生物は炭素−塩素結合の形成や切断が可能な酵素をほとんど有しておらず、これらの化合物を分解し、無毒化することはできないので、土壌中や水中に長期間残留する。また、このような有機化合物は水には溶けにくい親油性であるため、一度生体内に入ると排出されることはなく、食物連鎖の過程で生体濃縮・蓄積されていく。このような自然分解されにくい「難分解性」で、生物体内に蓄積されやすい「高蓄積性」、さらに生体に害を及ぼす「毒性」のある有機化合物を**残留**

表15・2　有毒有機塩素系化合物

構造	用途	構造	用途
PCBs：polychlorinated biphenyls（ポリ塩化ビフェニル）	電気機器の絶縁油、可塑剤、塗料などに使用された。	1,1,1-トリクロロエタン	金属部品の洗浄、塗料の溶剤として使用された。オゾン層破壊物質とされる。
PCP：pentachlorophenol（ペンタクロロフェノール）	殺菌剤、除草剤として農薬などに使用された。	トリクロロエチレン	ドライクリーニング用の溶媒として使用された。中枢神経系を抑制する。「ヒトに対する発癌性がおそらくある物質」に分類される。
PCNB：pentachloronitrobenzene（ペンタクロロニトロベンゼン）	殺菌剤として農薬に使用された。	テトラクロロエチレン	ドライクリーニング用の溶媒として使用された。中枢神経系を麻痺させる。
DDT：dichlorodiphenyl-trichloroethane（ジクロロジフェニルトリクロロエタン）	殺虫剤、農薬として使用。マラリヤ撲滅に貢献。「ヒトに対して発癌性があるかもしれない物質」に分類。	2,4,5-T（2,4,5-トリクロロフェノキシ酢酸）／2,4-D（2,4-ジクロロフェノキシ酢酸）	除草剤。ベトナム戦争時、2,4-Dと2,4,5-Tの混淆物が枯葉剤（オレンジ剤）として使用された。これらの物質は合成時、副産物としてダイオキシンが生成される。

性有機汚染物質として、2001 年に採択されたストックホルム条約で製造や輸出入が禁止されている。

・ポリ塩化ビフェニル類（PCBs）

ベンゼンが二つ単結合でつながったビフェニルの水素原子が 1 ～ 10 個塩素原子で置換した構造（モノクロロビフェニルからデカクロロビフェニルまで）を持つ一連の分子群を総称して PCBs と呼ぶ。置換塩素の位置によって 209 種の異性体が存在する。熱によって分解されにくい性質を持ち、電気絶縁性が高く、酸・塩基に対しても化学的に安定であり、電気機器の絶縁油などに広く用いられていた。しかしながら毒性が高く、脂肪に蓄積されやすい。日本では PCB が混入した米ぬか油を摂取して重症患者が出た「カネミ油症事件」*14 が起こっている。

・ジクロロジフェニルトリクロロエタン（DDT）

人間の生活に有害あるいは不必要とされる生物、例えば病原菌を媒介するような、カやハエ、シラミなどの昆虫駆除に使用され、マラリヤ根絶にも貢献した。DDT は、クロロベンゼンとトリクロロエタナール（クロラール）を酸性条件下で加熱することによって得られる。自然分解されにくく、長期にわたり土壌、水中に残留し生体濃縮される。レイチェル・カーソンの著書『沈黙の春』にこの物質の危険性が取り上げられ、一時期、非常に高い発癌性を持つ物質とみなされた。これにより全世界的に使用が禁止されたのであるが、開発途上国において、DDT 散布により激減していたマラリヤ患者が DDT 使用禁止に伴い再び激増するといった現象が起こってしまった。化学物質に対する人間の過剰な反応の例である。現在では、DDT は「ヒトに対して発癌性があるかもしれない物質」に分類されている。

15・4・2 「環境ホルモン」と呼ばれる物質

1980 年代以降、野生生物の生殖器異常、孵化率低下あるいはメスのオス化などといった異常現象が多く報告されるようになった。日本でもイボニシなどの巻貝にメスのオス化が観察された。原因は、船底に藻などが付着するのを防ぐために塗られるトリブチルスズ化合物を含む塗料であったことが判明している（**図 15・11**）。このような原因物質は、生体内に入るとホルモンのように働くため、本来のホルモン調節機構を狂わす物質として、**内分泌撹乱化学物質**、通称「**環境ホルモン**」と呼ばれるようになった。環境ホルモンには、本来のホルモンが結合する受容体に結合して、ホルモンと類似の作用を示すものや、ホルモン様作用は示さないが、本来のホルモンと受容体との結合を阻害する直接的撹乱（**図 15・12**）、あるいはホルモン自体の合成誘導またはその阻害によって代謝異常を引

*14　福岡県にあるカネミ倉庫株式会社で作られた食用米ぬか油「ライスオイル」が原因。この「ライスオイル」は製造途中で熱処理による脱臭の過程を経るが、その際、熱媒体である PCB が漏れ出し、汚染された。原因物質は PCB だけではなく、さらに毒性の強いポリクロロジベンゾフラン（PCDF）やコプラナー PCB（15・4・2 項参照）も含まれていた。

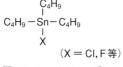

（X = Cl, F 等）

図 15・11　トリ-*n*-ブチルスズ

トリブチルスズ化合物がテストステロンをエストラジオールに変換する酵素の作用を阻害し、メスの巻貝類がオス化した。

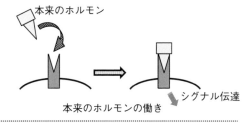

本来のホルモン

シグナル伝達

本来のホルモンの働き

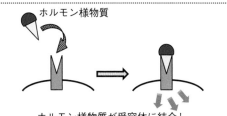

ホルモン様物質

ホルモン様物質が受容体に結合し、
余計なシグナルを伝達してしまう

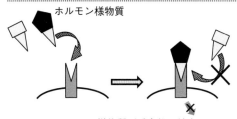

ホルモン様物質

ホルモン様物質が受容体に結合し、
本来のホルモンの結合を阻害してしまうため、
シグナルが伝達されない

図 15・12 環境ホルモン作用のメカニズム (直接的攪乱)

き起こす間接的攪乱作用を示すものがある。PCBs の一部 (コプラナー PCB: 塩素がオルト位にない PCB のこと) や DDT も環境ホルモンに分類される。

・ダイオキシン類

ダイオキシンとは、酸素原子 2 個を含む六員環の複素環式化合物の中で、二重結合が二つあるジオキシン (dioxin) の英語読みである。環境科学の分野で一般的にいわれるダイオキシン類とは、酸素原子 2 個を仲立ちにして二つのベンゼン環がつながったジベンゾ–p–ジオキシン、あるいは、酸素原子 1 個を仲立ちにして二つのベンゼン環がつながったジベンゾフランを骨格として、8 個の水素原子の 1 個または複数個を塩素原子で置換したポリクロロジベンゾ–p–ジオキシン (PCDD) とポリクロロジベンゾフラン (PCDF)、およびコプラナー PCB を含めた化合物の総称である。異性体を含めると 400 種以上のダイオキシン類が存在するが、そのうち毒性が確認されているのは 30 数種である。

最も毒性が高いダイオキシン類は 2,3,7,8–テトラクロロジベンゾ–p–ジオキシン (2,3,7,8–TCDD) であり、単にダイオキシンといえばこの 2,3,7,8–TCDD を指すことが多い (**図 15・13**)。ベトナム戦争時の枯葉

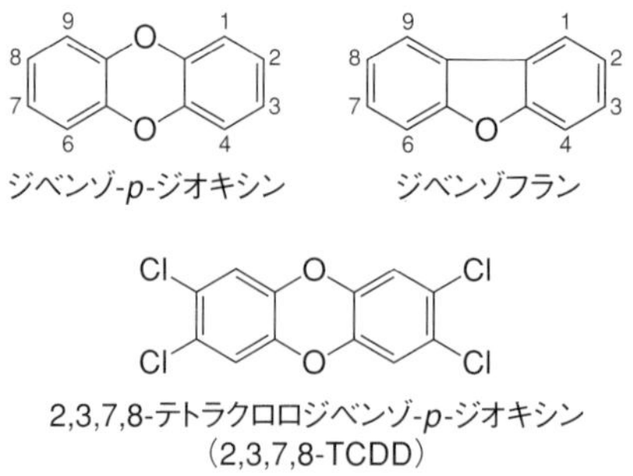

ジベンゾ-*p*-ジオキシン　　ジベンゾフラン

2,3,7,8-テトラクロロジベンゾ-*p*-ジオキシン
（2,3,7,8-TCDD）

図 15・13　ダイオキシン

剤にこの 2,3,7,8-TCDD が副産物として含まれており、散布地域にお
ける奇形出産の異常増加によりこの物質の催奇性が取り上げられるよう
になり、またごみ焼却炉の中にダイオキシンが検出されたという報告か
ら、ダイオキシンによる環境ホルモン問題が起こった。実際に動物実験
では、2,3,7,8-TCDD はマウスにおいて催奇性を示し、長期毒性実験で
は発癌性を示すという実験結果が報告されている。しかしながら、急性
毒性に関してはその致死毒性は生物種間による差が極めて大きく、最も
感受性が高いモルモットとハムスターを比べると、半数致死量（LD_{50}
値）[*15] は約 8000 倍も異なる。したがって、ヒトに対する致死量はほか
の動物からは推定することはできず不明である。また、イタリアのセベ
ソにおいて大量の 2,3,7,8-TCDD が飛散するといった事件が起こった
が、事故直後死者および奇形出産がなかったことから、ヒトに対しては
それほどの毒性はないのではないかという説もある。

*15　LD とは lethal dose の
頭文字で、致死投与量のこと
を表す。LD_{50} とは検査群の半
数が死ぬ投与量のこと。

15・4・3　金 属

金属には、過剰になると毒性を示すが適量であれば生命活動に必要で
ある必須微量金属（**表 15・3**）や、生命活動にほとんど関係なく毒性があ
る有害金属がある。水銀は、電気分解用の電極として使用されたり、ま
た農薬として広く有機水銀化合物が利用されていた。金属水銀より有機
水銀の方が毒性が強く、熊本県や新潟県で起こったメチル水銀中毒事件
（水俣病・第二水俣病）は有名である。

表15・3　必須微量金属の生理作用

金属	必須性
バナジウム V	脂質代謝に関わる
クロム Cr	三価のクロムはインスリンの分泌を助ける
マンガン Mn	ホルモン分泌の活性化に関与 骨形成
鉄 Fe	造血作用
コバルト Co	ビタミン B$_{12}$ の形成
銅 Cu	造血作用
亜鉛 Zn	皮膚、頭髪などの形成
モリブデン Mo	造血作用

15・4・4　プラスチック廃棄物

　プラスチックは、石油を原料とする高分子化合物からなる物質である。プラスチックが有する、可塑性・成形性や軽量性あるいは防錆性・防腐性の特性によって、工業化が進んだ1950年代から家庭用品、電化製品、医療用品など様々な製品に使用されるようになり、私たちの日常生活に深く浸透してきた。しかし、経済成長と人口増加に伴い、プラスチックが普及するにつれて、プラスチック廃棄物が増加し、環境への影響も顕在化してきた。特にマイクロプラスチック[16]による海洋汚染が指摘されている。日本ではこれまでプラスチック廃棄物の多くをリサイクルして海外（特に中国）に輸出してきたが、2018年に中国は工業由来の廃プラスチックの輸入を段階的に禁止した。またスイス・ジュネーブで開催された国連環境計画（UNEP）の会議で、プラスチック廃棄物の輸出を制限する条約に日本も合意したことから、今後のプラスチック廃棄物の処分方法について見直しが迫られている。資源問題に直面している現在では、環境問題解決に向けての新たなアプローチである持続可能な開発目標（Sustainable Development Goals：SDGs）においても、プラスチック廃棄物を資源としていかに効率的に循環させていくかが課題となる。さらに長期的には、パリ協定に基づき、2050年以降は石油を燃やすことのできない時代へと突入し、日本政府も2050年までにカーボンニュートラル[17]、脱炭素社会の実現を目指していく。これまでのように石油ベースのプラスチック製品を使い、焼却処理することはできなくなり、プラスチックの削減を考えていかなければならない。

[16]　プラスチックが紫外線などによる劣化に伴い粉砕され、5mm以下の微細なものになったのがマイクロプラスチックである。マイクロプラスチックは排水口や河川を通って最終的に海へと流出し、食物連鎖を通してその汚染は海洋生態系全体に広がっているとされる。マイクロプラスチック自体、生物にとって異物となるが、プラスチックの添加剤（紫外線吸収剤・可塑剤・難燃剤）には環境ホルモン（内分泌攪乱化学物質）と呼ばれる多くの種類の化学物質が含まれ、生物への影響が大きな問題となっている。

[17]　カーボンニュートラルとは、二酸化炭素の排出量と吸収量がプラスマイナスゼロの状態になることを指す。2020年10月26日、第203回臨時国会の所信表明演説において、菅 義偉 内閣総理大臣は「2050年までに、温室効果ガスの排出を全体としてゼロにする、すなわち2050年カーボンニュートラル、脱炭素社会の実現を目指す」ことを宣言した。

Column　メタンハイドレート

　生物発酵あるいは熱分解を起源として地層中で生成するメタンは、通常、地層の隙間に存在する水に溶解し、圧力の低下とともに気化してメタンガスとなる。地層中に密閉された閉塞空間ができれば、そこにメタンガスがたまり天然ガス田となる。環境が低温かつ高圧であると、水分子は内部に空孔を持った網状構造を形成し、この空孔にメタン分子が入り込んで安定化する。このような立体網状構造はクラスレートと総称され、水分子からなるものをハイドレートと呼ぶ。このハイドレートの空孔にメタン分子が入り込んだ氷上の結晶、包接水和物をメタンハイドレートという。ハイドレートを構成する基本構造は、5角形12面の12面体（5^{12}）、5角形12面と6角形2面の14面体（$5^{12}6^2$）、5角形12面と6角形4面の16面体（$5^{12}6^4$）の三つの多面体が知られている（図）。

　日本近海のメタンハイドレート総埋蔵量は、日本で消費される天然ガスの約100年分に相当すると推計されており、日本の新たなエネルギー源として大きな可能性を持つ。メタンガスは、燃焼時の二酸化炭素排出量が少ないのがメリットで、石炭や石油に比べて、燃焼により同じ熱量を得るために排出される二酸化炭素は、20〜30％も少ない。さらにメタンガスは、水素燃料電池など、カーボンニュートラル、脱炭素社会には欠かせない「水素」の原料としても活用できる。一方でその採取方法等に課題がある。メタンハイドレートは結晶の形で存在しており、流動性がないため自噴させることができず、低コストで採掘できるのかどうかは明らかにされていない。またメタンガスは温室効果ガスであり、地球温暖化に拍車をかける危険性もはらんでいる。2012年2月に、愛知県渥美半島沖でメタンハイドレート掘削試験が開始された。海底での採掘は世界初である。

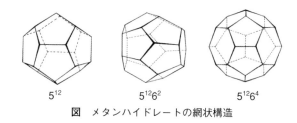

5^{12}　　　　　$5^{12}6^2$　　　　　$5^{12}6^4$

図　メタンハイドレートの網状構造

演習問題

1. 水の特殊性について述べよ。
2. フロンの分解によって生じる塩素や一酸化塩素のわずかな濃度上昇がオゾンの濃度変化に大きな影響を与える理由を述べよ。
3. 酸性雨が発生する仕組みについて述べよ。
4. 原子力エネルギー利用の長所と短所を述べよ。
5. 環境ホルモンが作用するメカニズムについて述べよ。

補遺 A　活性酸素・活性窒素と生体反応

生物は進化の過程で酸素を利用するエネルギー産生系を獲得したが、それと引き換えに酸素利用時に発生する活性酸素の毒性にさらされた。生物はその毒性に対処する方法を獲得することで生存を可能としてきたが、その対処法の乱れが種々の病気の原因となった。また、酸化還元環境の変化を感知する仕組みとして活性酸素を利用するようにもなった。したがって、活性酸素は傷害性とシグナル伝達分子の両面性を持つ諸刃の剣といえる。また、窒素の酸化物である活性窒素も生体内で生じ、やはり諸刃の剣としてふるまう。ここでは、それらの分子基盤および生理・病理機能の一端を学ぶ。

A・1　活性酸素の化学

酸素分子は太古の地球大気にはほとんど存在しなかった。進化の過程で**光合成**という仕組みを獲得した生物が地球に誕生したときから、水の分解産物として酸素が地球上に蓄積されるようになった。生物はその酸素を利用することで、高い効率で ATP を作るシステムを構築した。それが、われわれの細胞に存在する解糖系－TCA サイクル－酸化的リン酸化系である。酸素（分子状酸素、O_2）は、このシステムにおいて電子伝達系の末端で電子を 4 つ受け取って還元され、水となる。還元の過程で酸素が 1 電子ずつ還元されると、中間還元産物が生じる。これらの中間還元産物は酸素そのものより高い反応性を持っており、**活性酸素**と呼ばれる。また、酸素分子の**基底状態**の電子配置は**三重項**[*1]であるが、光との反応などで励起状態に変わると**一重項**[*1]というエネルギーの高い酸素分子へと変わる。この一重項酸素（$^1O_2$）も活性酸素の一つである。**図 A・1** に、酸素分子（$^3O_2$）が 1 電子ずつ還元されて、中間還元産物のスーパーオキシド（O_2^-）、過酸化水素（H_2O_2）およびヒドロキシルラジカル（・OH）が生じる過程と、励起により $^1O_2$ が生じる過程を示す。また、**図 A・2** にはそれぞれの**分子軌道**への電子配置を示す（分子軌道については p.21、2・5「分子軌道法」を参照）。

図 A・1 で示した O_2 の中間還元産物のうち、O_2^- と ・OH は不対電子を持ち**フリーラジカル**に分類される。フリーラジカルは反応性が高く不安定な物質なので、生体分子などと非特異的に反応することで傷害を与える。この二つのうちで、・OH は活性酸素の中で最も反応性と酸化力の高いフリーラジカルである。O_2^- は陰イオンのラジカルであり、スーパーオキシドアニオンラジカルともいえる。**表 A・1** に列挙した、生体反応に関与する主なラジカルと非ラジカルの活性酸素およびその関連化合物は、**活性酸素種**（**ROS**）といわれる。

A・2　活性酸素の発生と除去
A・2・1　発　生

生体内では多くの活性酸素発生部位が解明されているが、それらの中で量的にも多く重要な二つのケースを取り上げる。

活性酸素は酸素が電子を受け取ることで生じる。ミトコンドリアでの電子伝達系の終末で起こる酸素の 4 電子還元では、一度に 4 電子を酸素に渡すので中間還元産物

[*1]　一重項、三重項：三重項とはスピンの向きが同じ電子を 2 つ持つ分子のことであり、一重項とはスピンの向きが異なる電子が同数である分子のことである（図 A・2 参照）。酸素は基底状態が三重項である例外的な分子である。

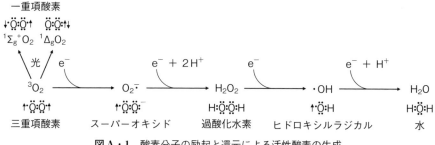

図 A・1　酸素分子の励起と還元による活性酸素の生成

$\pi^{*}2p$

$\pi 2p$

$\sigma 2p$

$\sigma^{*}2s$

$\sigma 2s$

$\sigma^{*}1s$

$\sigma 1s$

| 基底状態
酸素分子
（三重項） | 励起状態
酸素分子
（一重項） | スーパーオキシド
（二重項） | ペルオキシド
（一重項） |

$^3O_2(^3\Sigma_g^-)$ $\quad$ $^1O_2(^1\Sigma_g^+)$ $\quad$ $^1O_2(^1\Delta_g)$ $\quad$ $O_2^{\cdot-}$ $\quad$ O_2^{2-}

図 A・2　各活性酸素の電子配置

表 A・1　活性酸素および関連化合物

性質	名称	化学構造
ラジカル	スーパーオキシド	$O_2^{\cdot-}$
	ヒドロキシルラジカル	$\cdot OH$
	アルコキシルラジカル	$RO\cdot$ または $LO\cdot$
	ヒドロペルオキシル ラジカル	$HOO\cdot$
	ペルオキシルラジカル	$ROO\cdot$ または $LOO\cdot$
	一酸化窒素	$\cdot NO$
	二酸化窒素	$\cdot NO_2$
非ラジカル	過酸化水素	H_2O_2
	一重項酸素	$^1O_2$
	次亜塩素酸	$HOCl$
	脂質ヒドロペルオキシド	$LOOH$
	ペルオキシナイトライト	$ONOO^-$
	オゾン	O_3

R：アルキル基、L：脂質

は生じないが、電子伝達系の途中で一部の電子が酸素と反応して $O_2^{\cdot-}$ および H_2O_2 が生じることが知られている。電子伝達系で消費される酸素の 2〜3 % が $O_2^{\cdot-}$ になるとされている。身体活動が活発化して酸素消費が増加すると $O_2^{\cdot-}$ の産生も増加する。

　二つ目は、炎症時における好中球などの免疫系細胞での発生である。異物を貪食する好中球などの細胞には、NADPH を用いて酸素を 1 電子還元し $O_2^{\cdot-}$ を大量に発生する NADPH 酸化酵素（NOX）が存在する。好中球は異物貪食時にこの $O_2^{\cdot-}$ を利用して異物の分解を行っている。炎症による生体傷害の一部は、この漏れ出た $O_2^{\cdot-}$ に由来すると考えられる。

　それ以外にも、キサンチン酸化酵素（XOD）などの酸化酵素の一部からの発生や、還元状態の低分子有機化合物や金属イオンなどと酸素との反応でも $O_2^{\cdot-}$ が生じることが知られている（**表 A・2**）。表 A・2 には、それ以外の活性酸素、$\cdot OH$、アルコキシルラジカル（$LO\cdot$）、脂質ペルオキシルラジカル（$LOO\cdot$）、一酸化窒素、次亜塩素酸、一重項酸素などの生成反応もまとめて示した。$LOOH$ は脂質の過酸化物である。また、アルコキシルラジカルは $\cdot OH$ と同等の反応性を示す。

　図 A・3 にはそれぞれの生成反応の関連性を示した。$O_2^{\cdot-}$ は、自然の反応か、スーパーオキシドジスムターゼ（SOD）が触媒することにより、O_2 と H_2O_2 になる。H_2O_2 は還元型の鉄イオンの存在で $\cdot OH$ に変化する。この $\cdot OH$ は活性酸素の中で最も高い酸化活性を有する分子である。H_2O_2 はまた、ミエロペルオキシダーゼ（MPO）の触媒で、塩化物イオンと反応して次亜塩素酸イオン（ClO^-）を生じる。これも活性酸素の一種で、高い酸化作用を持つ。ClO^- はさらに H_2O_2 と反応すると一重項酸素を生じることも知られている。図 A・3 には後で述べる種々の活性酸素の分解反応も示した。

A・2・2　除　去

　発生した活性酸素については、それを除去する酵素群が存在している。まず、$O_2^{\cdot-}$ については、その不均化反応を触媒する SOD が存在する。これは金属を含む酵素で、ヒトには Cu, Zn-SOD、Mn-SOD、EC-SOD の三種が存在する（**表 A・3**-1）。次に、H_2O_2 を分解する酵素としては、カタラーゼ（**表 A・3**-2）と還元型グルタチオン（GSH）を利用する三種の細胞質型、血漿型および消化管型のグルタチオンペルオキシダーゼが知られている。こ

表A・2　活性酸素の生成反応

1. 酸素分子の1電子還元（酸化酵素、セミキノン、ビタミンC、フラビン、金属イオンなど）

$$O_2 \xrightarrow{e^-} O_2^{\cdot -}$$

2. ミトコンドリアでの酸素4電子還元　$O_2 \xrightarrow{e^-} O_2^{\cdot -} \xrightarrow{e^-} H_2O_2 \xrightarrow{e^-} \cdot OH \xrightarrow{e^-} H_2O$

3. 酸素分子の2電子還元（2電子還元酵素）　$O_2 \xrightarrow{2e^-} H_2O_2$

4. 過酸化水素、脂質ヒドロペルオキシドの遷移金属による分解　M^{n+}：Fe^{2+}、Cu^+ など

$$H_2O_2(LOOH) + M^{n+} \longrightarrow \cdot OH(LO\cdot) + OH^- + M^{(n+1)+}$$
$$H_2O_2(LOOH) + M^{(n+1)+} \longrightarrow \cdot OOH(LOO\cdot) + H^+ + M^{n+}$$

5. ハロゲンと過酸化水素の反応（ミエロペルオキシダーゼ）

$$Cl^- + H_2O_2 \longrightarrow OCl^- + H_2O$$

6. 次亜塩素酸（イオン）と過酸化水素の反応

$$H_2O_2 + HOCl\,(^-OCl) \longrightarrow {}^1O_2 + HCl\,(Cl^-) + H_2O$$

7. 一酸化窒素（NO·）の生成（一酸化窒素合成酵素）

$$\text{L-アルギニン} + O_2 \longrightarrow \text{L-シトルリン} + NO\cdot$$

8. $O_2^{\cdot -}$ と NO· との反応によるペルオキシナイトライト（$ONOO^-$）の生成

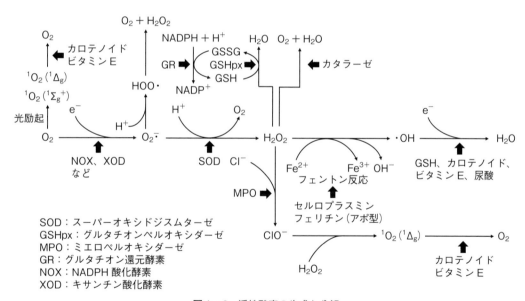

図A・3　活性酸素の生成と分解

SOD：スーパーオキシドジスムターゼ
GSHpx：グルタチオンペルオキシダーゼ
MPO：ミエロペルオキシダーゼ
GR：グルタチオン還元酵素
NOX：NADPH 酸化酵素
XOD：キサンチン酸化酵素

れら三種のグルタチオンペルオキシダーゼは、H_2O_2 と同じく過酸化脂質も還元することができる。さらに、細胞質、核およびミトコンドリアには、細胞膜の過酸化リン脂質（PLOOH）を還元できる酵素も存在する（**表A・3**-3）。また、有害生体異物の解毒機構で使われるグルタチオン *S*-トランスフェラーゼにも過酸化脂質の還元作用がある（**表A・3**-4）。還元型グルタチオン（GSH）を用いるこれらの酵素では、反応後グルタチオンは酸化型

（GSSG）へと変えられるが、生体には NADPH を用いて元の GSH へと戻すグルタチオン還元酵素が存在し、また酸化された NADPH（$NADP^+$）から NADPH を再生するグルコース 6-リン酸脱水素酵素が存在する。これらのシステムをグルタチオンレドックスサイクルと呼び、抗酸化酵素の一つに数えることがある（**表A・3**-5）。

　一方、·OH はその高過ぎる反応性のため、消去できる酵素が存在しない。しかしながら、·OH が生じる主な経

表 A・3　抗酸化酵素群

1. スーパーオキシドジスムターゼ（SOD）
   Cu, Zn-SOD（細胞質）、Mn-SOD（ミトコンドリア）、EC-SOD（細胞外）
   $$2O_2^{\cdot-} + 2H^+ \longrightarrow H_2O_2 + O_2$$

2. カタラーゼ
   $$2H_2O_2 \longrightarrow O_2 + 2H_2O$$

3. グルタチオンペルオキシダーゼ
   細胞質型：$H_2O_2 + 2GSH \longrightarrow 2H_2O + GSSG$
   　　　　　$LOOH + 2GSH \longrightarrow LOH + H_2O + GSSG$
   消化管型：$H_2O_2 + 2GSH \longrightarrow 2H_2O + GSSG$
   　　　　　$LOOH + 2GSH \longrightarrow LOH + H_2O + GSSG$
   血漿型：　$H_2O_2 + 2GSH \longrightarrow 2H_2O + GSSG$
   　　　　　$LOOH + 2GSH \longrightarrow LOH + H_2O + GSSG$
   　　　　　$PLOOH + 2GSH \longrightarrow PLOH + H_2O + GSSG$
   リン脂質ヒドロペルオキシドグルタチオンペルオキシダーゼ（細胞質、核、ミトコンドリア）
   　　　　　$PLOOH + 2GSH \longrightarrow PLOH + H_2O + GSSG$

4. グルタチオン S-トランスフェラーゼ
   　　　　　$LOOH + 2GSH \longrightarrow LOH + H_2O + GSSG$

5. グルタチオンレドックスサイクル
   グルタチオンペルオキシダーゼ：$LOOH + 2GSH \longrightarrow LOH + H_2O + GSSG$
   グルタチオン還元酵素：$NADPH + H^+ + GSSG \longrightarrow NADP^+ + 2GSH$
   グルコース 6-リン酸脱水素酵素：$NADP^+ + G\text{-}6\text{-}P \longrightarrow NADPH + H^+ + 6\text{-}PG$

路は表 A・2-4 の還元型の金属イオン（Fe^{2+} や Cu^+ など）と H_2O_2 との反応であるので、それらの金属イオンと結合して金属イオンが H_2O_2 と反応しないようにするタンパク質が存在する。鉄イオンを結合するタンパク質にはフェリチン、トランスフェリン、ラクトフェリンなどがあり、銅イオンを結合するタンパク質にはセルロプラスミンやアルブミンがある。それらのタンパク質は・OH の生成を阻止する役割を持っており、抗酸化タンパク質と呼ばれる（**表 A・4**）。

生体内には、これらの酵素・タンパク質以外にも低分子の抗酸化物質が存在しており、それらの役割も重要で

表 A・4　抗酸化物質と抗酸化タンパク質

抗酸化物質
　水溶性：ビタミン C、還元型グルタチオン（GSH）、システイン、尿酸、ビリルビン、ビリベルジン、タウリン、カルノシン、α-リポ酸、ジヒドロリポ酸、メラトニン
　脂溶性：ビタミン E、ユビキノール（コエンザイム Q）、カロテノイド（β-カロテン、アスタキサンチン など）

抗酸化タンパク質
　アルブミン、セルロプラスミン、トランスフェリン、フェリチン、ラクトフェリン、チオレドキシン

ある。その中で、還元型グルタチオンが最も重要であり、細胞内に 0.5〜10 mM という高濃度で存在する。さらに、ビタミン C、尿酸、ビリルビンなどが水溶性の抗酸化物質として活性酸素の除去に役立っている。一方、細胞膜などに存在し、脂溶性部分で活性酸素の除去を行う脂溶性の抗酸化物質として、ビタミン E、ユビキノール、カロテノイドなどがある（**表 A・4**）。**図 A・3** に、それらの除去システムと活性酸素の産生の経路をまとめて示す。

フェロトーシス：細胞死には、能動的でエネルギーを消費し、炎症反応を起こさないアポトーシスと、受動的でエネルギーを消費せず、炎症反応につながる壊死（ネクローシス）が知られている。フェロトーシスは、鉄依存性で脂質過酸化が致死的なレベルまで上昇することを特徴とする、新たに提案された細胞死である。二価鉄の過剰に起因し、発癌との関連で注目されている。

A・3　活性酸素種が関与する疾患

多くの疾患に活性酸素種が関わっていることが示されているが、大きく分けると、免疫系細胞に起因する炎症性疾患、虚血−再灌流障害、異物としての酸化還元物質

表A・5　活性酸素種が関与する疾患

疾患名	代表的疾患
呼吸器疾患	感染症、間質性肺炎、肺移植、急性肺障害、慢性閉塞性肺疾患（COPD）
循環器疾患	虚血性心疾患、心筋炎、動脈硬化
消化器疾患	逆流性食道炎、ピロリ菌感染症、ストレス性胃粘膜障害、クーロン病、癌、臓器移植
支持組織系疾患	自己免疫疾患、関節リュウマチ、膠原病
神経疾患	虚血性脳疾患、パーキンソン病、アルツハイマー病
内分泌疾患	糖尿病
眼・皮膚疾患	白内障、加齢性黄斑変性症、未熟児網膜症、アトピー性皮膚炎、乾癬、火傷
腎疾患	糸球体腎炎、IgA腎症、糖尿病性腎症、急性・慢性腎不全
産婦人科疾患	不妊症、卵巣癌
血液系疾患	白血病、高脂血症、敗血症、出血性ショック

の蓄積、鉄イオン、銅イオンの蓄積などによる各組織での活性酸素の発生が疾患の原因となっている。**表A・5**に主な疾患をまとめて示す。

A・4　活性酸素の二面性

好気性生物は、酸素利用によるエネルギー効率と引き換えに、活性酸素の毒性と酸化還元（レドックス）環境の変化にさらされることになり、レドックス感知機構の一つとして活性酸素を利用するシステムを独自に進化させた。制御されずに生成した活性酸素は、細胞、組織の傷害へとつながるが、適当な場所で適当な量が生じるとレドックスシグナルとなり、細胞、組織の恒常性の維持やストレス対応に必要とされる。一つの例として、過酸化水素によるシステイン残基の修飾を通した酵素活性調節をあげる。

調節を受ける酵素の例として、ASK 1（apoptosis signal-regulating kinase 1）がある。ASK 1は、細胞死や炎症を調節するリン酸化酵素の一種である。還元型のチオレドキシン（活性の高い隣接したシステイン残基を持つ低分子量タンパク質；Trx）と結合して不活性化されている。Trxと結合したASK 1は、Trxのシステイン残基がH_2O_2等の活性酸素で酸化されるとTrxから解離して活性化され、活性化ASK 1はストレス応答因子をリン酸化することで炎症の促進または免疫細胞の細胞死を起こす。ASK 1は、病原体感染時に生じる活性酸素の分子種や濃度などに応じて異なるシグナル経路を活性化し、サイトカイン産生を高めることで免疫応答を活性化するのか、細胞死のシグナルを進めるのかを決めている（**図A・4**）。

活性酸素が生物の生存にとって有効に機能しているのではないかということを間接的に示している現象が多く存在する。例えば、糖尿病や循環器系疾患の病態改善に運動が効果的であることが示唆されているが、この運動効果の発現には、運動時に骨格筋で生成される活性酸素

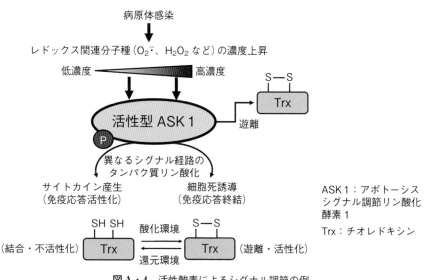

図A・4　活性酸素によるシグナル調節の例

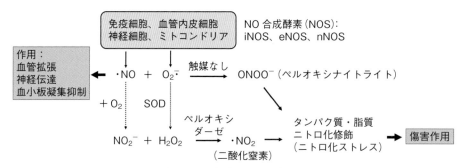

図A・5　活性窒素種の生成経路

により、遺伝子発現調節因子やタンパク質リン酸化酵素の活性化が骨格筋で誘導され、健康増進に寄与することが示されている。一方、この運動による健康増進効果を、ビタミンCやビタミンEなどの抗酸化サプリメントが阻害するとの報告もある。これらの現象は、活性酸素が特異的なシグナル伝達系を介して健康増進のシステムをコントロールしている可能性を示唆し、状況によっては抗酸化物質がそれを阻害する可能性があることを示している。このことは、抗酸化サプリメントの死亡率への影響を幅広く疫学的に解析した**メタアナリシス**[*2]で、期待された効果が見られず、いくつかのサプリメントではむしろ死亡率を上げる、という権威ある医学雑誌の報告とも符合する。これらの事実は、活性酸素がストレス応答のシグナルとして利用されている場合もあり、その除去物質の安易な摂取はむしろシグナルの消去となる可能性があることを示している。活性酸素は、その発生場所と時また発生量の違いにより傷害性にも有用性にもなり得るので、注意深いコントロールが要求されるのである。

A・5　活性窒素

　代表的な**活性窒素**である一酸化窒素（・NO）は、血管内皮から放出され血管を拡張する分子として最初に見いだされ、その後、神経細胞から放出され神経伝達物質として作用することも知られた。・NOはラジカルではあるが反応性は高くない。血管拡張はこの分子の平滑筋弛緩作用によっているが、この発見は1998年のノーベル生理学・医学賞の対象となった。現在、血流増加作用をもたらす物質として治療にも用いられるようになってい

る。また、・NOは同時に、白血球においては活性酸素と同様に異物に対する傷害性を持つことが明らかにされた。これらの生理作用のそれぞれに対応する一酸化窒素合成酵素（NOS）が三種類知られており、それらは血管内皮に存在する内皮型NOS（eNOS）、神経細胞に存在する神経型NOS（nNOS）、そして免疫細胞（マクロファージなど）に存在する誘導型NOS（iNOS）である。ここでは、・NOから生じる**活性窒素種**（**RNS**）について説明する。

　主要なRNSはペルオキシナイトライト（$ONOO^-$）と二酸化窒素（・NO_2）の二種類であり、**図A・5**に、生体内でRNSを形成する二つの主要な経路を示す。生体内で生じた・NOは種々の生理作用を発揮するが、O_2^-との速い反応で、一つ目のRNSであり高い反応性を有するペルオキシナイトライト（$ONOO^-$）に変化する。また、・NOは酸素存在下で酸化され、亜硝酸（NO_2^-）となり、O_2^-はSODにより代謝されてH_2O_2とO_2になる。このNO_2^-とH_2O_2から、ヘムタンパク質（ペルオキシダーゼなど）が触媒となって二酸化窒素（・NO_2）が生じる。この・NO_2が二つ目の活性窒素種である。これら活性窒素種はタンパク質、脂質、ヌクレオチドなどや小分子をニトロ化あるいは酸化し、それらの機能に変化を与える。このことが、炎症、神経変性、心血管疾患、癌などの様々な病態の原因と関係する。したがって総合的に見ると、O_2^-の過剰な生成により、(1) OH・の生成、(2) 生理学的に重要な・NOの除去、(3)・NOとの反応によるRNS（$ONOO^-$および・NO_2）の生成　という三つの主要な経路を介して細胞が傷害されるようになる。・NOはこのように種々の生理作用を有するとともに、O_2^-存在下では傷害性を持つRNSへ変化するので、この分子もまた諸刃の剣といえる。

[*2]　医療は本来根拠に基づいて行われるものである。なかでも、複数の疫学的な研究の結果を統合し、より高い見地から分析することをメタアナリシスといい、根拠に基づく医療において最も質の高い根拠とされる。

補遺 B　生体補完材料

生体機能が失われた場合には、その機能を補完するために種々の生体材料（バイオマテリアル）が用いられており、それらは主に生体内に移植されて利用される。このような生体機能を補完する材料は生体補完材料と呼ばれる。

B・1　生体補完材料とは

生体補完材料は、失われた生体機能を補完するための**生体材料（バイオマテリアル）**である。生体補完材料は、人工骨、人工関節、人工歯根（デンタルインプラント）、義歯、人工毛髪（義髪）、人工水晶体、人工血管、人工皮膚、人工心臓弁、人工腎臓、人工肝臓、人工肺、人工腱、ステントなどである。生体補完材料には、金属、セラミックス（高温を経て合成された固体の無機化合物）、合成高分子、生体由来材料などが用いられる。これらの生体補完材料の素材は、以下に述べる生物学的条件と力学的条件を満たす必要がある。生物学的条件としては、用いる素材が生体と相互作用を起こさない、また素材に隣接する組織の局所的反応および全身的反応を引き起こさないという生体整合性が必要となる。力学的条件としては、静的強度（引張り、圧縮、曲げ、せん断など）、適当な弾性率と硬さ、耐摩耗性、潤滑特性などが必要となる。

B・2　生体補完材料の素材
B・2・1　人　工　骨

人工骨の素材としては、骨組織と直接接合しない生体内不活性材料（アルミナ、ジルコニア）、骨組織と直接接合する生体内活性材料（ハイドロキシアパタイト（HA）、バイオガラス、ガラスセラミックスである結晶化ガラスなど）、生体内崩壊性材料（リン酸三カルシウム）、形態付与可能な材料（リン酸カルシウムセメントでリン酸三カルシウム系とリン酸四カルシウム系）、無機／有機複合体材料（HA／コラーゲン多孔体）および炭酸カルシウム／ポリ乳酸グリコール酸綿状人工骨などがある。

B・2・2　人　工　関　節

人工関節としては、人工足関節、人工膝関節、人工股

関節、人工肩関節、人工肘関節、人工手関節、人工指関節などがある。人工関節のうちの人工股関節と人工膝関節の構造を**図B・1**に示す。人工股関節の各部位の素材としては、臼蓋カップには純チタン（Ti）、Ti合金（Ti-6Al-4V、Ti-15Mo-5Zr-3Alなど）、Co-Cr合金（CCM）、HAなどが、インサート（ライナー）には超高分子量ポリエチレン（UHMWPE）、アルミナ系セラミックス（ジルコニア強化アルミナ（ZTA）など）が、骨頭球にはCCM、ZTAなどが、ステムには純Ti、Ti-合金、CCM、HAなどが用いられている。また、ステムの素材の表面に多孔質処理が行われた多孔体部がある。人工膝関節の各部位の素材としては、大腿骨コンポーネントにはCCM、セラミックス（アルミナなど）などが、インサー

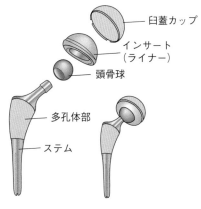

人工股関節

人工膝関節

図B・1　人工股関節と人工膝関節

トには UHMWPE が、脛骨ベースメントには Ti 合金、CCM などが、膝蓋骨コンポーネントには UHMWPE が用いられている。

B・2・3　人工心臓弁

人工心臓弁には、生体組織を用いた生体弁と金属製の機械弁がある。生体弁は、通常ヒト以外（ウシやブタ）から生体組織を取り出して作られている。取り出した生体組織から、なめし革の原理を用いて薬品処理、加工して作られた生体弁は、血栓形成の心配がない。また、生体弁にはステント付きの生体弁とステントが付かない生体弁がある。

　機械弁には僧帽弁用と大動脈弁用がある。機械弁では血液の停滞が起こりやすく、血栓ができるという欠点があるので、機械弁を埋め込んだ場合には、血栓予防のために抗凝固剤のワルファリンを服用する必要がある。大動脈用の機械弁は**図B・2**に示す構造をしており、2枚のリーフレットが蝶番で開閉して血液が流れるようになっている。この生体弁の素材としては、リーフレットの基質にはグラファイト、表層にはパイロライトカーボン（パイロラティックカーボン）が、オリフィスの基質にはグラファイト、表層にはパイロライトカーボンが、ソーイングカフにはポリテトラフルオロエチレン（テフロン）が、マーカーにはカーボンブラックが用いられている。また、オリフィスとソーイングカフの間にはチタン合金の補強リングが付けられている。

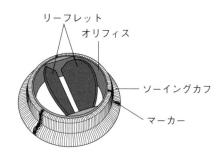

図B・2　機械弁（大動脈用）

B・2・4　デンタルインプラント

　デンタルインプラントは、インプラント、アバットメントおよび歯冠（クラウン）から成っている（**図B・3**）。インプラントは、欠損歯を人工歯に置き換えるために顎骨に埋め込む人工的な支柱となる物質で、主に Ti 合金

図B・3　デンタルインプラント

で作られており、表面が HA でコーティングされたものもある。インプラントにはジルコニアで作られたアバットメントが取り付けられ、それに歯冠（人工歯）が被されている。歯冠の素材としては、オールジルコニア、オール・セラミックス、ジルコニアセラミックス、ハイブリッドセラミックス（超微粒子のセラミックスをレジン（プラスチック）の中に高密度に混ぜ合わせたもの）、メタルボンド（内側が金属、外側表面がセラミックス）、金属などが使用されている。

B・2・5　人工水晶体

　白内障で混濁した水晶体が取り除かれた後に眼内に挿入される**人工水晶体**は、眼内レンズ（IOL）とも呼ばれ、**図B・4**に示す構造をしている。人工水晶体には、支持部（眼内でレンズを固定する部分）と光学部（レンズ部分）とが異なる素材で作られているスリーピース型と、支持部と光学部が同じ素材で作られているシングルピース型がある。光学部の素材としては、プラスチックの硬いアクリル樹脂であるポリメチルメタクリレートが用いられているが、むしろ最近の主流として、軟らかい疎水性アクリル（アクリルゴム）、親水性アクリル（ハイドロゲル）、シリコーンゴムなども用いられている。スリーピー

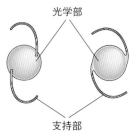

光学部

スリーピース型　　　シングルピース型

支持部

図B・4　スリーピース型とシングルピース型の人工水晶体

ス型人工水晶体の支持部の素材としては、ポリプロピレンなどが用いられている。人工水晶体には、単焦点型ばかりでなく多焦点型がある。また、レンズ部分が薄い黄色に着色された人工水晶体もある。

B・2・6　人工血管

人工血管の性状は、大動脈領域、末梢動脈領域、シャント領域および小児・静脈系領域で異なっている。人工血管を素材、性質、構造などから分類すると、布製人工血管（化学繊維のポリエステル）、テフロン製人工血管、合成高分子材料製人工血管（ポリウレタン三層構造のソラテック、ポリオレフィン（ポリエチレンなど）・スチレン系エラストマー・ポリエステル三層構造のグラシルなど）、生体材料由来の人工血管およびハイブリッド人工血管（人工素材と生体素材の混成）の五種類がある。**図B・5** には、弓部大動脈用人工血管と血液透析シャント用人工血管を示す。

弓部大動脈用　　血液透析シャント用

図B・5　弓部大動脈用と血液透析
シャント用の人工血管

B・2・7　ステント

ステントは、人体の管状の部分（血管、気管・気管支、食道、胆道、十二指腸、大腸、尿管など）を管腔内部から広げるために用いられる。ステントには、拡張のメカニズムにより自己拡張可能型（拡張能を有するもの）、バルーン拡張可能型（拡張能がなく、バルーンを使用して拡張するもの）および形状記憶型（形状記憶合金が使用されているもの）がある。ステントの素材としては、金属のステンレス鋼（316L ステンレス）、ニチノール（チタン・ニッケル（Ti-Ni）合金、形状記憶合金）、タンタル（Ta）、コバルト合金、白金合金などが用いられるが、ステンレス鋼とニチノールがよく用いられている。ステントには金属が露出したベアメタルステントと、ベアメタルステントにテフロン膜、シリコーン膜、ポリウレタン膜などを被せたカバードステントがある。また、ステントに人工血管が縫い合わされたステントグラフトがある（**図B・6**）。

B・3　生体補完材料の素材として用いられる金属、セラミックス、合成高分子およびグラファイト

B・3・1　金　属

生体補完材料の素材として用いられる金属を、以下にあげる。

チタン（Ti）、Ti 合金（Ti-6Al-4V）、ニチノール（Ti と Ni の原子比が 1：1 の金属間化合物）、ステンレス鋼（SUS316L）、Co-Cr 合金、タンタル（Ta）（高融点金属）、ニオブ（Nb）（高融点金属）、多孔性金属などがある。

B・3・2　セラミックス

生体補完材料の素材として用いられる**セラミックス**には、生物不活性セラミックス、生物活性セラミックスおよび生体吸収性セラミックスがある。

1）生物不活性セラミックス

アルミナ（Al_2O_3）、ジルコニア（ZnO_2 に安定化剤として 数 % 〜 10 % の CaO と Y_2O_3 添加）などがある。

2）生物活性セラミックス

ハイドロキシアパタイト（水酸アパタイト）（$Ca(PO_4)OH$）、バイオガラス（$Ca_{10}(PO_4)_6OH_2$）、結晶化ガラス（Carbone A-W：MgO-CaO-SiO_2-P_2O_5-CaF_2；

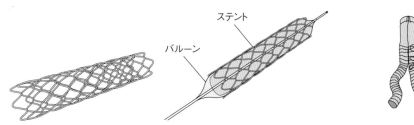

自己拡張可能型ステント　　　バルーン拡張可能型ステント　　　腹部大動脈用のステントグラフト

図B・6　自己拡張可能型とバルーン拡張可能型の血管用ステントおよび大動脈用ステントグラフト

Cervital 1 : Na_2O - K_2O - MgO - CaO - SiO_2 - P_2O_3）などがある。

3）生体吸収性セラミックス

リン酸三カルシウム（$Ca_3(PO_4)_2$）と炭酸カルシウム（$CaCO_3$）がある。

B・3・3　合成高分子

生体補完材料の素材として用いられる**合成高分子**の樹脂（プラスチック）は、**熱可塑性樹脂**と**熱硬化性樹脂**に大別される（**図B・7**）。また、**軟質性樹脂**も生体補完材料の素材として用いられる（**図B・8**）。

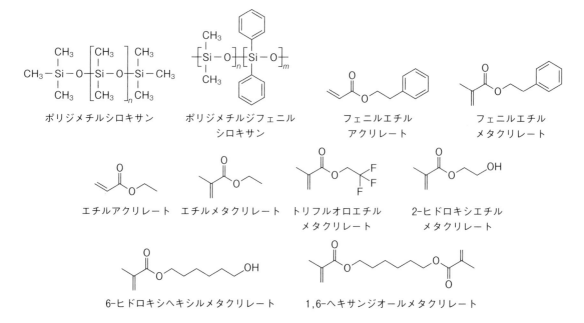

ポリエチレン　ポリプロピレン　ポリメタクリル酸メチル　ポリテトラフルオロエチレン

ポリエチレンテレフタラート

ポリスチレン

ポリウレタン

図B・7　熱可塑性樹脂と熱硬化性樹脂の化学構造

ポリジメチルシロキサン　ポリジメチルジフェニルシロキサン　フェニルエチルアクリレート　フェニルエチルメタクリレート

エチルアクリレート　エチルメタクリレート　トリフルオロエチルメタクリレート　2-ヒドロキシエチルメタクリレート

6-ヒドロキシヘキシルメタクリレート　1,6-ヘキサンジオールメタクリレート

図B・8　軟質性樹脂に使用される成分の化学構造

1）熱可塑性樹脂

高分子量ポリエチレン、ポリプロピレン、ポリメタクリル酸メチル、ポリテトラフルオロエチレン（テフロン）、ポリエステル（ポリエチレンテレフタラートなど）、スチレン系エラストマー（ハードセグメント：ポリスチレン）などがある。

2）熱硬化性樹脂

ポリウレタン、セグメント化ポリウレタン、パイロライトカーボン（熱硬化性樹脂を2000℃付近で加熱炭化して生成）などがある。

3）軟質性樹脂

シリコーンゴム（ゴム状のシリコーン樹脂）[*1]、疎水性アクリル（アクリルゴム）[*2]、親水性アクリル（ハイドロジェル）[*3]などがある。

B・3・4　グラファイト

グラファイト（石墨、黒鉛）は、炭素原子からなる元素鉱物で、**図B・9**に示す正六角形状の平面層状構造をしており、その平面層の上下が分子間力で結びついた構造をとっている。グラファイトは薄く、剥がれやすく、またその炭素原子は共有結合を三つしか作らず、残り一つ

[*1]　主成分：ポリジメチルシロキサンとポリジメチルジフェニルシロキサン。

[*2]　主成分：アクリレート（フェニルエチルアクリレート、エチルアクリレート、ブチルアクリレート）やメタクリレート（フェニルエチルメタクリレート、エチルメタクリレート、トリフルオロエチルメタクリレート）。

[*3]　主成分：2-ヒドロキシエチルメタクリレート、6-ヒドロキシヘキシルメタクリレートおよび1,6-ヘキサンジオールメタクリレート。

図B・9　グラファイトの構造

の価電子は自由電子であるので、金属光沢がある。

B・4　アモルファス

固体には、原子、分子、イオンなどがあるパターンで規則正しく配置している**結晶質**のものと、規則正しく配置していない、あるいはしていても部分部分である**非晶質**（非結晶）のものがある。**図B・10**には非結晶と結晶の構造を示す。非晶質は**アモルファス**（amorphous）といい、均質で等方性である。アモルファスには、バイオガラス、生ゴム、非晶性樹脂（ポリスチレン、ポリメタクリル酸メチルなど）などがある。

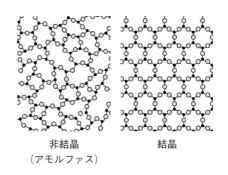

非結晶
（アモルファス）　　結晶

図B・10　非結晶と結晶の構造

演習問題解答

第1章　原子の構造と性質

1. 原子番号：Z、質量数：A、電子数：Z、陽子数：Z、中性子数：$A-Z$

2. A：原子番号 $=Z-2$、質量数 $=A-4$　　B：原子番号 $=Z+1$、質量数 $=A$
   C：原子番号 $=Z$、質量数 $=A$

3. "原子"は物質を構成する微小粒子のことであり、1個2個と数えることのできる物質である。それに対して元素は抽象名詞であり、原子の種類を指す言葉である。水素でいえば、"水素原子"は ^{1}H、^{2}H 等、同位体の1個1個を指す。それに対して元素としての水素は同位体全ての集合を指す。

4.

5. 2族元素は電子2個を放出すると閉殻構造となって安定化する。一方、16族元素は電子2個を受け入れることによって閉殻構造となる。そのため前者は $+2$ 価、後者は -2 価のイオンとなりやすい。

6. 陽イオンは中性の原子に比べて電子数が少ないので電子雲が小さくなる。反対に陰イオンは電子数が多いので電子雲が大きくなる。そのため前者は原子半径（イオン半径）（電子雲半径）が小さく、後者は大きくなる。

7. H＝P＜C＝S＜N＝Cl＜O＜F

8. N, P など15族元素では、3個の最外殻 p 軌道に1個ずつの電子がスピン平行に入って安定化している。そのため16族元素は電子を1個放出して15族の電子配置になろうとする傾向がある。この結果、16族のイオン化エネルギーは15族に比べて小さくなる。

9. 貴ガス元素は不活性でイオンになることがないので、電気陰性度を計算できないから。

10. H$^+$ は H の原子核である。原子と原子核の直径の間にはおよそ1万倍の開きがある（p.1参照）。したがって H$^+$ の直径は H の直径のおよそ1万分の1である。

第2章　化学結合と混成軌道

1. イオン結合
   (1) 電気陰性度が小さい金属元素と電気陰性度が大きい非金属元素が出会ったときに生じる結合で、電気陰性度が小さい元素から大きい元素へと電子が完全に移り、それぞれ貴ガスと同じ電子配置を持つ陽イオン、陰イオンとなり、各イオンの静電引力で生じる結合。
   (2) この結合が主体の物質は、一般的に、硬いがもろい物質が多い。水に溶かしたり、融解すると電気伝導性を示す。

   共有結合
   (1) 電気陰性度が同じ程度の元素同士の間で電子を共有することにより、互いに貴ガスの電子配置（閉殻構造）と同じとなることで生じる結合。
   (2) この結合が主体の物質は、一般的に硬く、融点も高い。

2．陽イオンになりやすい金属原子が集まると、個々の原子が持つ電子の一部が結晶全体に非局在化するようになる。金属原子は陽イオンとなり、規則正しく配列した陽イオンの間をこの電子が自由に動き回る（自由電子）。この両者の正と負の静電的な引力が結合力となる。

　金属の特徴

(1) 光沢がある：光沢は金属に見られる一般的な性質だが、これは、自由電子と入射した光との相互作用による。光のエネルギーで励起された自由電子は、それぞれのエネルギー準位に応じた波長の光を放射する。これが金属の光沢となる。

(2) 延性・展性：自由電子が陽イオンを結びつけているので、多少陽イオンの積み重なり構造が変化してもその結合力への影響は少ない。そこで、金属の場合は延ばしたり、曲げたりできるのである。

3．原子価結合法に基づく考え方であり、結合に使われる軌道同士の配向の仕方による分類である。結合軸方向を向いた原子軌道同士の結合が σ 結合と呼ばれ、s軌道同士、s軌道とp軌道、p軌道同士、sp^n混成軌道同士（$n = 1, 2, 3$）、sp^n混成軌道とs軌道の結合が σ 結合に相当する。p軌道同士が結合に使われる際、軌道が伸びる方向ではなくその側面で結合がなされるときは π 結合と呼ばれる。

　特徴

σ 結合：(1) 軌道同士の重なりが大きく、安定な結合である。(2) 生じた結合は、結合軸に沿って見ると円形であり、結合軸を中心とした回転による軌道の重なりへの影響がないので、自由回転ができる。

π 結合：(1) p軌道の側面のみの重なりであるので、重なりが少なく、不安定な結合であり、反応性が高い。(2) 結合軸を中心とした回転により軌道の重なりが減少するので結合が切れることになり、自由な回転ができない。

4．炭素原子がメタンのような四価の結合を形成するときには、軌道が混成して新たな軌道が形成されると考えると、反応性、結合などがよく説明できる。炭素原子は1sに2個、2sに2個、2pに2個の電子を持つ。結合が形成されるとき、これらのうち2sの電子の一つがエネルギーを得て励起され、2p軌道に昇位する。2s軌道一つと2p軌道三つが混成されて、それぞれの中間のエネルギーを持つ新たな sp^3 混成軌道が生じる。この sp^3 混成軌道と水素原子のs軌道との間で共有結合を生じる。

　メタンにおいて炭素と水素の四つの結合はそれぞれ同じ原子間距離であり、それぞれの反応性も等しい。また、それらの結合角は $109.5°$ であり、正四面体の各頂点方向へ向いている。この四つの結合の等価性は上記の sp^3 混成軌道が使われると考えると説明がつく。また、各共有結合には電子対が含まれ、その反発力を最小にするには互いに最も離れる必要がある。正四面体の各頂点の方向はこの条件を満たしている。

5．ここでは、2s軌道一つと2p軌道三つのうち、一つの2s軌道と一つの2p軌道が用いられ、新たに二つのsp混成軌道が生じる。この軌道を使って、二つの水素の1s軌道との間で σ 結合が生じる。この二つの結合の電荷の反発を最小にするために、二つの軌道は互いに最も離れた直線状に配置するので、アセチレン分子は直線構造となる。

　各炭素原子には二つの2p軌道が残っており、それらは互いの側面で重なる π 結合を形成する（$2p_y$ 同士、$2p_z$ 同士）。しかし、各 $2p_y$ 軌道と $2p_z$ 軌道の間でも側面の重なりが生じるので、結果として、中心の σ 結合を筒状の π 結合が囲むような軌道の状態となる。

6．アンモニア分子 NH_3 のNの電子配置は $1s^2 2s^2 2p^3$ である。水素と結合するときに sp^3 混成軌道で結合すると考える。すると四つの sp^3 混成軌道のうち三つは水素原子との結合に使われるが、残りの一つには非共有電子対が存在することになる。sp^3 混成軌道同士は $109.5°$ の角度で配向すると互いに最も遠い状態になるが、NH_3 分子の場合 sp^3 混成軌道の一つに結合に使われない電子対が存在しているので、そ

の電荷の影響は他の結合電子対より大きいことになる。その結果、H−N−H 間の角度は 109.5° より少し狭くなり、106.7° となる。

7. O−C−O という結合のうち、左側の O−C 結合について考えてみると、この結合は、炭素の sp 混成軌道および酸素の sp^2 混成軌道からなる σ 結合と、炭素の $2p_x$ 軌道と酸素の $2p_x$ 軌道からなる π 結合からできている。したがって二重結合が形成される。酸素の残りの二つの sp^2 混成軌道には非共有電子対が一対ずつ入る。右側の C−O 結合も同様にして、炭素 sp および酸素の sp^2 混成軌道から σ 結合が、炭素および酸素の $2p_y$ 軌道から π 結合が形成されるのでやはり二重結合が生じ、残った酸素の電子四つは残りの sp^2 混成軌道に非共有電子対として収容される。二つの π 結合同士は互いに 90° 異なる向きに形成される。これを互いに直交しているという。ここでは、酸素の原子軌道が sp^2 混成軌道を形成するとして説明したが、sp 混成軌道を形成するとしても、また混成しないとしても説明可能である。

第3章　結合のイオン性と分子間力

1. 安息香酸二量体：分子式　$(C_7H_6O_2) \times 2 = C_{14}H_{12}O_4$　分子量：244

　メタフタル酸六量体：分子式　$(C_8H_6O_4) \times 6 = C_{48}H_{36}O_{24}$　分子量：996

2. 三重結合は直交する 2 本の π 結合を含む。塩素は 2 個の 3p 軌道、$3p_y$、$3p_z$ に非共有電子対が入っている。そのため、2 本の π 結合それぞれに非共有電子対電子が流れ込むので、その効果は π 結合が 1 本しかない二重結合の場合の 2 倍になるものと考えることができる。

3. $\overset{\delta+\ \delta-}{\text{P−O}}$　$\overset{\delta-\ \delta+}{\text{O−S}}$　$\overset{\delta-\ \delta+}{\text{C−P}}$　$\overset{\delta-\ \delta+}{\text{S−H}}$　$\overset{\delta+\ \delta-}{\text{Na−H}}$

4. アミンの塩基性の理由は、窒素原子上の非共有電子対に水素イオン（プロトン）が結合することである。したがって、窒素原子の電子密度が高くなるほどアミンの塩基性は強くなる。アミンに電子供与基のメチル基が結合すると、窒素上の電子密度は高くなる。そのため、メチルアミンはアンモニアより塩基性が強い。

5. 図 3・12 において、2 個の酸素原子の間に 2 個の水素原子が書いてあるのは間違いではない。これは、水素原子がこの 2 個の“位置”の間を振動していることを示す。すなわち、氷においては、水素原子は左右の酸素原子の“どちらかに結合している”といえる状態ではないのである。

6. ヘリウム原子、水素分子、二酸化炭素：ファンデルワールス力　　ナフタレン：π-π 相互作用

7.

第4章　配位結合と有機金属化合物

1.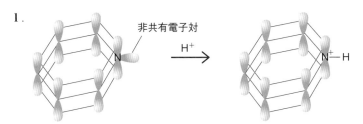
非共有電子対

2. 電気陰性度は N の方が大きいので、N が負に荷電し、B が正に荷電する。

3. 1個のプロトンと結合した状態で H_3O^+ と正に帯電する。ここにさらに正の電荷をもつプロトンが近づこうとしても、静電反発のせいで近づけない。

4. Fe^{2+}：6個、Fe^{3+}：5個、Co^{2+}：7個、Co^{3+}：6個、Ni^{2+}：8個、Ni^{3+}：7個

5. 錯体を作らない場合　　6配位錯体を作った場合

d ⇅↑↑↑↑

e_g ◯◯
t_{2g} ⇅↑↑↑⇅

（不対電子数 ＝ 4個）　　（不対電子数 ＝ 0個）

このように両者で不対電子の個数が異なることが、物性、特に磁性に大きく影響してくる。すなわち磁性は不対電子によってもたらされる性質であるから、この仮想原子は錯体を作らない状態では磁性を持つが、6配位錯体を作ると磁性を失うことになる。錯体の磁性をこのように簡単に説明することを可能にしたのは、結晶場理論の大きな功績である。

第5章　溶液の化学

1. 電解質の Na^+ と Cl^- は、それぞれ水分子 (H_2O) と静電引力で水和する結果、水に溶解して溶液となる。非電解質のブドウ糖は、ブドウ糖のヒドロキシ基 (−OH) が水分子と水素結合を作って水和を生ずる結果、水に溶解して溶液となる。

2. 図5・1と図5・2を参照し、水の構造を図示する。水の構造からの水の性質は、5・2・3項での沸点、比重、表面張力、蒸発熱、融解熱、比熱、溶媒などについて説明する。

3. 図5・5と表5・2を参照。細胞内液では陽イオンの電解質として K^+ と Mg^{2+}、陰イオンの電解質として HPO_4^{2-} が多いのに対し、細胞外液では陽イオンの電解質として Na^+ と Ca^{2+}、陰イオンの電解質として Cl^- と HCO_3^- が多いという電解質分布の特徴がある。

4. コロイド溶液の例として、水中のゼラチン、タンパク質、デンプンなどがある。これらのコロイド溶液では、ブラウン運動、チンダル現象などが見られる。また、コロイド溶液では、電気泳動によりコロイド粒子が荷電と反対の方向に移動し、凝析により疎水コロイド粒子間の反発が失われて沈殿し、塩析により親水コロイド粒子が沈殿する。

5. 二つの異なる溶液が溶質分子を通さない半透膜で仕切られた際に両者の濃度が平均化され、溶媒は低濃度側から高濃度側へ移動し、高濃度溶液の液面が上昇する浸透が生じ、浸透によって液面を押し上げる。この圧力が浸透圧である。血液での膠質浸透圧とは、アルブミン、グロブリンなどのタンパク質によって生じる浸透圧をいう。膠質浸透圧により組織内の水分が回収され、組織内に水分が貯留する浮腫が防がれる。

6. 1）0.15 M の NaCl 溶液を 1 L 作るのに必要な NaCl 量は 8.8 g で、この溶液は 0.88 % である。

2）a）48.0 g　b）61.0 g　c）48.1 g　d）20.1 g　3）6.72 g　4）c）　5）a）：ブドウ糖は 2.0 %、NaHCO₃ は 0.25 %、NaCl は 0.35 %、KCl は 0.15 %、b）：ブドウ糖は 0.11 mol L⁻¹、NaHCO₃ は 0.03 mol L⁻¹、NaCl は 0.06 mol L⁻¹、KCl は 0.02 mol L⁻¹、c）：330 mOsm L⁻¹。

第6章　酸・塩基と酸化・還元

1. A：H⁺ の濃度は HCl の濃度に等しいから、$[H^+] = 10^{-3}\,mol\,L^{-1}$　∴　$pH = \log[H^+] = 3$

　　B：$[OH^-] = 10^{-3}\,mol\,L^{-1}$　$[H^+]\cdot[OH^-] = 10^{-14}\,(mol\,L^{-1})^2$　∴　$[H^+] = 10^{-11}\,mol\,L^{-1}$

　　　　∴　pH = 11

2. $Ca_3(PO_4)_2$

3. 炭素の酸化数を X として計算

　　　CH_4：$X + 4 = 0$　　∴　$X = -4$

　　　CH_3OH：$X + 4 - 2 = 0$　　∴　$X = -2$

　　　CH_2O：$X + 2 - 2 = 0$　　∴　$X = 0$

　　　$HCOOH$：$X + 2 - 4 = 0$　　∴　$X = 2$

　　　CO：$X - 2 = 0$　　∴　$X = 2$

　　　CO_2：$X - 4 = 0$　　∴　$X = 4$

　　　したがって、$CO_2 > HCOOH = CO > CH_2O > CH_3OH > CH_4$

4. Na の酸化数は 0 から +1 に変化し、Cl の酸化数は 0 から -1 に変化している。したがって、酸化されたものは Na で、還元されたものは Cl である。また酸化剤は Cl、還元剤は Na である。

5. Zn と H を比較すると、イオン化傾向の大きいのは Zn である。したがって、イオン化傾向の小さい H⁺ が（イオンであることをやめて）電子を受け取って水素原子（が 2 個結合して水素分子）となる。

第7章　反応速度と自由エネルギー

1. 体内に入った異物はやがて排出される。生理的半減期とは、放射性同位体の反応による濃度減少と、排出による濃度減少の両方を加味した場合の半減期のことである。

2. ES 複合体は中間体であるが、出発系、生成系いずれよりもエネルギーが低くなっている。そのため、遷移状態のエネルギーも低下し、結果として活性化エネルギーも低下することになる（p.94 側注 14 参照）。

3. アレニウスの式を用いて計算すると、温度が上がれば反応速度は速くなるが、その程度は、① 活性化エネルギーが大きいほど、② 反応温度が低いときほど 大きいことがわかる。反応温度が室温（25 ℃）から 10 ℃ 上がることによって反応速度が 2 倍になるのは、活性化エネルギーが 50 kJ mol⁻¹ ほどのときである。

4. 図 7・23 より、ダイヤモンドとグラファイトのエネルギー差は 1.90 kJ mol⁻¹ である。炭素の 1 mol は 12 g であるから、100 g ではエネルギー差は 15.8 kJ ≒ 3.8 kcal である。1 g の水の温度を 1 ℃ 高めるのに必要なカロリーが 1 cal であるから、このエネルギーは 100 g の水を 38 ℃ 上げることができる。

5. エントロピー差 ΔS の定義は、7・7 節の式 (1) に従えば $\Delta H/T$ である（式では H' としたが、意味合いは同じである）。氷と指の間を移動する熱量を ΔH とすると、指の ΔS は ΔH/体温である。一方、氷の ΔS は $\Delta H/273$ であり、明らかに後者の方が大きい。したがって、エントロピー増大の法則によって熱は指から氷に移動することになる。

第8章　有機化合物の構造と種類

1. (1) 4-エチル-2-メチルヘプタン、(2) 2-メチルブタナール、(3) 1,2-エポキシエタン、(4) ブタン酸ペンチル、(5) N-エチルベンジルアミン、(6) ブタン-1,4-ジチオール (1,4-ブタンジチオール)、(7) 3-アミノ-1-ブタノール (主基となる優先順位は $-NH_2$ より $-OH$ の方が上位である。表8·1参照)

2. アルコールはヒドロキシ基の分極のため、分子同士で水素結合を形成するので、アルカンに比べて沸点は高い (8·4·1項参照)。エーテルは酸素原子の部分で分子間の水素結合ができず、沸点はアルコールより低くアルカンに近い (8·4·2項参照)。よって、エタノールの沸点はプロパンやジメチルエーテルに比べて極めて高くなる。

3. 芳香族性に関する法則については、8·3節に記載したヒュッケル則を説明する (構造式は図8·9に記載)。ベンゼンの6個の炭素はそれぞれ、三つの sp^2 混成軌道と一つの $2p$ 軌道に電子を有する。このうち sp^2 混成軌道の電子は隣りの炭素と水素との共有結合に使われ、環は平面構造をとる。残りの $2p$ 軌道の電子計6個が π 電子雲を形成することで芳香族性を示す (図8·8参照)。同様に、ピリジンは5個の炭素と1個の窒素 (sp^2 混成軌道) の $2p$ 軌道の電子6個で π 電子雲を形成するのに対し、ピロールでは4個の炭素の $2p$ 軌道の電子4個と1個の窒素の $2p$ 軌道の電子2個 (非共有電子対) の計6個の電子で π 電子雲を形成する (図8·10参照)。

4. 酸性度の強さは表8·8に記載。Cl は電気陰性度が高く、電子求引性が強いため、プロトンを放出したカルボキシ基の電子がより分散されるので酸性度が高い。アルキル基は電子供与性で、カルボキシ基に電子が押しやられるため、アルキル基が大きいほど酸性度は低くなる (図8·22参照)。

5. 反応式は図8·19に記載。カルボニル基の炭素は酸性条件下で正電荷を帯びたカルボカチオンとなる。ここに分極により負電荷を帯びたアルコールの酸素が攻撃することでヘミアセタールを生じる。

6. ピロール以外の塩基性度の強さは表8·9に記載。アルキル基は電子供与性で、窒素原子に配位するプロトンの正電荷が安定するので、アルキル基が大きくなるほど塩基性が高くなる。アニリンでは窒素原子の非共有電子対がフェニル基の π 電子側に非局在化することで塩基性は低くなる。ピロールの窒素原子は非共有電子対が芳香環の π 電子雲の形成に用いられており、塩基性を示さない。

7. 例1：タンパク質のシステイン残基のチオール基間で生じるジスルフィドは、タンパク質の高次構造を維持する結合の一つとして機能している。

例2：コエンザイム A (CoA) のチオール基と酢酸とのチオールエステルであるアセチル-CoA は、糖質·脂質·アミノ酸代謝の中間体である。

例3：脂肪酸の分解過程は CoA のチオール基と脂肪酸とのチオールエステルであるアシル-CoA の形で、また、脂肪酸の合成過程はアシル輸送タンパク質 (acyl carrier protein, ACP) のチオール基と脂肪酸とのチオールエステルの形で進行する。

8. その多くは生体内においてリン酸化やヌクレオチド化などによって物質代謝に関与する補酵素に変換され、また、一部はそのままの形で補酵素として、特定の酵素反応に必須の因子として生理機能を発揮する。

9. 脂溶性ビタミンはいずれもイソプレン単位の繰り返し構造に由来するイソプレノイド誘導体である。ビタミン A：視サイクルにおける光感知、上皮細胞の維持。ビタミン D：小腸からのカルシウム吸収、骨の改造。ビタミン E：抗酸化作用。ビタミン K：血液凝固因子や骨基質タンパク質の γ-カルボキシグルタミン酸残基の合成。

10. アミノ酸誘導体ホルモン：アドレナリン、チロキシン、メラトニン。ペプチドホルモン：インスリン、グルカゴン。ステロイドホルモン：コルチゾール、アルドステロン、プロゲステロン、エストラジオー

ル、テストステロン。

第9章　有機化合物の異性体

1．キラル：(a) 右手袋—右手　フィットする

　　　　　　(b) 右手袋—左手　フィットしない

　　　　　　(c) 左手袋—右手　フィットしない

　　　　　　(d) 左手袋—左手　フィットする

(a) と (d)、(b) と (c) は互いに鏡像異性体となる。

キラルな物同士は互いに異なる相互作用を行い、その相互作用の結果として、同じ性質であるが鏡像関係にある組合せと、全く性質が異なる組合せの二種類が生じる。

アキラル；ねじ回し—右手　使える

　　　　　ねじ回し—左手　使える

アキラルな物は、キラルな物と相互作用しても、作用の仕方に違いはない。

2．(a) 不斉炭素；炭素原子の sp^3 混成軌道に四つの異なる置換基が結合した場合、その炭素原子を不斉炭素といい、その分子には鏡像異性体が存在する。

(b) ラセミ体；鏡像異性体の等量混合物。見かけ上、光学活性は見られない。

(c) 円偏光；自然光が偏光子を通ると、一つの面だけで振動する面偏光となる。この面偏光は右回りの円偏光と左回りの円偏光が合成された物であるので、面偏光は左右円偏光から構成されると考えることができる。各円偏光はキラルな光である。

(d) 光学活性；面偏光の面を右または左へと回転させることができる性質を光学活性という。通常、不斉炭素（または不斉中心）を持つ。

3．NH_2 が左側なので L 形である。β 炭素に結合している原子の優先順位を調べると反時計回りとなるので、S である。

4．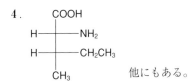

　　　　　　　　　　　　　　　他にもある。

5．優先順位の高い Br と CH_2CH_3 が二重結合を挟んで反対側にあるので E である。

6．最もエネルギーが高いのは重なり形で、最もエネルギーが低いのはねじれ形である。

重なり形　　　ねじれ形

第10章　有機化学反応

1．置換反応（S_N1 反応と S_N2 反応）は 10・2・1 項と 10・2・2 項を参照し、一般反応式を示して S_N1 反応と S_N2 反応について説明する。

脱離反応（E 1 反応と E 2 反応）は 10・4・1 項と 10・4・2 項を参照し、一般反応式を示して E 1 反応と E 2 反応について説明する。

転位反応は 10・6 節を参照し、一般反応式を示して説明する。

トランス付加反応は 10・5・2 項を参照し、一般反応式を示して説明する。

酸化還元反応は 10・7 節を参照し、一般反応式を示して説明する。

2．S_N1 反応に関しては図 10・3 を参照し、その反応過程におけるエネルギー変化と反応の様式との関係を説明する。

S_N2 反応に関しては図 10・5 を参照し、その反応過程におけるエネルギー変化と反応の様式との関係を説明する。

3．A はザイツェフ則に従って主生成物が生じる。　　　B はホフマン則に従って主生成物が生じる。

主生成物（トランス 2-ブテン）　　　　　　　　　　主生成物（1-ブテン）

$$H_3C-\overset{\overset{\displaystyle H}{|}}{C}=\overset{\overset{\displaystyle H}{|}}{\underset{\underset{\displaystyle H}{|}}{C}}-\overset{\overset{\displaystyle H}{|}}{\underset{\underset{\displaystyle H}{|}}{C}}-H \qquad\qquad\qquad H_3C-CH_2-CH=CH_2$$

4．極性溶媒中では、マルコフニコフ則に従って 2-ブロモプロパンが生じる。

$$HBr \longrightarrow H^+ + Br^-$$

$$H_3C-CH=CH_2 \xrightarrow{\ H^+\ } H_3C-\overset{+}{C}H-CH_3 \xrightarrow{\ Br^-\ } H_3C-\overset{\overset{\displaystyle Br}{|}}{C}H-CH_3$$

過酸化物（ROOR）存在下では、逆マルコフニコフ則に従って 1-ブロモプロパンが生じる。

$$ROOR \longrightarrow 2\,RO\cdot$$

$$HBr + RO\cdot \longrightarrow Br\cdot + ROH$$

$$H_3C-CH=CH_2 \xrightarrow{\ Br\cdot\ } H_3C-\overset{\cdot}{C}H-\overset{\overset{\displaystyle Br}{|}}{C}H_2 \xrightarrow[Br\cdot]{HBr} H_3C-CH_2-\overset{\overset{\displaystyle Br}{|}}{C}H_2$$

5．10・3 節 図 10・9 の置換反応のオルト–パラ配向性とメタ配向性の置換基とその配向性を参照し、ベンゼン誘導体の求電子置換反応でオルト–パラ配向性とメタ配向性による二置換体の生成について、例をあげ、生成機構を説明する。

第 11 章　脂　質 — 生体をつくる分子 ① —

1．アルコールと脂肪酸のエステルである単純脂質、単純脂質にリン酸や糖が結合した複合脂質、脂肪酸やエイコサノイド、ステロイド、脂溶性ビタミンなどの誘導脂質の、三つのグループに大別できる。

単純脂質であるグリセリドはエネルギー貯蔵に、ろうは水分の浸入・漏出防止に機能する。

複合脂質であるリン脂質は生体膜を構築し、糖脂質は神経組織に広く分布して受容体の機能を持つものが知られている。

誘導脂質であるエイコサノイドやステロイドは細胞間情報伝達に機能する。ビタミン A は暗所視力や細胞増殖の調節に、ビタミン D はカルシウム代謝に、ビタミン E は抗酸化に、ビタミン K は血液凝固因子などの γ-カルボキシグルタミン酸残基を持つタンパク質の合成に関わる。

2．① 炭素数が偶数個で 16～22 のものが多い。② 炭化水素鎖に枝分れがない。③ カルボキシ基は炭化水素鎖の一方の末端にある。④ 不飽和脂肪酸の二重結合は全てシス配置をとる。⑤ 不飽和脂肪酸の二重結合の位置は -CH=CH-CH$_2$-CH=CH- の配置になる。

3．必須脂肪酸とは、生体内で合成されず、摂取する必要がある脂肪酸のことで、リノール酸と α-リノレン酸がそれにあたる。

4. Δ^5 はカルボキシ基側から 5 位と 6 位の炭素間に二重結合があることを表す。$n-6$、$\omega 6$ はカルボキシ基と反対側の末端炭素から数えて 6 番目と 7 番目の炭素間に二重結合があることを表す。二重結合を二つ以上持つ不飽和脂肪酸では、生合成の過程で二つめ以降の二重結合はすでにある二重結合からカルボキシ基側に炭素 1 個を挟んで導入されるので、はじめの二重結合の位置によってグループ分けできる。$n-9$（$\omega 9$）系列（オレイン酸など）、$n-6$（$\omega 6$）系列（リノール酸、γ-リノレン酸、アラキドン酸など）、$n-3$（$\omega 3$）系列（α-リノレン酸など）がある。

5. リン脂質の構造は図 11・7 に記載。リン脂質は分子内にリン酸やコリンなどの極性基からなる親水性部分と 2 本の脂肪酸からなる疎水性部分が共存するので、両親媒性を示す。リン脂質の生体膜中での分布は図 11・16 に記載。親水性部分を外側に、疎水性部分を内側に向けて分子が二層に並び、脂質二重層を形成している。

6. 一般には sn-1 位には飽和脂肪酸を、sn-2 位には不飽和脂肪酸をエステル結合するものが多いが、肺のサーファクタント中のグリセロリン脂質は例外的に、sn-1 位、sn-2 位ともに飽和脂肪酸（パルミチン酸）をエステル結合している。

7. 脂質の過酸化の過程は図 11・4 に記載。ビタミン E は、脂質の過酸化で生じた脂質ペルオキシラジカルをクロマン環のヒドロキシ基によって捕捉して非ラジカル体に変え、ラジカル連鎖反応を止める。ラジカル化したビタミン E はビタミン C などによる還元でビタミン E に戻り、次のラジカル捕捉に働く（第 8 章 図 8・37 参照）。

8. 多価不飽和脂肪酸である $20:3\,n-6$、$20:4\,n-6$、$20:5\,n-3$ から、エイコサノイド（プロスタグランジン、トロンボキサン、ロイコトリエン、リポキシン）が生合成される。これらはいずれも血管や気管支の平滑筋や血小板などに作用し、炎症や免疫に関連する多彩な生理活性を示す（11・5・2 項参照）。

9. コレステロールから、ステロイドホルモン、ビタミン D_3、胆汁酸が生合成される。

第 12 章　糖　質 ― 生体をつくる分子 ② ―

1. グルコースでは、そのフィッシャー投影式で示した鎖状構造においてアルデヒド基から最も遠くの不斉炭素原子に結合しているヒドロキシ基が D-グリセルアルデヒドと同じ右にあれば D 体で、L-グリセルアルデヒドと同じ左にあれば L 体である。フルクトースでは、そのフィッシャー投影式で示した鎖状構造において、ケトン基から最も遠くの不斉炭素原子に結合しているヒドロキシ基が D-グリセルアルデヒドと同じ右にあれば D 体で、L-グリセルアルデヒドと同じ左にあれば L 体である。

2. D-グルコースのフィッシャー投影式とハース投影式は、図 12・5（上段がフィッシャー投影式、下段がハース投影式）のように示される。図 12・5 に示すように、フィッシャー投影式では、D-グルコースの 1 位の炭素に結合しているヒドロキシ基が右側にあれば α-アノマー、左側にあれば β-アノマーであり、ハース投影式では、D-グルコースの 1 位の炭素に結合しているヒドロキシ基が下側にあれば α-アノマー、上側にあれば β-アノマーである。

3. D-フルクトースは、図 12・9 に示す過程を経て鎖状構造から環状構造へ変化する。また、生ずる D-フルクトースの全ての環状構造のハース投影式は図 12・10 で示すようであり、D-フルクトースには四つの環状構造が存在する。

4. 塩基性条件下で見られる単糖の異性化は、図 12・14 で示すようにエノラートアニオンの生成を経て生じる。

5. マルトースとラクトースでは、構成糖の一つである D-グルコースのヘミアセタール性ヒドロキシ基がグリコシド結合に使われないため、還元性を示す。スクロースでは、構成糖の D-グルコースのヘミアセ

タール性ヒドロキシ基とD-フルクトースのヘミケタール性ヒドロキシ基がグリコシド結合に使われるので、還元性を示さない。

6. スクロースは、図12・21（下段の図）や図12・22（右側の図）に示すように、α-D-グルコースとβ-D-フルクトースの間でグリコシド結合（1,2アノマー結合）をしている。

7. デンプンのアミロペクチンの構造は、図12・23に示すように、D-グルコースがα-1,4結合（直鎖）とα-1,6結合（枝分れ構造）することにより作られている。そのα-1,6結合による枝分れ構造は約20～25個のグルコース単位でみられるので、アミロペクチンは図12・25（左側の図）で示す構造をしている。図12・25（中央の図）に示すように、グリコーゲンの構造もアミロペクチンと同様にD-グルコースがα-1,4結合（直鎖）とα-1,6結合（枝分れ構造）することにより作られている。しかし、そのα-1,6結合による枝分れ構造は約12～14個のグルコース単位でみられるので、グリコーゲンは図12・25（右側の図）で示す同心円の層からなる構造をしている。

第13章　アミノ酸とタンパク質 — 生体をつくる分子③ —

1. タンパク質は20種類のアミノ酸で構成されている。その中で、ヒトが体内で合成できないか、あるいは充分量合成できないアミノ酸を必須アミノ酸といい、体外から取り入れなくてはならない。ヒトでは9種類が知られている（Val, Leu, Ile, Phe, Trp, His, Lys, Met, Thr）。

2. イオン式は図13・2を参照。グリシンは最も単純なアミノ酸であり、酸性側ではアミノ基がプロトン化して＋電荷を持ち、塩基性側ではカルボキシ基が電離して－電荷を持っている。中性付近では、アミノ基の＋電荷とカルボキシ基の－電荷が釣り合って、見かけ上全体としての電荷が0になる。このpHを等電点という。

3. αヘリックス：
(1) 1本のポリペプチド鎖内のペプチド結合のアミド基の水素と、そこから四つ離れたカルボニル基の酸素との間の水素結合で生じる。
(2) ポリペプチド鎖は右巻きのらせん構造をとる。
(3) 全てのアミノ酸残基は、らせんの外側に向かって配置する。

β構造：
(1) 隣り合った2本のポリペプチド鎖間のアミド基の水素と、カルボニル基の酸素の間での水素結合で生じる。2本のポリペプチド鎖が同じ向きの場合（平行）と逆向きの場合（逆平行）がある。
(2) 2本のポリペプチド鎖でシート状の構造を作る。
(3) 各アミノ酸側鎖はシート構造の上下に一つおきに配置される。

4. (1) 水素結合　　(2) イオン結合　　(3) 疎水結合　　(4) ジスルフィド結合
（(5) 極性アミノ酸の双極子—双極子相互作用）
球状タンパク質の立体構造の特徴
球状タンパク質は、多くの場合中心部（コア）には疎水性アミノ酸が集合し、それを極性電荷や極性非電荷の親水性アミノ酸が取り囲むようにして三次構造が形成される。

5. 多くのタンパク質は、二つ以上のポリペプチド鎖が集合して複合体を作っている。このような複数のポリペプチド鎖集合の空間配置のことを四次構造という。
機能：ヘモグロビンは、少しだけ一次構造が異なる二種類のポリペプチド鎖、α鎖とβ鎖のそれぞれ二つずつで四量体を形成している。ヘモグロビンは酸素に親和性が高い状態と親和性が低い状態の二つを取ることが知られており、この二つの状態の変化はサブユニット間の相互作用に基づく協同効果で起こ

る。つまり、一つのサブユニットに酸素が結合すると、サブユニット間の結合を通してその効果が残りのサブユニットに伝わり、残りのサブユニットが酸素への親和性が高い状態へと変換する。逆に、どれかのサブユニットから酸素が外れると、その効果が他のサブユニットへ伝わり、全体が酸素への親和性が低い状態へ変化する。

サブユニット構造（四次構造）があるおかげで、例えば以下のような調節作用が可能となる。肺で酸素が飽和したヘモグロビンが酸素濃度の低い筋肉組織などに運ばれたときに、一気に酸素親和性の低い状態へと変換し、酸素を放出する。放出された酸素は、この効果がなくまだ酸素への親和性が高いままである組織のミオグロビンに渡すことができる。肺で受け取られた酸素は、この効果によりスムーズに組織のミオグロビンへと受け渡されるのである。

第14章　核　酸 ― 生体をつくる分子④ ―

1.

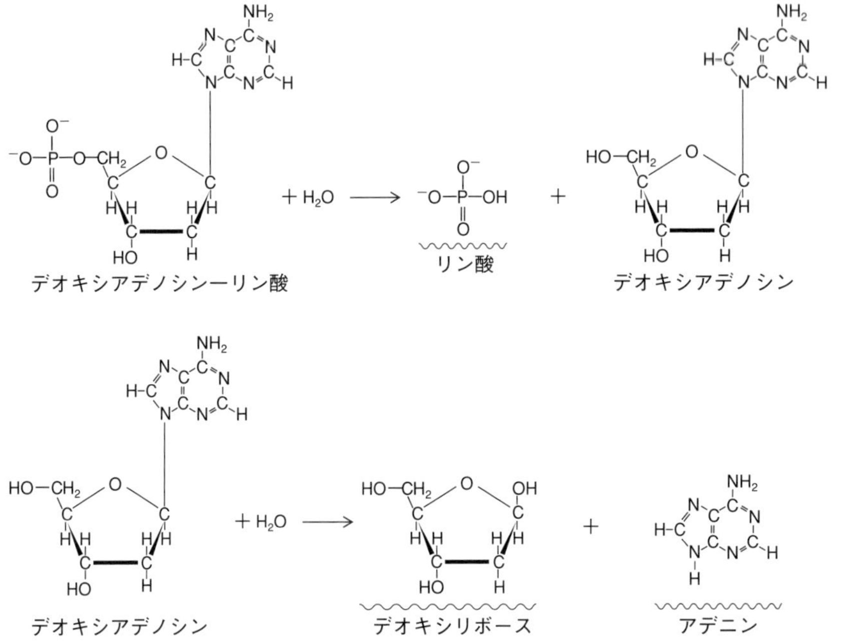

デオキシアデノシン―リン酸　+ H₂O →　リン酸　+　デオキシアデノシン

デオキシアデノシン　+ H₂O →　デオキシリボース　+　アデニン

2.

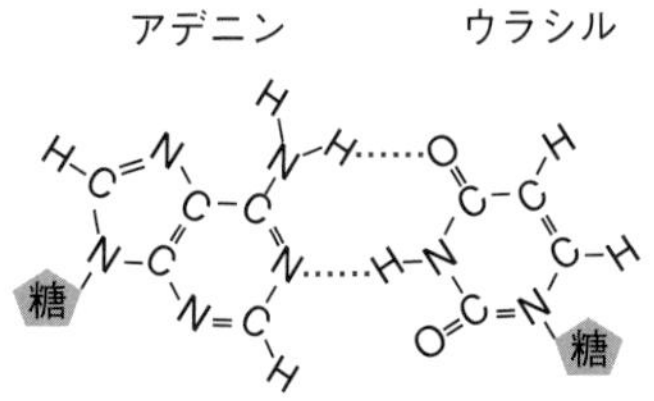

アデニン　　ウラシル

糖　　　　　糖

3. 塩基間の水素結合や、積み重なる塩基対の疎水性相互作用によって安定化する。

4. RNA を構成する糖はリボースであり、2′ 位にヒドロキシ基が存在する。リン酸基のリンはヒドロキシ基の酸素原子から求核攻撃を受けやすく、塩基性条件下で速やかに加水分解される。したがって、RNA より DNA の方が安定である。生命進化の過程で、最初の生命体は反応性に富む RNA を遺伝情報の担い手としていたが、遺伝情報は正確に子孫に伝える必要があるため、やがて安定的に遺伝情報を残せる

DNA が選ばれたと考えられる。

5．塩濃度を下げると、融解温度（T_m）は下がる。

第15章　環境と化学

1．密度：水の固体は液体より密度が小さく、氷が液体である水に浮く。

　　熱容量：水は水素結合することにより、温まりにくく、冷めにくい。また沸点、融点も高くなる。このように、水の状態を変化させる際、多くの熱を吸収あるいは放出する。

　　溶解力：多くの物質に対して水は優れた溶媒となる。

2．フロンの分解によって生じる塩素や一酸化塩素は、オゾンから酸素原子を取り去るオゾン破壊サイクルにおいて、反応物としてだけでなく、生成物ともなり、触媒として働くため。

3．硫黄酸化物や窒素酸化物が原因で酸性雨となる。

$$2SO_2 + O_2 \longrightarrow 2SO_3,\quad SO_3 + H_2O \longrightarrow H_2SO_4$$

$$3NO_2 + H_2O \longrightarrow 2HNO_3 + NO$$

4．長所：ウランは政情の安定した先進国に多く分布するため安定に供給できる。また地球温暖化の一因とされる二酸化炭素や、酸性雨の原因となる SOx、NOx を排出しない。

　　短所：放射性物質を用い、放射性廃棄物を出す。

5．本来のホルモンが結合する受容体に結合して、ホルモンと類似の作用を示すか、ホルモン様作用は示さないが、本来のホルモンと受容体との結合を阻害する直接的攪乱、あるいはホルモン自体の合成誘導またはその阻害によって代謝異常を引き起こす間接的攪乱作用を示す。

索　引

著者略歴

齋藤　勝裕（さいとう　かつひろ）　1945 年新潟県生まれ．東北大学理学部卒，東北大学大学院理学研究科博士課程修了，理学博士．名古屋工業大学講師，同教授等を経て，現在　名古屋工業大学名誉教授

太田　好次（おおた　よしじ）　1947 年岐阜県生まれ．岐阜薬科大学卒，岐阜薬科大学大学院修士課程修了，医学博士．藤田保健衛生大学講師，同教授等を経て，現在　藤田医科大学客員教授

山倉　文幸（やまくら　ふみゆき）　1948 年東京都生まれ．立教大学理学部卒，立教大学大学院理学研究科修士課程修了，理学博士．順天堂大学医学部助手，同助教授，同医療看護学部教授等を経て，現在　順天堂大学客員教授

八代　耕児（やしろ　こうじ）　1959 年岐阜県生まれ．岐阜薬科大学卒，岐阜薬科大学大学院博士前期課程修了，薬学博士．岐阜歯科大学（現 朝日大学歯学部）助手，朝日大学歯学部講師等を経て，現在　藤田医科大学医学部准教授

馬場　猛（ばば　たけし）　1974 年神奈川県生まれ．東京理科大学理学部卒，東京理科大学大学院生命科学研究科博士課程修了，博士（理学）．東京理科大学生命科学研究所助手等を経て，現在　順天堂大学医学部准教授

メディカル化学 －医歯薬系のための基礎化学－

2012 年 11 月 30 日	第 1 版 1 刷 発行
2021 年 2 月 15 日	第 6 版 2 刷 発行
2021 年 11 月 15 日	［改訂］第 1 版 1 刷発行
2023 年 2 月 20 日	［改訂］第 1 版 2 刷発行

著作者　　齋藤勝裕　太田好次　山倉文幸　八代耕児　馬場　猛

検印省略

定価はカバーに表示してあります．

発行者　　吉野和浩

発行所　　東京都千代田区四番町 8-1
電話　　03-3262-9166(代)
郵便番号　102-0081
株式会社　裳華房

印刷所　　三報社印刷株式会社

製本所　　株式会社　松岳社

一般社団法人
自然科学書協会会員

JCOPY 〈出版者著作権管理機構 委託出版物〉
本書の無断複製は著作権法上での例外を除き禁じられています．複製される場合は，そのつど事前に，出版者著作権管理機構（電話03-5244-5088，FAX 03-5244-5089，e-mail: info@jcopy.or.jp）の許諾を得てください．

ISBN 978-4-7853-3521-2

Ⓒ 齋藤勝裕・太田好次・山倉文幸・八代耕児・馬場　猛，2021　　Printed in Japan

有機化学スタンダード　各Ｂ５判，全５巻

裾野の広い有機化学の内容をテーマ（分野）別に学習することは，有機化学を学ぶ一つの有効な方法であり，専門基礎の教育にあっても，このようなアプローチは可能と思われる。本シリーズは，有機化学の専門基礎に相当する必須のテーマ（分野）を選び，それぞれについて，いわばスタンダードとすべき内容を盛って，学生の学びやすさと教科書としての使いやすさを最重点に考えて企画した。

基礎有機化学

小林啓二 著　　184頁／定価 2860円（税込）

立体化学

木原伸浩 著　　154頁／定価 2640円（税込）

有機反応・合成

小林 進 著　　192頁／定価 3080円（税込）

生物有機化学

北原 武・石神 健・矢島 新 共著
192頁／定価 3080円（税込）

有機スペクトル解析入門

小林啓二・木原伸浩 共著　　240頁／定価 3740円（税込）

テキストブック　有機スペクトル解析
－1D, 2D NMR・IR・UV・MS－

楠見武徳 著　Ｂ５判／228頁／定価 3520円（税込）

理学・工学・農学・薬学・医学および生命科学の分野で，「有機機器分析」「有機構造解析」等に対応する科目の教科書・参考書．ていねいな解説と豊富な演習問題で，最新の有機スペクトル解析を学ぶうえで最適である．有機化学分野の学部生，大学院生だけでなく，他分野，とくに薬剤師国家試験や理科系公務員試験を受ける学生には，最重要項目を随時まとめた【要点】が試験直前勉強に役立つであろう．

【主要目次】1. ^{1}H核磁気共鳴（NMR）スペクトル　2. ^{13}C核磁気共鳴（NMR）スペクトル　3. 赤外線（IR）スペクトル　4. 紫外・可視（UV-VIS）吸収スペクトル　5. マススペクトル（Mass Spectrum: MS）　6. 総合問題

医学系のための生化学

石崎泰樹 編著　Ｂ５判／２色刷／338頁／定価 4730円（税込）

医師，看護師，薬剤師等を目指す学生にとって，生化学は人体の正常な機能を理解する上で，解剖学や生理学と並んで必須の学問であり，疾患，とくに代謝疾患，内分泌疾患，遺伝性疾患などを理解するために生化学的知識は欠かせないものである．本書は，医療の分野に進む学生に対して，できるだけ利用しやすい生化学の教科書を目指して執筆したものである．そのため図を多用し，細かな化学反応機構についての記載は省略した．また各章末には，理解度を確かめられる確認問題または応用的知識の自主的獲得を促す応用問題を配置した．これらの問題は可能な限り症例を用い，bench-to-bedside 的な視点を読者に提供できるように心掛けた．

【目次】第Ⅰ部 序論／第Ⅱ部 生体高分子／第Ⅲ部 代謝／第Ⅳ部 遺伝子の複製と発現／第Ⅴ部 情報伝達系

ゲノム創薬科学

田沼靖一 編／Ａ５判／２色刷／322頁／定価 4840円（税込）

ヒトゲノム情報を基にした理論的創薬である「ゲノム創薬」が，さまざまな分野と連携しながら急速に進展している．本書は，「個別化医療」から，さらには「精密医療」を見すえた「ゲノム創薬科学」の現状と展望を，各分野の専門家が分かりやすく解説した，これまでにない実践的な教科書・参考書である．

裳華房ホームページ　https://www.shokabo.co.jp/

化学でよく使われる基本物理定数

量	記号	数値
真空中の光速度	c	2.99792458×10^8 m s^{-1}（定義）
電気素量	e	$1.602176634 \times 10^{-19}$ C（定義）
プランク定数	h	$6.62607015 \times 10^{-34}$ J s（定義）
	$\hbar = h/(2\pi)$	$1.054571818 \times 10^{-34}$ J s（定義）
原子質量定数	$m_u = 1$ u	$1.66053906660 (50) \times 10^{-27}$ kg
アボガドロ定数	N_A	$6.02214076 \times 10^{23}$ mol^{-1}（定義）
電子の静止質量	m_e	$9.1093837015 (28) \times 10^{-31}$ kg
陽子の静止質量	m_p	$1.67262192369 (51) \times 10^{-27}$ kg
中性子の静止質量	m_n	$1.67492749804 (95) \times 10^{-27}$ kg
ボーア半径	$a_0 = \varepsilon_0 h^2/(8m_e e^2)$	$5.29177210903 (80) \times 10^{-11}$ m
ファラデー定数	$F = N_A e$	9.648533212×10^4 C mol^{-1}（定義）
気体定数	R	8.314462618 J K^{-1} mol^{-1}（定義）
		$= 8.205736608 \times 10^{-2}$ dm^3 atm K^{-1} mol^{-1}（定義）
		$= 8.314462618 \times 10^{-2}$ dm^3 bar K^{-1} mol^{-1}（定義）
セルシウス温度目盛におけるゼロ点	T_0	273.15 K（定義）
標準大気圧	P_0, atm	1.01325×10^5 Pa（定義）
理想気体の標準モル体積	$V_m = RT_0/P_0$	$2.241396954 \times 10^{-2}$ m^3 mol^{-1}（定義）
ボルツマン定数	$k_B = R/N_A$	1.380649×10^{-23} J K^{-1}（定義）

（ ）内の値は最後の2桁の誤差（標準偏差）

圧力の換算

単 位	Pa	atm	Torr
1 Pa（$= 1$ N m^{-2}）	1	9.86923×10^{-6}	7.50062×10^{-3}
1 atm	1.01325×10^5	1	760
1 Torr	1.33322×10^2	1.31579×10^{-3}	1

1 Pa $= 1$ N m$^{-2} = 10^{-5}$ bar　　　1 atm $= 1.01325$ bar

エネルギーの換算

単 位	J	cal	dm^3 atm
1 J	1	2.39006×10^{-1}	9.86923×10^{-3}
1 cal	4.184	1	4.12929×10^{-2}
1 dm^3 atm	1.01325×10^2	2.42173×10^1	1

単 位	J	eV	kJ mol^{-1}	cm^{-1}
1 J	1	6.24151×10^{18}	6.02214×10^{20}	5.03412×10^{22}
1 eV	1.60218×10^{-19}	1	9.64853×10^1	8.06554×10^3
1 kJ mol^{-1}	1.66054×10^{-21}	1.03643×10^{-2}	1	8.35935×10^1
1 cm^{-1}	1.98645×10^{-23}	1.23984×10^{-4}	1.19627×10^{-2}	1